钻井液完井液实用技术丛书

钻井液安全使用必读

杨小华　编著

中国石化出版社

内容简介

本书共分四章，内容包括钻井液基本知识，钻井液的危害及防护，钻井液处理剂的基本性质、危害及防护，废弃钻井液的危害和防护等。以钻井液处理剂的性质、用途、危险性、急救、消防、泄漏、应急处理措施、操作与防护、毒性与生态学数据、储存与运输，钻井液使用中涉及的粉尘、腐蚀性材料、硫化氢气体等刺激性挥发物的影响、急救措施、操作、控制、防护等安全使用须知，以及钻井废弃物回收处理与存储为重点，内容针对性强，与现场结合密切，简短实用。

本书适用于从事钻井工程、测井、录井，以及钻井液现场技术工作的工程技术人员、操作人员和相关管理人员阅读，同时还可作为相关院校石油工程和油田化学等专业的教学参考书。

图书在版编目（CIP）数据

钻井液安全使用必读 / 杨小华编著 . —北京：中国石化出版社，2020.6
（钻井液完井液实用技术丛书）
ISBN 978-7-5114-5797-4

Ⅰ. ①钻…　Ⅱ. ①杨…　Ⅲ. ①钻井液 – 使用方法
Ⅳ. ① TE254

中国版本图书馆 CIP 数据核字（2020）第 084503 号

中国石化出版社出版发行

地址：北京市东城区安定门外大街 58 号
邮编：100011　电话：(010)57512500
发行部电话：(010)57512575
http://www.sinopec-press.com
E-mail：press@sinopec.com
北京柏力行彩印有限公司印刷
全国各地新华书店经销

*

787×1092 毫米 16 开本 12.5 印张 272 千字
2020 年 6 月第 1 版　2020 年 6 月第 1 次印刷
定价：88.00 元

丛书前言

为了满足现代钻井完井工艺技术发展的需要，也为了系统地总结钻井液完井液方面的成果、技术和应用经验，以利于提高对现代钻井液完井液的认识、加强钻井液现场监督、安全使用、选择与管理，以及有效地开展钻井废弃物处理技术，中国石化出版社策划出版了这套《钻井液完井液实用技术丛书》，以奉献给钻井液完井液专业和相关专业的广大读者。

钻井液完井液是一类重要的油田化学作业流体，是油田化学的重要组成部分，在石油勘探开发中占据重要的地位。它是保证钻井、完井以及井下作业安全顺利高效实施的关键。自20世纪70年代我国钻井液完井液技术开始系统地研究与应用以来，经过50来年的发展，钻井液完井液专业学科已趋于成熟，并逐步形成了门类齐全的钻井液完井液处理剂和系统的钻井液完井液体系，基本能够满足复杂地层和特殊工艺井等现代钻井、完井和井下作业工程的需要，从而为现代钻井完井工艺技术的成熟配套奠定了基础，也促进了石油勘探开发的进程。

为配合钻井液完井液工艺技术的学习、培训、教学和应用等，国内自20世纪70年代以来，先后出版了一些关于钻井液完井液工艺技术方面的教材及专业书籍，为钻井液完井液工艺技术和相关知识的学习和应用提供了参考。纵观50年来钻井液完井液的发展，特别是近年来，一些新型高性能钻井液完井液处理剂和钻井液完井液体系的不断开发应用，以及钻井液完井液类型的不断增加和完善，钻井液完井液技术水平不断提高，尤其是随着深井超深井、页岩气水平井和深水钻井的增加，再加之对环保的要求越来越严格，对钻井液完井液的综合性能、环保性能等提出了更高的要求，同时对钻井完井废弃物排放也有了严格的限制，绿色高性能钻井液完井液成为未来的发展方向。而与钻井液完井液技术的发展相比，关于钻井液完井液专业的教材和技术参考书在内容更新方面显得有些滞后，且系统地和全面涵盖钻井液完井液各相关技术方面的书籍依然很少。显然，编写一套系统完整且能够为现场作业、监督管理、技术培训和职业技术教育等提供有益参考作用的钻井液完井液系列技术读物，已成为石油工程与油田化学领域的迫切要求。

这套丛书立足于实用和基础，兼顾新知识、新技术，主要面向生产一线人员，不仅介绍了钻井液与完井液的基本知识及新产品、新工艺和新技术，还介绍了钻井废弃物处理技术、钻井液安全使用，以及钻井液监督和工程师需要掌握的相关知识。编者结合所从事的钻井液完井液研究与应用实践，并在广泛吸收相关研究与应用成果、专业文献、环保法律、法规的基础上，确定了丛书的构架。该丛书包括《现代钻井液概论》《钻井液监督与工程师读本》《油气井完井工作液》《钻井废弃物处理技术》和《钻井液安全使用必读》5册。分别介绍了现代钻井液技术，钻井液监督管理和钻井液相关知识，固井水泥浆、酸化液和压裂液化学剂和体系，钻井废弃物处理技术和钻井液使用中的安全及环保要求等。

该套丛书可供从事石油工程、油田化学等专业的研究与现场工程技术人员阅读，也可以作为钻井液完井液岗位操作人员的培训教材，以及石油工程等相关专业的本科生参考读物。

前　言

在石油钻井过程中，钻井液作为钻井工程的重要部分起着重要的作用，它是保证安全、快速、高效钻井的关键。不同钻井液主要是由不同的基液、钻井液基础材料、钻井液处理剂等组成。依据基液的构成和性质，钻井液可分为水基钻井液、油基与合成基钻井液和气液混合钻井液。钻井液的组成和应用涉及无机化工产品、有机化工产品、高分子化合物等不同类型的化学品。随着国家安全环保要求的日益严格，在石油钻探过程中钻井液的安全使用及对环境的影响成为石油工程技术人员及管理人员关注的重点。但目前还未有专门介绍钻井液安全使用的书籍，为此，在中国石化出版社程天阁老师的提议下，编写了《钻井液安全使用必读》一书。

本书主要从使用安全与环保的角度，对钻井液处理剂及不同钻井液体系在使用过程中涉及的安全知识进行了系统的介绍。结合有关文献，在简要介绍钻井液处理剂及钻井液基本知识的基础上，介绍了钻井液及处理剂对健康和环境的危害方式及途径，重点介绍了钻井液原材料、加重材料、钻井液处理剂等的主要化学成分、理化性质、用途、危险性、急救、消防、泄漏等方面的应急处理与措施、操作与防护、毒性与生态学数据、储存与运输等内容。详细介绍了水基钻井液和油基钻井液的组成及危害，在使用中涉及的粉尘、腐蚀性材料、硫化氢气体等刺激性挥发物的影响、急救措施、操作、控制、防护等安全使用须知以及钻井废弃物回收处理与存储等安全使用知识。作者希望本书能对石油工程行业从事油田化学、钻井液研究与使用、管理、监督等各层次的管理人员、学者、安全管理人员和作业人员以及研究院所、生产企业和工程技术人员起到有益的参考作用。

本书作为《钻井液完井液实用技术丛书》之一，全书内容共分四章，第一章介绍了钻井液基本知识，主要有钻井液处理剂的概念、钻井液处理剂分类、钻井液处理剂作用、钻井液处理剂剂型、钻井液的功能及其分类、常用的钻井液体系等；第二章介绍钻井液的危害及产生途径，包括钻井液及处理剂的危害、钻井液对健康和环境影响的途径；第三章介绍了钻井液处理剂性质与安全使用，主要有配浆土、加重材料、无机处理剂、有机化合物处理剂、天然及改性处理剂以及其他材料与复配型处理剂等的安全使用；第四章介绍钻井液体系的性能与安全使用，包括水基钻井液和油基钻井液组成、危害、对健康和环境的影响，钻井液配制和维护过程中的安全要求，钻井废弃物危害及处理。

本书编写过程中得到了中国石化集团公司高级专家王中华老师的悉心指导，并对书稿进行了细致的修改与补充，在此对王中华老师表示衷心的感谢，同时在编写中还参阅了大量的文献，特别是电子文献，在此对所有为本书积累原始素材的文献作者、学者们表示崇高的敬意和衷心的感谢。

由于编写仓促，加之作者学识水平有限，书中难免有疏漏与谬误之处，恳请广大读者批评指正，并提出宝贵意见，以便有机会再版时改正。

目　录

第一章　钻井液基本知识

了解钻井液的危害，掌握钻井液的安全使用方法，必须首先对钻井液有所认识。为便于对钻井液有个初步了解，本章对钻井液处理剂的概念、剂型和钻井液体系的组成、分类及常用钻井液体系进行简要介绍。

第一节　钻井液处理剂

钻井液处理剂是钻井液的重要组成部分，本节围绕钻井液处理剂的概念、分类、作用、剂型等，对钻井液处理剂进行简要介绍。

一、钻井液处理剂的概念

所谓钻井液处理剂，就是在石油钻井过程中，为了调节钻井液的性能，保证钻井作业的顺利进行所使用的化工产品。它通常包括无机化工产品、有机化工产品和高分子化合物，属于重要的油田化学品之一。但在实际应用中，把诸如堵漏剂、解卡剂、缓蚀剂等用于处理钻井过程中出现漏失、卡钻等复杂情况，以及防止或减缓钻具腐蚀的材料等也纳入了钻井液处理剂。

用于水基钻井液的处理剂，除堵漏剂之外，大多数以水溶性聚合物材料为主，并以溶液形式用于作业流体，如丙烯酸多元共聚物、2–丙烯酰胺基–2–甲基丙磺酸多元共聚物、磺甲基酚醛树脂、纤维素衍生物、淀粉衍生物、木质素磺酸盐、改性褐煤和栲胶等。而用作油基钻井液和油包水乳化钻井液的处理剂主要以表面活性剂和低相对分子质量有机化合物或聚合物为主。相对于水基钻井液，油基钻井液处理剂不仅品种单一且用量较少。但近年来随着页岩油气田的开发，油基钻井液才有了一定的应用面，油基钻井液处理剂也逐步得到了发展。

二、钻井液处理剂分类

钻井液处理剂可以根据用途（或功能）及化学性质进行分类。

根据用途（或功能）可将水基钻井液处理剂分为降滤失剂、降黏剂、絮凝剂、增黏剂、页岩抑制剂、润滑剂、高温稳定剂、消泡剂、发泡剂、pH值调节剂、除钙剂、杀菌剂、缓蚀剂、乳化剂、堵漏剂、解卡剂和加重剂等。

按化学性质可将水基钻井液处理剂分为无机化合物处理剂和有机化合物处理剂。

1. 无机化合物处理剂

（1）氧化物：氧化钙、氧化镁、氧化锌、三氧化二铁等。

（2）碱：氢氧化钠、氢氧化钾、氢氧化钙、碳酸钠、碳酸氢钠、碳酸钾等。

（3）盐：氯化钠、氯化钾、氯化铵、氯化钙、氯化镁、氯化铝、硫酸钠、硫酸钾、硫酸钙、硫酸钡、碳酸钙等。

（4）黏土矿物：蒙脱石、凹凸棒石等。

（5）无机高分子：羟基铝、正电胶等。

2. 有机化合物处理剂

1）有机化合物

（1）矿物油：原油、柴油、白油。

（2）有机物：醛、醇、酯、胺，以及甲酸盐、乙酸盐、丙酸盐。

（3）表面活性剂：阴离子表面活性剂、阳离子表面活性剂、非离子表面活性剂、两性离子表面活性剂。

2）高分子化合物

（1）天然高分子化合物及其衍生物：木质素类、单宁类、纤维素类、淀粉类、腐殖酸类、多糖类、生物聚合物类等。

（2）合成高分子化合物：阴离子型聚合物、阳离子型聚合物、两性离子型聚合物、油溶性树脂等。

三、钻井液处理剂的作用

钻井液处理剂是用于配制钻井液，并在钻井过程中维护和改善钻井液性能的关键。良好的钻井液体系及钻井液性能是钻井作业顺利进行的可靠保证，而钻井液处理剂则是保证钻井液性能稳定的基础，没有优质的钻井液处理剂就不可能得到性能良好的钻井液体系。

具体而言，钻井液处理剂在钻井液中的作用主要是形成结构，起分散、吸附（包括离子交换吸附）、絮凝（选择性絮凝）、胶凝和胶溶、乳化和破乳、起泡和消泡、润滑、杀菌、缓蚀、润湿、降滤失、增黏、降黏、pH值调节、封堵、清洁、稳定黏土和防塌、高温稳定等作用。

四、钻井液处理剂剂型

1. 降滤失剂

钻井液降滤失剂是指用来降低钻井液的滤失量、改善泥饼质量，提高钻井液稳定性的化学剂，是非常重要和用量最大的钻井液处理剂之一。它主要包括天然或天然改性高分子材料、合成树脂和合成聚合物，以及一些具有堵孔作用的不同粒径分布的惰性或非水溶性材料。

天然或天然改性高分子材料主要包括腐殖酸钠、腐殖酸钾、聚合腐殖酸、磺甲基腐殖酸钠、磺甲基腐殖酸钾等腐殖酸改性产物；预胶化淀粉、羧甲基淀粉钠（钾）、羟丙基淀粉、磺烷基化淀粉和接枝改性淀粉等淀粉衍生物；羧甲基纤维素钠、聚阴离子纤维素钠、羟乙基纤维素、羟丙基纤维素、接枝改性纤维素等纤维素衍生物；磺化木质素磺化酚醛树脂、木质素磺酸盐接枝共聚物、缩合木质素磺酸盐等木质素改性产物。

合成树脂主要包括磺甲基酚醛树脂、阳离子改性磺甲基酚醛树脂、磺化苯氧乙酸-苯酚甲醛树脂、磺化酚脲树脂等。

合成聚合物处理剂主要包括水解聚丙烯腈钠盐、水解聚丙烯腈钾盐、水解聚丙烯腈铵盐，水解聚丙烯酰胺钠盐、水解聚丙烯酰胺钾盐，以及阴离子型丙烯酰胺、丙烯酸等单体多元共聚物；阴离子型丙烯酰胺、2-丙烯酰胺基-2-甲基丙磺酸（AMPS）等单体多元共聚物；阳离子型丙烯酰胺、二甲基二烯丙基氯化铵（DMDAAC）等单体多元共聚物；两性离子型丙烯酰胺、丙烯酸、DMDAAC 等单体多元共聚物。

惰性或非水溶性材料主要包括超细碳酸钙、油溶性树脂、超细纤维素、沥青等。

2. 降黏剂（稀释剂、分散剂、解絮凝剂）

钻井液降黏剂是指能够降低钻井液的黏度和切力、改善钻井液流变性能的化学剂。它主要有天然或天然改性高分子材料和合成聚合物。

天然或天然改性高分子材料主要有单宁酸钠、磺化栲胶、磺甲基单宁酸钠、铁铬木质素磺酸盐、钛铁木质素磺酸盐、腐殖酸钠、腐殖酸钾、磺甲基腐殖酸钠；合成聚合物主要有低相对分子质量聚丙烯酸钠、丙烯酸等单体的均聚物或共聚物、AMPS 等单体的均聚物或共聚物、磺化苯乙烯-马来酐共聚物、乙酸乙烯酯-马来酸共聚物、两性离子丙烯酸、烯丙基三甲基氯化铵等单体多元共聚物等。

此外，还有羟基乙撑二膦酸、氮川三甲基膦酸、乙二胺四甲撑膦酸等有机磷酸钻井液降黏剂。

3. 絮凝剂

钻井液絮凝剂是指能使钻井液中黏土颗粒聚结、沉降或适度絮凝的化学剂。可以用来提高钻井液的清洁能力，在低固相钻井液中澄清液相或使固相脱水，也可使钻井液中的胶体颗粒聚集或成絮凝物并使其沉降，控制钻井液中劣质土和有害固相。絮凝往往也伴随着包被，通常所说的包被作用常与絮凝作用并存，有时两者又很难区分。

这类产品包括无机化合物和合成聚合物。其中：无机化合物包括盐（或盐水）、三氯化铁、硫酸亚铁、硫酸铝、熟石灰、石膏以及聚合铁、聚合铝等；合成聚合物主要为高相对分子质量聚丙烯酰胺和水解聚丙烯酰胺、80A-51 等。

4. 增黏剂

钻井液增黏剂是指能增加钻井液的黏度和切力，提高钻井液悬浮能力的化学剂。它主要有纤维素衍生物、合成聚合物和生物聚合物及无机物等。其中：纤维素衍生物包括羧甲基纤维素钠、聚阴离子纤维素钠、羟乙基纤维素等；合成聚合物主要是聚丙烯酰胺类（非水解聚丙烯酰胺、水解聚丙烯酰胺钠盐），丙烯酰胺多元共聚物（阴离子型丙烯酰胺、阳离子型丙烯酰胺、丙烯酸等单体多元共聚物，AMPS 等单体多元共聚物，DMDAAC 等单体多元共聚物，两性离子型丙烯酰胺、丙烯酸、DMDAAC 等单体多元共聚物）；生物聚合物主要是黄原胶；无机物主要为黏土矿物，如膨润土、凹凸棒土等，同时还有混合层间金属氢氧化物，即所谓的正电胶等。

5. 页岩抑制剂

页岩抑制剂是用来抑制因页岩中所含黏土矿物的水化膨胀分散而引起的岩屑分散和发生井塌的化学剂。主要包括无机盐类、合成聚合物类、腐殖酸盐类和沥青类。

无机盐包括氯化钾、氯化钙、磷酸钾、硫酸钾、氯化铵、硫酸铵、磷酸钾、焦磷酸钾、磷酸铵等；合成聚合物包括高相对分子质量的水解聚丙烯酰胺钾盐，低相对分子质量的水解聚丙烯腈钾盐、铵盐，以及阳离子聚合物等；腐殖酸盐类主要有腐殖酸钾、腐殖酸铵、有机硅腐殖酸钾、腐殖酸钾与合成树脂或水解聚丙烯腈钾（或铵）盐的反应物；沥青类主要有磺化沥青钠、钾，以及磺化沥青与腐殖酸钾的复合物等。

6. 润滑剂

润滑剂是指能降低钻具与井壁之间摩擦阻力的化学剂，其作用是能有效降低泥饼摩擦系数，提高钻井液的润滑性，减小扭矩，防止井下卡钻事故发生。这类产品大多为多种材料的复配物。常用的润滑剂产品包括液体和固体两种类型。

其中液体润滑剂是由烷基苯磺酸、聚氧乙烯烷基苯酚醚、聚氧乙烯烷基醇醚、聚氧乙烯硬脂酸酯、聚氧乙烯高碳羧酸酯、聚氧乙烯聚氧丙烯二醇醚、聚氧丙烯聚氧乙烯聚氧丙烯甘油醚、山梨醇酐脂肪酸酯、硬脂酸盐等表面活性剂、植物油和矿物油等混合而成，也可以用工业废料和表面活性剂配制。一些脂肪酸酯或脂肪酸酰胺可以直接作为润滑剂，如脂肪酸甲酯、脂肪酸多元醇酯、脂肪酸甲酰胺或乙酰胺等；固体润滑剂主要有玻璃小球、塑料小球和石墨粉等。

7. 高温稳定剂

高温稳定剂是指用来提高钻井液在高温条件下的流变性、滤失性和悬浮稳定性，并在高温条件下持续发挥其功能的化学剂。大多数合成树脂或树脂复合类降滤失剂都可以作为高温稳定剂使用。这类处理剂包括：酚醛树脂磺酸盐、丙烯酸盐聚合物、AMPS 聚合物和共聚物，以及褐煤、木质素磺酸盐和单宁改性处理剂。

8. 消泡剂

消泡剂是指用来减少钻井液发泡作用或消除钻井液中泡沫的化学剂，特别是在盐水钻井液和饱和盐水钻井液中消泡剂的作用更显重要。消泡剂大多数为表面活性剂或其改性产品。一般可以分成醇类、脂肪酸及脂肪酸酯类、酰胺类、磷酸酯类、聚硅氧烷类等。

9. 发泡剂

发泡剂是指在水及水基流体中能够产生泡沫的化学剂。常用的起泡剂如十二烷基苯磺酸钠、OP–10 等。

10. pH 值调节剂

用来调节钻井液酸碱度的化学剂称为 pH 值调节剂。主要用来保证黏土造浆和钻井液处理剂的性能充分发挥。它属于最基本的材料，常用产品包括石灰、烧碱、纯碱和碳酸氢钠，也包括其他的普通酸和碱。

11. 除钙剂

除钙剂是指用来降低海水或高矿化度水中的钙离子浓度、处理水泥污染和地层中的硬石膏、石膏污染的化学剂，如纯碱、碳酸氢钠、烧碱和某些多磷酸盐等。

12. 杀菌剂

杀菌剂是指能杀死细菌，维护钻井液中各种处理剂的使用性能，特别是用来防止淀粉、生物聚合物等处理细菌降解的化学剂。主要有氯化十二烷基铵、氯化十八烷基铵、氯化十二烷基三甲基铵、十二烷基二甲基苄基氯化铵、甲醛、戊二醛等。

13. 缓蚀剂

缓蚀剂是指用来控制钻具腐蚀、中和钻井液中有害酸气和防止结垢的化学剂。一般的缓蚀剂是胺基或磷酸盐基产品，也有其他专门配制的缓蚀剂。

14. 乳化剂

乳化剂是指用来使两种互不相溶的液体成为非均匀混合物（乳状液）的化学剂。这类产品包括用于油基钻井液中的脂肪酸、胺基化学产品，以及用于水基钻井液中的清洁剂、脂肪酸盐、有机酸、水溶性表面活性剂等。可分为阴离子型、非离子型或阳离子型等不同离子性质的产品。

15. 堵漏剂

堵漏剂是指在钻井过程中用以封堵漏失层，隔离井眼表面和地层，以便在随后的作业中不会再造成钻井液漏失的材料。堵漏剂主要由活性材料和惰性材料组成。堵漏剂还包括一些随钻封堵渗透性漏失的防漏材料。其中：活性材料主要有石灰、水泥、石膏、水玻璃、酚醛树脂、脲醛树脂、高分子聚合物等；惰性材料主要有果壳、蚌壳、蛭石、云母、植物纤维、矿物纤维等。

堵漏剂通常为复配型产品，使用时也常常采用多种材料配伍使用，此外还有凝胶聚合物材料等。

16. 解卡剂

压差卡钻是钻井中经常会遇到的复杂情况之一，严重影响到钻井作业的安全顺利进行。解卡剂是指用来浸泡钻具在井内被滤饼黏附的井段以降低其摩阻系数，从而解除压差卡钻的化学剂。它主要由表面活性剂、增稠剂、加重剂和石油产品等组成，属于复配产品。产品通常呈液体和固体两种形式。

17. 加重剂

加重剂是指用于提高钻井液密度的非水溶性材料，通常是由不溶于水的高密度惰性物质经研磨加工制备而成。具有自身密度大、磨损性小，易粉碎等特点，同时呈惰性，既不溶于钻井液，也不与钻井液中的其他组分发生相互作用。

加重剂有重晶石粉、石灰石粉、铁矿粉和钛铁矿粉、锰矿粉、方铅矿粉等。对于一些可以配制高密度盐水的化学剂也可以看作加重材料，如溴化钙、氯化锌、甲酸盐等。

第二节　钻井液体系

一、钻井液的功能及其分类

（一）钻井液的功能

钻井液是指油气钻井过程中以其多种功能满足钻井工作需要的各种循环流体的总称。钻井液的循环是通过钻井泵来维持的。钻井液工艺技术是油气钻井工程的重要组成部分，在钻井过程中钻井液是确保安全、优质、快速钻井的关键，故人们常常把钻井液称为“钻井的血液”，其基本的功能如下。

1. 携带和悬浮岩屑

钻井液首要和最基本的功用是通过其本身的循环将井底被钻头破碎的岩屑携至地面，以保持井眼清洁，使起下钻畅通无阻，并保证钻头在井底始终接触和破碎新地层，不造成重复切削，确保安全快速钻进。在接单根、起下钻或因故停止循环时，钻井液又将井内的钻屑悬浮在钻井液中，使钻屑不会很快下沉，防止沉砂卡钻等情况的发生。

2. 稳定井壁和平衡地层压力

井壁稳定、井眼规则是实现安全、优质、快速钻井的基本条件。性能良好的钻井液应能借助于液相的滤失作用，在井壁上形成一层薄而韧的滤饼，以稳固已钻开的地层并阻止液相侵入地层，降低泥页岩水化膨胀和分散的程度。与此同时，在钻进过程中需通过不断调节钻井液的密度，使液柱压力能够平衡地层压力，从而防止井塌和井喷（或井涌）等井下复杂情况的发生。

3. 冷却和润滑钻头、钻具

在钻进中钻头一直在高温下旋转并破碎岩层，产生很多热量，同时钻具也不断地与井壁摩擦而产生热量。正是通过钻井液不断地循环作用，将这些热量及时的吸收，然后带到地面释放到大气中，从而起到了冷却钻头、钻具，延长其使用寿命的作用。由于钻井液的存在，使钻头和钻具均在液体内旋转，因此在很大程度上降低了摩擦阻力，起到了很好的润滑作用。

4. 传递水动力

钻井液在钻头喷嘴处以极高的流速冲击井底，从而提高了破岩效率和钻井速度。高压喷射钻井正是利用了这一原理，即采用高泵压钻进，使钻井液所形成的高速射流对井底产生强大的冲击力，从而显著地提高了钻速。在使用涡轮钻具钻进时，钻井液由钻杆内以较高流速流经涡轮叶片，使涡轮旋转并带动钻头破碎岩石。

（二）钻井液的分类

一般所指的分类方法是按钻井液中流体介质和体系的组成特点来进行分类的，通常根据基液或流体的性质，可以简单地分为水基钻井液、油基与合成基钻井液，以及气体/气液混合钻井流体 3 种类型。

1. 水基钻井液

水基钻井液是由膨润土、水（或盐水）、各种处理剂、加重材料以及钻屑所组成的多相分散体系。

（1）分散钻井液。该类型钻井液是用淡水、膨润土和各种对黏土与钻屑起分散作用的处理剂配制而成的水基钻井液（包括非抑制性分散钻井液和抑制性分散钻井液）。其特点是可容纳较多的固相，适合于配制较高密度的钻井液，容易在井壁上形成较致密的泥饼，滤失量较低。某些分散钻井液，如“三磺”钻井液体系具有较强的抗温能力，适合于深井和超深井使用。“三磺”钻井液体系也是国内最早应用的深井、超深井钻井液。

（2）不分散钻井液。该类型钻井液是用淡水、膨润土和各种对黏土与钻屑起包被、絮凝能力的聚合物处理剂配制而成的水基钻井液。特点是有效地控制钻井液中的固相含量和固体颗粒的粒度分布，使钻井效率大幅度提高。以水解聚丙烯酰胺或其衍生物为主处理剂的聚合物低固相钻井液适用于高压喷射钻井。

（3）钙处理钻井液。该类型钻井液是同时含有一定浓度的 Ca^{2+} 和分散剂的钻井液体系。其特点是抗盐、钙污染能力强，同时具有抑制黏土的水化分散作用，能够有效地控制页岩坍塌和井径扩大，减少对油气层的损害。

（4）聚合物钻井液。该类型钻井液是以具有絮凝和包被作用的高分子聚合物作为主处理剂的水基钻井液体系。其特点是各种固相颗粒可以保持在较粗的范围内，钻屑不易分散成细微颗粒。钻井液密度和固相含量低，钻速高，地层损害小，剪切稀释特性强，由于聚合物处理剂有较强的包被、絮凝和抑制分散的作用，有利于井壁稳定。

（5）盐水钻井液。该类型钻井液是用盐水或海水配制而成的钻井液。含盐量从 1%（Cl^- 含量为 6000mg/L）直至饱和（Cl^- 含量为 189000 mg/L）。其特点是有较强的抑制黏土水化分散作用。

当钻井液中 NaCl 的含量接近饱和时，称欠饱和盐水钻井液，达到饱和时就形成了饱和盐水钻井液体系，饱和盐水钻井液适用于钻进大段岩层和复杂的盐膏层。

（6）钾基聚合物钻井液。该类型钻井液是以各种聚合物的钾（或铵、钙）盐和 KCl 为主处理剂的防塌钻井液体系。其特点是体系中的 KCl 具有很强的抑制黏土水化分散的能力。钾离子的抑制和聚合物的包被作用，使体系在保证钻井液的各种优良性能的同时，对泥页岩地层具有良好的防塌效果。

此外，在防塌钻井液体系方面还发展了正电胶钻井液、硅酸盐钻井液、两性离子聚合物钻井液、聚合醇钻井液、甲基葡萄糖苷钻井液、胺基抑制钻井液等。

2. 油基及合成基钻井液

（1）油基钻井液。以油作为连续相的钻井液为油基钻井液，它包括纯油基钻井液和油水体积比为（50~80）：（50~20）的油包水乳化钻井液。其特点是抗高温能力强，有很强的抑制性和抗盐、钙污染的能力，且润滑性好，能有效地减轻对油气层的伤害。目前国内已在水敏性地层和页岩气水平井钻井中广泛应用。

（2）合成基钻井液。以合成的有机化合物作为连续相，盐水作为分散相，并含有乳化剂、降滤失剂、流型改进剂的一类钻井液体系。其特点是使用无毒并且能够生物降解的非水溶性的有机物取代了油基钻井液中的柴油、白油等，使其不仅保持了油基钻井液的优良特性，而且大大减轻了钻井液排放时对环境造成的不良影响，尤其适合于海上钻井，以及对环保要求高的地区钻井。

3. 气体/气液混合型钻井流体

气体/气液混合型钻井流体是以气体或气液混合物作为循环介质的钻井流体，它是为满足近年来发展起来的一种欠平衡钻井方式的低密度钻井流体。包括空气或天然气钻井流体、雾状钻井流体、泡沫钻井液和充气钻井液。和传统钻井液相比，其特点是能够提高机械钻速，减少或避免井漏，延长钻头寿命，减少井下复杂事故的发生和完井增产措施，降低钻井综合成本，保护油气产层，增加油气产量。

二、常用的钻井液体系

（一）分散钻井液

1. 膨润土钻井液

膨润土钻井液是最简单的分散钻井液，它是由膨润土、分散性处理剂等组成。其中黏土在水中高度分散，正是通过高度分散的黏土颗粒使钻井液具有所需的流变和降滤失性能，是最基本的钻井液体系。该钻井液配制工艺简单，成本低。突出的特点是悬浮、携岩能力强，主要适用于表层、造浆性差以及含鹅卵石和砾石浅地层钻井。

2. 石灰钻井液

以石灰作为钙离子来源的钻井液称为石灰钻井液，又称为低钙含量钻井液。影响其性能的关键因素是 Ca^{2+} 浓度，而 Ca^{2+} 浓度主要受石灰溶解度的影响。根据石灰用量和 pH 值的不同，将石灰钻井液分为高石灰钻井液和低石灰钻井液。当在盐、钙污染或在造

浆地层钻进时，经常用高石灰钻井液。

石灰钻井液通常是在原有分散钻井液的基础上经转化而形成。首先加水稀释井浆，使膨润土含量降至适宜范围。加入栲胶、磺化栲胶（SMK）、铁铬盐（FCLS）和褐煤等降黏剂和羧甲基纤维素（CMC）或淀粉等降滤失剂，使钻井液获得良好的流变性能。然后加入石灰，使钙离子浓度达到需要的值。

3. 石膏钻井液

以石膏作为钙离子来源的钻井液称为石膏钻井液，也属于低钙含量钻井液。在石膏钻井液体系中，石膏作为絮凝剂，以铁铬盐或磺化单宁（SMT）、SMK 和 CMC 作为稀释剂和降滤失剂，pH 值维持在 9.5～10.5 之间，滤液中 Ca^{2+} 含量约为 600～1200mg/L，即可配制成石膏钻井液。

4. 氯化钙钻井液

氯化钙钻井液是以氯化钙（$CaCl_2$）作为钙离子来源的钙处理钻井液体系，在这类钙处理钻井液中，使用 $CaCl_2$ 作为絮凝剂，一般仍选用铁铬盐和 CMC 或羟乙基纤维素（HEC）等作稀释剂和降滤失剂，并用石灰调节 pH 值，使 pH 值保持在 9～10 之间。美国和俄罗斯都使用过这种高钙钻井液，多用于易卡钻、易坍塌的泥页岩地层，其滤液中 Ca^{2+} 浓度一般为 1000～3500mg/L。我国成功地将褐煤碱液应用于该类钻井液中，形成了具有特色的褐煤 –$CaCl_2$ 钻井液体系。

5. 钾石灰钻井液

钾石灰钻井液是在石灰钻井液基础上发展起来的一种更有利于防塌的钙处理钻井液。由于石灰钻井液存在着一些缺点，如高温下容易发生固化，pH 值较高以及强分散剂的使用不利于提高钻井液的抑制性等，因此后来将钾离子引入石灰钻井液中，形成了钾石灰防塌钻井液体系。钾石灰钻井液基本组成是 KOH（或 K_2CO_3）、石灰、聚合物、磺化酚醛树脂（SMP）、磺化沥青等。适用于层理裂缝发育的中深层井段泥页岩地层。

（二）盐水钻井液

1. 盐水钻井液

以盐水作为配浆水或在淡水钻井液中加入盐而配制的钻井液体系。一般盐水钻井液主要应用于：配浆水本身含盐量较高；钻遇盐水层时，淡水钻井液体系不可能继续维持；钻遇含盐地层或厚度不大的岩盐层以及为了抑制强水敏泥页岩地层的水化等。在选择盐水钻井液时，可能只涉及以上某些因素，但也可能包含所有因素。

多数情况下盐水钻井液只用于某一特定的井段。如，当预先已知在某一深度有一较薄的岩盐层时，可在进入之前有准备地将盐和处理剂一并加入钻井液中，使之转化为盐水钻井液体系。当钻过盐层并下入套管之后，又可通过稀释与化学处理，逐步恢复至淡水钻井液体系。盐水钻井液中含盐量的多少一般根据地层情况来决定。显然，含盐越多，钻井液抑制性越强，对岩盐层的溶解量越小，即越有利于井壁稳定，但护胶的难度亦同时增大，配制成本也会相应增加。因此，确定含盐量十分重要。

盐水钻井液常用的处理剂有 FCLS、SMC、褐煤碱液和羧甲基纤维素（CMC）或聚阴离子纤维素（PAC）等。

2. 饱和盐水钻井液

饱和盐水钻井液是指 NaCl 含量达到饱和时的盐水钻井液体系。它主要用于钻大段岩盐层和复杂的盐膏层，也可在钻开储层时配制成清洁盐水钻井液使用。由于其矿化度极高，因此抗污染能力强，对地层中黏土的水化膨胀和分散有很强的抑制作用。钻遇岩盐层时，可将盐的溶解减至最低，避免大肚子井眼的形成，从而使井径规则。该类钻井液的配制方法是，在地面配好饱和盐水钻井液，钻达岩盐层前将其替入井内，然后钻穿整个岩盐层。但也可采用另一种方法，即在上部地层使用淡水或一般盐水钻井液，然后提前在循环过程中进行加盐处理，使含盐量和钻井液性能逐渐达到要求，在进入岩盐层前转化为饱和盐水钻井液。

3. 海水钻井液

海水钻井液是指用海水作为配浆水配制的盐水钻井液体系，它与一般的盐水钻井液的不同之处是海水中除含有较高浓度的 NaCl 外，还含有一定浓度的钙盐和镁盐，其总矿化度一般为 3.3%~3.7%，pH 值为 7.5~8.4，密度为 $1.03g/cm^3$。主要用于海洋、近海等地区的钻井。一般用于上部大井眼段钻进，也可用于地层水敏性较弱的浅井作业。海水钻井液由于受施工条件的限制，其矿化度一般不作调整。

（三）聚合物钻井液

1. 无固相聚合物钻井液

无固相聚合物钻井液是指所配制的钻井液中不含固相的聚合物钻井液体系。实验表明，使用无固相聚合物钻井液（又称清水钻井液）可达到最高的钻速，但要实现无固相的清水钻进，必须注意解决三个方面的问题：一是必须使用高效絮凝剂使钻屑始终保持不分散状态，在地面循环系统中发生絮凝而全部清除；二是要有一定的提黏措施，能够按工程上的要求，实现平板型层流并能顺利地携带岩屑；三是有一定的防塌措施，以保证井壁的稳定。生物聚合物和聚丙烯酰胺及其衍生物是配制无固相钻井液较理想的处理剂。

2. 不分散低固相聚合物钻井液

不分散低固相聚合物钻井液是在无固相聚合物钻井液的基础上，为解决无固相聚合物钻井液对固控要求高，工艺较复杂等不足而形成的一种钻井液体系。与无固相聚合物钻井液相比，不分散低固相聚合物钻井液的特点是：①具有高剪切速率下的黏度低，密度低，压差小，固相含量低，有利于提高机械钻速；②具有较强的包被作用，可有效地抑制泥页岩的水化膨胀分散，保持井眼的稳定；③触变性好，剪切稀释性强，具有良好的悬浮携带钻屑能力；④较低排量下，有良好的洗井效果。

主要适用于上部松软地层以及密度较低的井。在该类钻井液中，由于使用的聚合物不同，钻井液的性能则不同，在配制和维护措施上也有差异。

3. 普通聚合物钻井液

普通聚合物钻井液是指不符合不分散低固相钻井液标准的聚合物钻井液。在某些地区，由于种种原因而缺乏优质配浆土，因而就比较难以配制出符合要求的低固相钻井液。也有一些井，由于地层原因使钻井液的固相含量偏高，或者由于各种污染（如黏土、岩盐及其他高价阳离子的侵入等）造成钻井液的塑性黏度和动切力偏高，这时也难以维持低固相状态。在这种情况下，满足钻井工程的需要，经常使用强分散性降黏剂，如铁铬木质素磺酸盐或单宁酸钠等来降低钻井液的黏切，这样又使聚合物钻井液的分散程度增加。

4. 聚合物盐水钻井液

不分散低固相聚合物盐水钻井液在组成和性能上与前面所述聚合物钻井液基本相同。由于盐的存在，更容易清除固相、稳定井壁，但使用中要考虑处理剂的抗盐能力。该体系主要应用于在含盐膏的地层中钻进以及海上钻井。滤失量控制是聚合物盐水钻井液性能控制的关键。

5. 阳离子聚合物钻井液

阳离子聚合物钻井液是以高相对分子质量阳离子聚合物（简称“大阳离子”）作包被絮凝剂，以低相对分子质量有机阳离子（简称“小阳离子”）作泥页岩抑制剂，并配合降滤失剂、增黏剂、降黏剂、封堵剂和润滑剂等处理剂配制而成的聚合物钻井液。由于阳离子聚合物分子带有大量正电荷，在黏土或岩石上的吸附除靠氢键外，更主要的是靠静电作用，比阴离子聚合物的吸附力更强。同时，阳离子聚合物能中和黏土或岩石表面的负电荷，因此其絮凝能力和抑制页岩分散能力也比阴离子聚合物强，可更好地实现低固相和保持井壁稳定。

6. 两性离子聚合物钻井液

以两性离子聚合物为主处理剂配制的钻井液称为两性离子聚合物钻井液，是国内独有的钻井液体系之一。两性离子聚合物是指分子链中同时含有阴离子基团和阳离子基团的聚合物，与此同时它还含有一定数量的非离子基团。这类聚合物是 20 世纪 80 年代以来我国开发成功的一类钻井液处理剂。由于引入阳离子基团，聚合物分子在钻屑上的吸附能力增强，同时可中和部分钻屑的负电荷，因而具有较强的抑制钻屑分散的能力。在现场，特别是对地层造浆比较严重的井段，可更好地实现聚合物钻井液不分散低固相的效果。

（四）抑制性钻井液

1. KCl 聚合物钻井液

KCl 聚合物钻井液是在聚合物钻井液的基础上，通过加入 KCl 并优化钻井液的性能而得到的一种钻井液体系，在配制和性能控制上与盐水聚合物钻井液相同。与聚合物钻井液相比，其抑制和絮凝能力明显提高，有利于稳定井壁。一般适用于井深 3000m 以内的地层，以抑制黏土和泥页岩的水化膨胀、分散和裂解，保持井壁稳定。

2. KCl聚磺钻井液

氯化钾聚磺钻井液，也称聚磺钾盐钻井液，它是在氯化钾聚合物钻井液的基础上加入磺化褐煤、磺化酚醛树脂等处理剂或在聚磺钻井液的基础上加入KCl转化而成。与氯化钾聚合物钻井液相比，其抗温能力大幅度提高。适用于中深井水敏性易失稳的泥岩、泥页岩地层。对硬脆微裂缝页岩配合加入沥青类处理剂可获得较好的防塌效果。

3. KCl硅酸盐聚合物钻井液

氯化钾硅酸盐聚合物钻井液是在KCl聚合物钻井液的基础上，引入适量的硅酸盐而形成的一种强抑制防塌钻井液体系。具有很强的抑制泥岩、泥页岩分散的能力，主要在中深井使用。该钻井液的主要机理是在一定条件下，进入地层中的硅酸根与岩石表面或水中的钙、镁离子发生胶凝作用，生成硅酸钙和硅酸镁沉淀，封堵井壁上的孔隙，阻止滤液侵入，有效减缓泥页岩的水化膨胀。在较高温度下，硅酸盐与黏土矿物之间会发生化学作用，使黏土粒子表面被硅酸钠包裹，水分子无法与黏土作用，进而达到稳定黏土的目的。

4. 聚合醇钻井液

聚合醇是指聚乙二醇、聚亚烷基二醇、乙氧基化醇及它们的衍生物，在钻井液中具有良好的封堵、抑制、润滑等作用。在水基钻井液中加入有效剂量的聚合醇而形成的钻井液即聚合醇钻井液体系。该钻井液具有良好的抑制性和润滑性，属于高性能水基钻井液之一。适用于泥岩、泥页岩等易失稳地层。

5. 硅酸盐钻井液

硅酸盐钻井液是采用硅酸钠或硅酸钾作为防塌抑制剂而形成的一种钻井液体系。其中的硅酸盐加量达到2%以上，属于强抑制性钻井液体系，具有较强的抑制泥岩、泥页岩分散能力。适用于水敏性泥页岩和微裂缝发育的易失稳地层以及中深井。

6. 甲酸盐钻井液

甲酸盐钻井液是以甲酸的碱金属盐作为加重剂和抑制剂，与聚合物增黏剂和降滤失剂等配制的一种绿色环保型钻井液，在生态保护、油层保护、抑制地层以及抗高温抗污染方面有显著特点。可在钻井液中应用甲酸的碱金属盐有甲酸钠、甲酸钾和甲酸铯等，它们为钻井液提供适当的密度，不需要固体加重剂，就可使该体系的相对密度达到1.7～2.3g/cm^3。

甲酸盐钻井液是一种有利于发现和保护油气层的体系，钻井过程中能有效保护油气层。作为理想的绿色钻井液、完井液、隔离液等已受到普遍重视。

7. 正电胶钻井液

正电胶钻井液是以MMH正电胶为主剂的强触变性和抑制性钻井液体系，具有独特的流变性、很强的剪切稀释性、较强的抑制性等特点。自1991年以来，MMH正电胶钻井液已在我国大部分油气田的浅井、深井、超深井、直井、斜井、水平井等各类井的钻井过程中使用。所使用的钻井液类型包括淡水钻井液、盐水钻井液和饱和盐水钻井液等。钻进的地层包括未胶结或胶结差的流砂层与砾石层、软的砂泥岩互层、易坍塌的泥岩层、含盐膏地层、强地应力作用下裂隙发育的地层（包括砂岩、岩浆岩与灰岩）和煤系地层等。

8. 甲基葡萄糖苷钻井液

甲基葡萄糖苷钻井液是以甲基葡萄糖苷为主剂形成的一种具有良好的润滑性、降滤失性及高温稳定性，且无毒、易生物降解的绿色水基钻井液。它具有与油基钻井液相似的性能，可以有效抑制页岩水化、维持井眼稳定，在一定条件下是油基钻井液的理想替代体系。该体系为解决钻井过程中井眼失稳和环境污染等问题提供了新的方法和途径，应用前景广阔。

甲基葡萄糖苷钻井液可由淡水、盐水或海水作水相（若用盐水作为水相，合适的水溶性盐包括 NaCl、KCl、$CaCl_2$ 等），以甲基葡萄糖苷作为主处理剂，再添加适量的降滤失剂（如改性淀粉、聚阴离子纤维素等）及流型调节剂等组成。

（五）抗高温钻井液

1. 磺化褐煤钻井液

磺化褐煤钻井液是以磺化褐煤为主处理剂而配制的钻井液体系。它主要利用磺化褐煤既是抗温稀释剂，又是抗温降滤失剂的特点，可以用膨润土直接配制或用井浆转化为抗高温深井钻井液。一般需加入适量的表面活性剂以进一步提高其热稳定性，该类体系可抗 180~220℃的高温，但抗盐、钙的能力较弱，仅适用于深井淡水钻井液。

2. SMC-FCLS 混油钻井液

在磺化褐煤钻井液的基础上，将 SMC 与 FCLS 复配使用可以提高磺化褐煤钻井液抗盐、钙污染的能力。利用它们之间的相互增效作用，可有效地控制盐水钻井液的流变性和滤失造壁性，并常使用红矾（$Na_2Cr_2O_7$）提高 FCLS 的抗温能力，使加重后的盐水钻井液在高温下具有良好的性能。该类体系抗温可达 180℃，最高矿化度可达 15×10^4 mg/L，并能将钻井液密度提高至 2.0g/cm^3 左右。

这种钻井液通常用井浆转化。膨润土的适宜含量为 80~100g/L，SMC 和 FCLS 的加量随体系中含盐量的增加而增大。

3. “三磺”钻井液

“三磺”钻井液是指以 SMP、SMC 和 SMT 或 SMK 等为主处理剂配制而成的一种抗温钻井液体系。其中 SMP-1 与 SMC 复配使用，可以使钻井液的 HTHP 滤失量得到有效的控制，SMT 或 SMK 或 FCLS 用于调整高温下钻井液的流变性能，从而大大地提高了钻井液的防塌、防卡、抗温以及抗盐、钙侵的能力。抗盐可至饱和，抗钙达 2000mg/L，钻井液密度可提至 2.25g/cm^3，若加入适量 $Na_2Cr_2O_7$，抗温可达 200~220℃。其缺点是亚微米颗粒含量高，对钻速有不利的影响。一般适用于温度超过 180℃的深井超深井。

4. 聚磺钻井液

聚磺钻井液是将聚合物钻井液和磺化酚醛树脂类钻井液结合在一起而形成的一类抗高温钻井液体系。通常由聚合物降滤失剂和 SMP、SMC 及磺化沥青类处理剂配制而成。

聚磺钻井液既保留了聚合物钻井液的优点，改善了其在高温高压下的滤饼质量和流变性，从而有利于深井钻速的提高和井壁稳定。该类钻井液的抗温能力可达200~250℃，抗盐可至饱和。适用于温度180~250℃的深井、超深井。

（六）油基钻井液

油基钻井液主要有两大类，一类是纯油基钻井液，是氧化沥青、有机酸、碱、稳定剂及高闪点柴油或矿物油的混合物。通常只混3%~5%的水；另一类是油包水乳化钻井液（也称反相或逆乳化钻井液），通常使用各种添加剂用于使水乳化和保持乳化体系的稳定，一般情况下，这种体系最高含水可达50%。

由于油基钻井液具有抗高温、抗盐、有利于井壁稳定、润滑性好和对油气层损害程度小等诸多优点，可广泛作为深井、超深井、海上钻井、大斜度定向井、水平井和水敏性复杂地层钻井及储层保护的重要手段。

（1）全油基钻井液。全油基钻井液，也称纯油基钻井液，它是以油为分散介质，以有机土、氧化沥青等分散相组成，含水量一般小于5%。对于全油基钻井液，水是应加以清除的污染物，但一般可以容纳3%~5%的水。全油基钻井液具有抗钻屑、抗水污染能力强、润滑性能好、抑制钻屑水化分散能力强及储层保护效果好等特点。与油包水乳化钻井液相比，全油基钻井液更有利于提高机械钻速、井壁稳定和储层保护。

（2）油包水乳化钻井液。油包水乳化钻井液是由油、水和乳化剂混合形成，体系的形态是水以小液滴的形式分散于油中。水相是内相或分散相，油是外相或分散介质。乳化剂的作用对于乳化液的形成和稳定性至关重要。乳化剂分子一般是由非极性、亲油的碳氢链部分和极性、亲水的基团共同构成，具有又亲水又亲油的双重性质。乳化剂的加入可以大大降低油 / 水界面的张力，并在界面吸附形成界面膜，从而在一定程度上保证了乳化钻井液的稳定性。

与纯油基钻井液相比，乳化剂、胶凝剂等对体系的稳定性更为重要，同时受所处环境的影响也更大。因此，在油包水乳化钻井液使用中对乳化剂、润湿剂等的要求比纯油基钻井液的要求高。由于水的存在，处理剂在高温下的稳定性会比油基钻井液差。

（七）合成基钻井液

合成基钻井液是为了继承传统的矿物油基钻井液抑制性强、润滑性好的优点，克服其危害环境的缺点而开发的一种钻井液体系。是以合成基液为连续相，盐水为分散相，加上乳化剂、有机土、石灰等组成，根据性能要求加入降滤失剂、流变性能调节剂和加重材料等。合成基钻井液在许多性能方面与油基钻井液相似，但无毒或低毒并容易在海水中生物降解，因此可被环境接受。

与油基钻井液相比较，其区别在于，将油基钻井液中的基础油替换为可生物降解又无毒性的合成基液。最初的希望是合成基液的物理性质应与矿物油相似，毒性必须很低，无论在需氧或厌氧的条件下均可以生物降解。合成基钻井液在国内应用比较少，即

使应用也是采用国外的技术。据不完全统计，在世界范围内已有近千口井使用了合成基钻井液。

合成基钻井液有 α- 烯烃钻井液、酯基钻井液和醚基钻井液等。

（八）充气和泡沫钻井液

1. 充气钻井液

充气钻井液是将空气或氮气注入常规钻井液中形成的一种低密度钻井流体。它是以气体作为分散相，液体作为连续相，并加入稳定剂而形成的气液混合体系。充气钻井液以液相为主，所以它既属于气体型钻井流体，又属于轻质水基钻井液。气体分散在钻井液中形成的稳定分散体系即为充气钻井液。其组成包括：气体（气泡）、黏土、起泡剂和稳泡剂、钻井液处理剂和水。密度较低，一般为 0.6~1.0g/cm^3，配制使用时可以不用压风机和专门的泡沫发生器，只需常规钻进用的钻井泵系统即可。常用注入气体主要是空气和氮气，此外还有二氧化碳、天然气、柴油机尾气，但使用的较少。

充气钻井液适用于低压和易漏失地层。由于其滤失量较小，黏度较高，有利于地层的稳定。

2. 泡沫钻井液

泡沫钻井液中应用最多的是空气泡沫钻井液，有时也用氮气泡沫钻井液。空气泡沫钻井液是指在注入压缩空气的同时注入一定量的泡沫液，使之形成蜂窝状泡沫。泡沫液的主要成分是发泡剂、稳泡剂及井壁稳定剂，在高压空气的冲击下形成均匀的泡沫，从而具有良好的携岩效果。实践表明，空气泡沫钻井的平均机械钻速比常规钻井液钻井高 4~8 倍。适用于气体钻井钻遇地层水（出水量高于 10m^3/h）后无法正常钻进、大尺寸井眼使用空气钻携岩困难又无法实施雾化钻井的情况。

3. 微泡钻井液

微泡钻井液（Aphron 钻井液）是针对开发枯竭地层的需要而研制的。钻井液中的表面活性剂将混入的空气转化为非常稳定的泡沫，即 Aphron 钻井液。空气混入可使用常规钻井液混合设备完成。Aphron 钻井液最主要的特性是流变性以及泡沫的存在，具有很高的剪切稀释性，表现出非常高的低剪切速率黏度以及低触变性。与靠表面活性剂单分子层达到稳定效果的普通空气泡沫相比，Aphron 的外壳是由一种非常稳定的表面活性剂三层结构组成，内层为被黏性水层包裹着的表面活性剂薄膜，内层外是表面活性剂双层结构，该双层结构使 Aphron 的这种结构具有稳定性和低渗透性，同时还具有一定的亲油性。在枯竭油层和低压地层应用证明，在易漏失和易发生压差卡钻的低压层和多压力层系中，微泡钻井液是最佳体系。微泡钻井液的特性能阻止钻井液侵入渗透性地层或微裂缝性地层。

第二章　钻井液的危害及产生途径

钻井液的危害包括处理剂和钻井液单独或共同产生的危害，它贯穿于钻井液使用、后处理残渣以及废钻井液、废水处理排放的全过程。若使用不当，不仅会对作业人员产生危害，还会污染环境、土壤和水系等。可见了解钻井液的危害、危害产生途径以及安全防护，对于与钻井液有关的安全生产和环境保护具有重要的意义。本章重点介绍钻井液及处理剂的危害、钻井液对健康和环境的影响途径和基本的安全与防护。

第一节　钻井液及处理剂的危害

钻井液及处理剂的危害既有相同点，又有特殊性。就钻井液处理剂而言，其危害与处理剂的性质直接相关，危害程度取决于所用钻井液处理剂的危险属性。而钻井液的危害既与钻井液的类型、成分和稳定性密切相关，也与钻遇地层性质有关，如地层气、地层含重金属等情况。本节从处理剂和钻井液两方面对其危害进行介绍。

一、处理剂的危害

钻井液处理剂的危害与处理剂性质直接相关，对于基本的无机和有机化工产品，有些属于危险化学品，控制不当会造成大的危害，是安全防护的重点。与基本的无机和有机化学品相比，聚合物和天然材料改性处理剂的危害要小得多，多数情况下其中的残留原料是造成危害的关键，只要防护得当，一般不会带来大的风险。处理剂对操作人员的危害主要是在装卸、运输、储存和使用中可能的接触、接触程度和处理剂的使用频次、是否严格执行操作规程和个人防护用具的使用有关。通常属于间歇性接触。

（一）安全危害

一些无机或有机处理剂，尤其是属于危险化学品的处理剂，其安全危害主要体现在如下一些方面。

1. 爆炸物

爆炸物（或混合物质）是指本身能够通过化学反应产生气体，而产生气体的温度、压力和速度能对周围环境造成破坏的一类固态或液态物质（或物质的混合物）。其中也包括发火物质，即使它们不放出气体。发火物质（或发火混合物）是指在通过非爆炸自主放热化学反应产生的热、光、声、气体、烟或所有这些的组合产生效应的一种物质或物质的混合物。

爆炸性物品是含有一种或多种爆炸性物质或混合物的物品。烟火物品是包含一种或多种发火物质或混合物的物品。

2. 易燃气体

易燃气体是指在 20℃和 101.3kPa 标准压力下，与空气有易燃范围的气体。

3. 易燃液体

易燃液体是指闪点不高于 93℃的液体。

4. 易燃固体

易燃固体是指容易燃烧或通过摩擦可能引燃或助燃的固体。易于燃烧的固体为粉状、颗粒状或糊状物质，它们在与燃烧着的火柴等火源短暂接触即可点燃，火焰迅速蔓延。

5. 自反应物质或混合物

自反应物质或混合物是即使没有氧（空气）也容易发生激烈放热分解的热不稳定液态或固态物质或者混合物。

自反应物质或混合物如果在实验室实验中其组分容易起爆、迅速爆燃或在封闭条件下加热时显示剧烈效应，应视为具有爆炸性质。

6. 氧化性固体

氧化性固体是指本身未必燃烧，但通常因放出氧气可能引起或促使其他物质燃烧的固体。

7. 金属腐蚀剂

金属腐蚀剂是指腐蚀金属的物质或混合物，通过化学作用显著损坏或毁坏金属的物质或混合物。

（二）健康危害

一些基本的处理剂的健康危害主要体现在如下方面。

1. 急性毒性

急性毒性是指在单剂量或在 24h 内多剂量口服或皮肤接触一种物质，或吸入接触 4h 之后出现的有害效应。

2. 皮肤腐蚀或刺激

皮肤腐蚀是指对皮肤造成不可逆损伤。即使用实验物质 4h 后，可观察到表皮和真皮坏死。腐蚀反应的特征是溃疡、出血、有血的结痂，而且在观察期 14d 结束时，皮肤、完全脱发区域和结痂处由于漂白而褪色。应考虑通过组织病理学来评估可疑的病变。

皮肤刺激是使用实验物质达到 4h 后对皮肤造成可逆损伤。

3. 严重眼损伤或眼刺激

严重眼损伤是指在眼前部表面施加实验物质之后，对眼部造成在使用 21d 内并不完全可逆的组织损伤，或严重的视觉物质衰退。

眼刺激是指在眼前部表面施加实验物质之后，在眼部产生在使用 21d 内完全可逆的变化。

4. 呼吸或皮肤过敏

呼吸过敏物是吸入后会导致气管过敏反应的物质。皮肤过敏物是皮肤接触后会导致过敏反应的物质。

过敏包括两个阶段：第一个阶段是因接触某物质而引起特定免疫记忆。第二阶段是引发，即因接触某种物质而产生细胞介导或抗体介导的过敏反应。

5. 生殖细胞致突变性

生殖细胞致突变性是指可能导致人类生殖细胞发生可传播给后代的突变。在对导致生殖细胞致突变性的物质和混合物进行分类时，也要考虑活体外致突变性或生殖毒性实验和哺乳动物活体内体细胞中的致突变性或生物毒性实验。

6. 致癌性

致癌性是指毒性化学物质或化学物质混合物能致使生物体因摄入此化学物质而导致癌细胞产生的特性。致癌物是指可导致癌症或增加癌症发生率的化学物质或化学物质混合物。在动物实验性研究中诱发良性和恶性肿瘤的物质也被认为是假定的或可疑的人类致癌物。

7. 生殖毒性

生殖毒性是指对哺乳动物或对成年男性或女性的生殖和生育功能的有害作用，对生殖细胞、受孕、妊娠、分娩、哺乳等亲代生殖机能的不良影响，及对子代胚胎－胎儿发育、出生后发育的不良影响。

8. 吸入危害

吸入危害是指可能的外来化学物质对人类造成吸入中毒的危害性。“吸入”指液态或固态化学物质通过口腔或鼻腔直接进入或者因呕吐间接进入气管和下呼吸系统。吸入毒性包括化学性肺炎、不同程度的肺损伤或吸入后死亡等严重急性效应。

（三）环境危害

环境危害是危险化学品排放到环境中，对土壤、大气和水体的危害。处理剂对土壤的危害体现在一些化学品在土壤中难以降解，使得土壤板结等。处理剂对于大气的危害主要体现在一些处理剂使用时由于硫氧化物（主要为 SO_2）和氮氧化物排放到大气中，在空气中遇水蒸气形成酸雨，对动物、植物、人类等均会造成严重影响。危害水生环境，包括急性水生毒性和慢性水生毒性，急性水生毒性是指物质对短期接触它的生物体造成伤害的固有性质，慢性水生毒性是指物质在与生物体生命周期相关的接触期间对水生生物产生有害影响的潜在性质或实际性质。

属于危险化学品类的处理剂进入环境的途径主要有：事故排放，在生产、储存和运输过程中由于着火、爆炸、泄漏等的突发性化学事故，致使大量有害危险化学品外泄进入环境；在运输、储存和使用过程中，以废水、废气、废渣等形式排放进入环境；在钻井液使用中直接排入或者使用后作为废弃物进入环境。

二、钻井液的危害

钻井液造成的健康危害取决于其中的有害成分，以及操作人员与这些有害成分的接触程度。一般情况下接触方式包括：固体产品的直接接触、粉尘吸入和含有有害挥发物成分的空气和蒸气的吸入，液体产品的直接接触（产品直接接触和挥发性物质吸附到衣物上的接触）和挥发至空气中有害成分的吸入。通过规范使用条件、控制措施和个人防护用具可以减少或避免接触。

钻井液通过皮肤接触及吸入等不同途径对人体造成的健康危害通常包括以下3个方面。

（一）皮肤接触的危害

当钻井液在敞开式系统中循环，并处于搅拌状态时，发生皮肤接触的可能性很大。皮肤接触不只局限于两手和前臂，而是可以延伸到身体的各个部位。实际的接触程度取决于钻井液体系和个人防护用具的使用情况。在测定钻井液性能、钻井液性能维护处理，以及处理与钻井液相关的复杂情况时，接触的可能性会增加，尤其是取样测定性能时。

皮肤接触钻井液的危害程度取决于钻井液的组成成分和钻井液的碱度。一般情况下，相比于钻井液的成分，水基钻井液的碱性，即高 pH 值的钻井液的影响更直接，更不容忽视。

1. *皮肤刺激和皮炎*

皮肤接触的危害主要体现在刺激、皮炎和致癌方面。皮肤接触到钻井液之后，最经常出现的后果就是皮肤刺激和接触性皮炎。接触性皮炎是最常见的化学因素诱发的职业病之一，大约占所有职业病的10%~15%。发病的症状和严重程度各不相同，主要取决于接触钻井液的类型和持续时间，同时还取决于个人的敏感程度。

对于水基钻井液，其碱性往往会导致皮肤脱脂，长时间接触甚至造成腐蚀性损伤。盐水钻井液，特别是含高价金属盐的钻井液，如氯化钙溶液会严重刺激甚至灼伤皮肤，这是由于氯化钙能使湿润的肌肤脱水而产生刺激性。

对于混油或油基钻井液而言，钻井液中的石油烃类会除去皮肤中的天然脂肪，导致皮肤干燥和开裂。皮肤开裂之后就会使化学物质渗透到皮肤内部，造成皮肤刺激和皮炎。有些人可能会对这种作用比较敏感。皮肤刺激主要是由于石油烃类，尤其是芳香烃

和 $C_8 \sim C_{14}$ 石蜡烃。含有这些化合物的石油产品，如煤油和柴油（粗柴油），对皮肤有一定的刺激性。石蜡烃虽然不易渗透到皮肤中，但可以被皮肤吸收，进而造成皮肤刺激。钻井液中常用的线型 α- 烯烃和酯类等对皮肤仅有轻微的刺激性，而线型内烯烃则完全没有刺激性。

除了钻井液中烃类成分的刺激性之外，其他一些化学剂也可能具有刺激性、腐蚀性或敏化作用。例如氯化钙具有刺激性，溴化锌具有腐蚀性，而多胺乳化剂常常会引起过敏。尽管水基钻井液含有的烃类物质较少，但其中的化学剂仍可引起皮肤刺激和皮炎。

在防护不当或个人卫生习惯较差时，过分的接触可能会导致油脂类粉刺和毛囊炎等。

2. 致癌

在低芳烃或不含芳烃的油基钻井液中，常用的烯烃、酯和石蜡烃不含具有特定致癌风险的化合物，在动物实验中也未发生致癌现象，所以即使皮肤接触这些化合物也不会产生肿瘤风险。然而高芳烃含量钻井液，尤其是燃料柴油，可能会含有大量的多环芳烃，高比例多环芳烃可能具有遗传毒性。尽管尚未出现柴油使人类致癌的流行病学方面的证据，但在对老鼠进行的研究（在其皮肤上涂抹柴油）中发现，皮肤长期接触柴油可以引发皮肤肿瘤，而且与柴油的多环芳烃含量无关，出现这种现象的原因是慢性皮肤刺激。对人类来说，慢性刺激可以造成小块皮肤增厚，最终形成粗糙的疣状肿块，而这种肿块有可能会转化为恶性肿瘤。

水基钻井液一般不会产生致癌作用，但水基钻井液中可能存在重金属中的任何一种都有可能引起人头痛、头晕、失眠、健忘、神经错乱、关节疼痛、结石、癌症。

（二）吸入危害

当钻井液在一个敞开系统中循环，且处于高温和搅拌状态时，就会在钻井液罐上方形成蒸气、气溶胶和 / 或尘埃的混合物。对于水基钻井液，蒸气中包含水蒸气和混在其中的处理剂挥发成分。对于油基或合成基钻井液，蒸气中可能含有烃类中的低沸点馏分（石蜡烃、烯烃、环烷烃和芳香烃），而在形成的雾中含有烃类的小液滴。这些烃类馏分中可能含有添加剂、硫、单环芳烃和 / 或多环芳烃。值得注意的是，尽管烃类中含有 BTEX（苯、甲苯、乙基苯、三种二甲基苯的异构体等的单环芳烃类物质合称）等低沸点有害物质的量可以忽略，但这些物质能够以相当高的速率蒸发，有可能导致在蒸气相中的浓度高于预期，在某些职业安全与健康方面的法规中可能规定了一些化合物的接触上限，在作业中接触程度不应超过限制。

钻井液中的气味与健康并没有直接关系，但与工作环境有直接关系。某些钻井液具有令人不愉快的气味，这既可能是由于其主要成分引起，也可能是由某种特定的处理剂引起的。在钻井作业中钻井液可能常会被原油或地层气和钻屑污染，而这些污染可能会改变钻井液的气味。在钻井过程中进行的液面上气体挥发物测量表明，在液面上存在二甲基硫醚、异丁醛和其他一些化合物。前两种化合物都有一种刺激性气味，会导致工作环境令人不愉快。

众所周知，钻井液是不能食用的，因而相对于其他接触途径，入口的可能性很小而几乎可以忽略。然而如果用被污染的手拿取食物或抽烟，就会存在入口的风险，因此在作业中应当遵守良好的卫生习惯。

当由于防护不当而吸入蒸气、气溶胶和/或尘埃的混合物等一种或多种污染物时，可能会对健康造成如下危害。

1. 神经中毒

吸入高浓度的碳氢化合物可能会导致烃诱发性神经中毒，其症状有多种形式，包括头痛、恶心、头晕、疲劳、身体协调性变差，注意力和记忆力减退、步态失稳、甚至昏迷。这些症状都是暂时性的，仅在极高浓度下才会出现。长时间接触高浓度的正己烷可能会导致末梢神经伤害。

2. 肺部伤害

对于接触水基流体气溶胶的作业人员来说，最常见的症状是咳嗽和多痰。流行病学研究表明，接触矿物油产生的雾和蒸气的作业人员肺纤维化病例增多。吸入毒理学研究表明，接触矿物油类产生的高浓度气溶胶时，主要导致肺泡巨噬细胞在肺部的聚集，这种聚集伴有油滴，其程度与气溶胶浓度有关。气溶胶浓度较高时可观察到炎症细胞。应当注意的是极高浓度的低黏碳氢化合物气溶胶既可被呼出，也可以液滴的形式沉积在肺中，引起化学性肺炎，有可能会进一步导致肺水肿、肺纤维化，偶尔也会出现死亡病例。

在某些情况下，职业性接触钻井液会引起呼吸系统感染，这可能是由于钻井液中的化学剂和/或钻井液的物理化学性质所致，由于水基钻井液的 pH 值通常是 8.0~10.5，因此碱性液可能是危害的主要因素。

3. 致癌风险

按致癌性，可将钻井液分为三类：第一类为可忽略芳烃含量的钻井液；第二类为中芳烃含量的钻井液；第三类为高芳烃含量的钻井液。第一类钻井液中常用的烯烃、酯和石蜡烃不含有苯或多环芳烃等致癌性化学物。第二类和第三类钻井液中，尤其是第三类钻井液可能含有少量的苯。

需要注意的是所有钻井液都可能会被油藏中的原油污染，其中含有少量的苯，这点通常难以预见。由于苯的沸点很低，其在蒸汽相中的浓度可能会高于预测值。当苯在空气中的质量分数远高于 0.5×10^{-6} 时，与其接触会导致急性白血病。由于通常情况下接触到苯在空气中的质量分数远低于 0.5×10^{-6}，故一般不具有致癌风险。

另外，水基钻井液中以各种化学状态或化学形态存在的重金属，在进入环境或生态系统后就会存留、积累和迁移，最终造成危害。如随废水排出的重金属，即使浓度很小，也可在藻类和底泥中积累，被鱼和贝的体表吸附，产生食物链浓缩，从而造成公害。如果长期食用这些含有重金属的鱼类，将会产生一定的危害。

（三）其他接触途径或不同途径的组合

眼睛最有可能因为被蒸气熏着或溅入气溶胶和/或粉尘而接触到钻井液等污染物。

各类钻井液中的碳氢化合物对眼睛没有或只有轻微的刺激性。然而，水基钻井液、油基和合成基钻井液中的一些处理剂可能会对眼睛有刺激性或腐蚀作用。

作业过程中，在少数情况下，如果钻井液或其基液处于高压状态，可能会通过皮肤注入体内。一般情况下钻井液对身体内部组织来说是低毒的，因为可预见的主要伤害还是皮肤刺激。

钻井液使用中若直接接触处理剂时，对于其危害可以参考前面关于处理剂危害的有关介绍。

第二节　钻井液对健康和环境的影响途径

钻井液对健康和环境的影响程度，既与接触程度有关，也与钻井液的组成和类型有关。通常油基钻井液对健康和环境的影响远超过水基钻井液，且与所用的基础油密切相关。

一、对健康的影响途径

钻井过程中，对作业人员健康影响的可能途径包括由于钻井液蒸发或挥发产生的气溶胶和蒸气吸入、或经过皮肤接触的方式接触到钻井液时。例如，在配制和使用钻井液的过程中，可能在操作场所产生空气悬浮污染物、灰尘、雾和蒸气。吸入灰尘的可能性主要在钻井液配制、维护处理加料和加重时。最有可能吸入雾和蒸气的地点是沿着连接喇叭口和固控设备的出口管线附近，固控设备有振动筛、除砂器、除泥器、离心机和钻井液罐。

钻井作业中经常要用高压枪来冲洗振动筛，有时还会使用一些溶剂油或汽油等碳氢化合物类的液体作为清洗介质，清洗操作会在邻近的工作环境中产生雾或蒸气。在清洗和更换振动筛筛布时，作业人员有可能吸入高浓度雾和蒸气，也有可能皮肤接触。

钻井液的温度、排量、井深、井段以及多环芳烃的运动黏度等因素可能会影响工作环境中作业人员接触有害物质的程度。

与钻井液及危害物质的接触程度和接触频率与持续的时间有关。当循环中的钻井液温度升高时，其中的轻烃组分就会蒸发（有些矿物基油在70℃下每10h可以蒸发体积的1%）。烃类蒸气冷却后就会凝结成雾，雾滴粒径尺寸一般在1μm以下。另外，振动筛也会以机械方式生产雾滴，这种雾滴既含有轻质的烃类组分，也含有较重的烃类组分，而且这一现象会随着温度的升高而加强。

液面上气体测量表明，液体上方的蒸气相浓度随着温度升高而上升，例如：作为基油的柴油，在20℃下生产的蒸气质量分数为100×10^{-6}，而80℃下生产的蒸气质量分数为1000×10^{-6}。

控制工作场所烃类蒸气的量对降低危害是十分重要的。油基和合成基钻井液产生的烃类蒸气中也含有钻井液处理剂成分，因挥发性较强，还可能含有所钻遇的含油气地层释放出来的烃类。因此，在筛选钻井液配方时，应尽可能减少含有害成分处理剂的用量。

对健康影响最大的因素之一是接触持续时间。不当的个人防护、防护用具被污染时，如，在碳氢化合物中浸泡过的纤维手套、内部被污染的橡胶手套等，会大大增加接触持续时间，因为使用被污染的用具实际上等于延长了与污染物的接触时间，尤其是与皮肤接触。

下面结合不同作业环境和作业环节介绍钻井液对健康的影响途径和决定影响程度的因素。

（一）振动筛遮雨或遮阳棚

在振动筛的遮雨或遮阳棚内作业时，作业人员既有可能吸入钻井液产生的气溶胶和雾，也有可能使皮肤接触钻井液。作业过程中接触钻井液污染物的机会主要在取样、振动筛维护和检查、监测等过程。

1. 取样

取样是日常工作。取样包括取钻井液样品和收集钻屑样等。

在测量钻井液密度、漏斗黏度或流变性、滤失量等参数时，往往要在振动筛之前或之后进行取样。作为钻井液技术员或钻井液工的一项正常操作，其发生的频率较高，持续接触时间视测量频繁程度和参数的多少而定。接触方式主要是皮肤接触（手）、吸入蒸气（雾）等。钻井液出口温度、钻井液的成分和性能既是影响接触的因素，也是由于接触而对健康产生影响的因素。

对于为了测量钻屑的油含量，或用于地层岩石的分析，需要从振动筛处取样或采集钻屑的常规操作，属于间歇性的接触，与取钻井液样相比，接触时间较少。接触方式主要是钻井液溅落（面部、手、身体），皮肤接触钻井液（手），吸入蒸气（雾）。影响接触的因素主要是钻屑在筛面上的累积，钻井液出口温度，钻井液的成分与性能。对于地质录井人员在收集岩屑样时，也会出现同样的接触，同时还包括岩屑的分选、清洗和保存等。

2. 振动筛维护

振动筛维护也是日常工作。在振动筛需要更换筛布（振动筛不工作时）、日常维护、检查筛布是否磨损和破损修理（更换筛布）时，常会接触钻井液。这些常规操作为间歇性接触，具体接触时间视具体情况或操作的熟练程度而定，但时间一般较短。主要接触方式：因工作环境受污染而吸入，皮肤接触被钻井液污染的设备表面等。接触的影响因素主要有筛布寿命、振动筛的设计与可靠性。

在使用高压枪和烃类基液清洗振动筛筛布、工作场所、导流槽等作业时，常会接触钻井液，接触持续时间一般根据作业需要或具体作业要求而定。接触方式：因工作环境受污染而吸入，包括清洗介质产生的雾或气溶胶；皮肤接触被钻井液污染的设备表面；

钻井液溅落到面部、身体或手。影响接触的因素包括清洗方式、设备、介质等。

3. 检查、监测

为了了解振动筛和筛布的工作状况，如，筛布盲眼、网眼破损等，以及了解气体分离器或导流槽的工作状况时；也会接触钻井液。作为常规操作，接触发生频率高，持续接触时间一般在 5min/h 以上。接触方式：因工作环境受污染而吸入，钻井液溅落到面部、身体或手上。影响因素包括设备的设计与布局、固相的特性或含量及筛布选择。

除上述因素外，可能会影响作业人员接触有害物质的因素还有钻井液的工作环境温度、排量、井深、井段以及用于配制油基钻井液的多环芳烃的运动黏度，是否露天，工作场所的空间大小及布局，员工的 HSE 意识等。

（二）加料斗

加料斗是一个锥形加料装置，通过它可将粉末状或液态材料及处理剂混入钻井液体系中，在加料过程中操作人员会接触化学剂和其他材料。

在加料斗处通常是由人工搬运和混入所需材料和化学剂，除非是全自动加料系统，在操作中不可避免地会产生粉尘，同时也可能发生液体溅落。无论是产生粉尘还是液体溅落，都具有潜在的危害性。一些自动化的设施可以通过机械方式搬运粉末状材料，甚至可以机械化拆除包装、处置包装袋，这样便有利于减少操作人员接触处理剂粉尘的机会。液体化学剂可以用泵将其泵入加料斗，而不必人工倾倒。

搬运袋装的粉末产品和桶装的液体产品，以及混入重晶石类粉末状产品时，操作人员难以避免与其接触。此时的接触途径以吸入为主，因为产品在搬运及通过加料斗混入的过程中会产生粉尘。但也可能发生皮肤接触，尤其是在搬运粉末状材料的情况下。

为了尽可能减少接触，可以将所使用的材料和处理剂以散装形式盛在大罐中，以机械方式混入钻井液体系中，也可以通过遥控方式进行操作，以最大限度地减少井场作业人员接触污染物。

在通过漏斗加料时，影响接触的主要因素是加料和包装处置，一般影响因素是加料设备的设计及类型、是否露天、工作场所的空间大小及布局、总体与局部排风条件、环境温度和员工的 HSE 意识等。下面一些作业环节都会有机会接触污染物并影响健康。

1. 加入固体处理剂

在采用喷管式加料斗加料，直接加入到指定的钻井液罐，或通过自动设备加料等过程中，将会直接通过吸入或皮肤接触灰尘，也可能由于皮肤接触被污染的设备表面，钻井液溅落等途径接触处理剂和钻井液。

接触持续时间视具体情况不同而不同，可能数小时，也可能数天。影响接触和危害的因素包括喷管式加料斗的设计、加料设备的构型、包装类型、散装材料输送罐、固体材料特性、材料加入量、系统稳定性，以及产品和包装是否适合于自动加料。

2. 加入液体处理剂

在将液体产品通过喷管式加料斗加料，直接加入到指定的钻井液罐，或通过自动设备加料过程中，会由于皮肤接触被污染的设备表面，也可能会由于发生溅落等接触钻井液处理剂和钻井液。

影响因素包括持续时间、喷管式加料斗的设计、加料设备的构型、包装类型、液体处理剂特性、处理剂加入量、系统的可靠性，以及产品和包装是否适合于自动加料。

3. 包装物处置

在配制钻井液及钻井液性能维护处理过程中，需要将用过的包装物收集并处置掉，包括大、小包装袋、包装桶、中型散装容器等。在加料作业过程中会由于皮肤接触被污染的设备表面、处置废料过程中吸入灰尘和蒸气等持续接触。持续接触时间与加料数量有关。影响接触的因素包括包装类型、处理剂特性、处理剂的兼容性、废料的收集、储存和处置方法等。

（三）钻井液罐区

在钻井液罐上和罐区周围，会由很热的钻井液遭遇冷空气后发生凝结所造成一种高湿度的环境，在该区域的作业人员尽管通常只需执行一些定期性的、重复性的简单操作，但在该环境中就有吸入和皮肤接触污染物的潜在可能。通常接触蒸气 / 雾或钻井液的机会主要包括如下作业环节。

1. 钻井液罐的使用

在盛放和循环钻井液过程中会连续性吸入蒸气 / 雾。影响吸入程度的因素与钻井液温度，裸露的液面面积，罐的设计、尺寸和工作场所的设计等有关。

2. 人力清洗钻井液罐

在进行人力清除流体或固相、并清洗罐的内表面时，会由于溅落、接触被污染的设备表面、吸入蒸气 / 雾等接触钻井液，在清洗作业期间是连续性的接触。影响因素包括温度、有限空间、清除工具的设计和操作方法及照明条件等。

3. 自动清洗钻井液罐

在采用机械方式清除流体或固相，并清洗罐的内表面时，设备的安装和拆除期间会由于接触被污染的设备表面、吸入蒸气或雾等接触钻井液。影响因素包括钻井液罐的构型，钻井液罐的设计，清除设备的设计。

4. 在钻井液罐之间倒钻井液或循环钻井液

在钻井液罐之间倒钻井液，通常使用水龙带和电泵，搅拌罐内钻井液等过程中，在管线连接和泵送钻井液期间，会由于接触被污染的设备表面、吸入蒸气或雾，可能发生溅落等接触钻井液。影响因素包括泵送或搅拌设备的设计、操作方法和钻井液罐的设计。

除上述所涉及的影响因素外，影响接触和健康的因素还有罐区的设计和总容量、周边工作场所的空间大小及布局（例如敞开罐还是封闭罐）、是否露天、环境温度、天气条件、总体及局部的排风条件和作业人员的 HSE 意识等。

（四）袋装材料存放

搬运袋装的粉末处理剂和桶装的液体处理剂，以及混入重晶石类粉末产品时，作业人员与处理剂接触是难以避免的，既可能皮肤接触，也可能会吸入。但不同作业环节的接触方式和接触程度会有所不同。

1. 处理剂的存放

在存放袋装或桶装处理剂，以及用于配制和维护钻井液体系时，会短时间、间歇性地接触，如，皮肤接触被污染的设备表面，搬运包装破损的处理剂时吸入灰尘和蒸气等。影响接触的因素包括包装类型、处理剂特性、存放区的布局和设计。

2. 处理剂的搬运

将袋装或桶装处理剂运至加料区或从加料区运离的过程中，会产生短时间、间歇性地接触。如，皮肤接触被污染的设备表面，搬运包装破损的材料时吸入灰尘和蒸气。将带包装的处理剂运至加料区或从加料区运离过程中，会由于搬运包装破损的材料而短时间、间歇性地吸入灰尘和蒸气。

影响接触的因素包括包装类型和处理剂的特性。此外，还包括存放区的设计及类型、工作场所的空间大小及布局、是否露天、环境温度、天气条件、总体排风条件和作业人员的 HSE 意识等。

（五）钻台

在钻台上的作业人员与钻井液等的接触基本上是皮肤接触，由于其手工操作的特点，这种接触可能是长时间的和重复性的。接触的原因可能是手工搬运不干净的设备，以及在清洁和高压冲洗时的喷洒和泄漏。

在下套管、起下钻、接单根、下完井管柱等作业中，起下钻期间将会连续性接触钻井液等。通常使皮肤接触被污染的设备表面，钻井液溅落到皮肤、吸入蒸气或雾。对健康的影响与钻台作业的自动化程序和钻井液温度等有关。

在需要清除钻井液污染时，会有间歇性和持续性接触。接触方式包括溅落、皮肤接触被污染的设备表面，以及吸入蒸气 / 雾或气溶胶。对健康的影响程度与清洗设备的类型和所用的清洁剂有关。

除上述因素之外，钻台上对健康的影响因素还有工作区的空间大小及布局、总体排风条件、工作环境、天气条件、作业人员的 HSE 意识等。

（六）平台甲板

在平台甲板作业时，可能会接触到被污染的设备表面、泄漏的材料，在清运被钻井液污染的钻屑等废料时，也可能会接触到有害物质。

在钻屑收集、运输、异地填埋和储存等过程中，在作业期间为持续性接触。接触方

式通常是皮肤接触被污染的设备表面，钻井液溅落到皮肤上、吸入蒸气或雾。对接触程度和健康的影响因素包括温度、废料的量和特性、钻屑运输设备的设计与操作方法，异地填埋设备的设计与操作方法，工作区的空间大小及布局。

对于将钻屑转化成浆液并回注，包括取样和分析，以及钻屑高温处理等作业，钻井及回注作业期间为连续性接触。接触方式通常是可能发生溅落，皮肤接触、吸入蒸气/雾，吸入处理后的钻屑所产生的灰尘等。影响因素包括温度、浆液的量和特性、设备的设计和操作方法、工作区的空间大小及布局。

此外，总体和局部的排风条件，员工的HSE意识和天气条件等也会对接触产生影响。

（七）实验室

在钻井过程中，钻井液工程师每天都会进行多次钻井液的性能检测，检测时需要在钻井液罐中或出口管线处取样，并使用不同实验设备获取必要的数据，以便于对钻井液体系进行分析和性能调整。在测试钻井液的性能时，很难避免操作人员与钻井液的反复接触，一般进行测试时皮肤接触的可能性比吸入的可能性要高。有些实验需要在高温下进行，如将钻井液的液相成分—油和水蒸发出来时。在通风条件差的情况下，这项实验会产生令人不适的气味。

在开展钻井液研究和配方实验中也会接触钻井液，有时还可能会在加样过程中吸入或皮肤接触粉尘，长期高温老化后的钻井液样，可能会产生一些有害的挥发物而被吸入。在实验室由于上述接触方式而对健康造成的影响因素包括实验频次、钻井液和处理剂的性质、工作区的空间大小及布局、室内通风条件，以及HSE意识等。

需要强调的是，在使用油基钻井液时，石油类污染物一般可以通过呼吸、皮肤接触、食用含污染物的食物等途径引入人体，影响人体多器官的正常功能，引发多种疾病，包括皮肤、肺、膀胱、阴囊癌症、接触性皮炎、皮肤过敏、色素沉着、痤疮、视听错觉、引发抑郁、胃肠障碍、甚至知觉丧失和记忆力丧失等多种疾病。石油中所含化合物种类不同对人体健康的危害不同。

（1）脂肪烃类。饱和的低级烃多具有麻醉作用，中级烃的麻醉性及刺激性增强，高级烃中有致癌物的有害物质稠环芳烃类。

（2）稠环芳烃类。多环芳烃是环境中存在着的致癌性和致突变性强的物质，尤其是双环和三环为代表的多环芳烃毒性更大。

（3）苯系物。苯及苯系物对人的皮肤、黏膜有刺激作用，可引起皮炎，并作用于造血组织，诱发贫血、白细胞减少等各种症状，具有致突性，对中枢神经系统有抑制性，长期慢性中毒会造成血性白血病。

（4）酚类。是一种细胞原浆毒，与原浆中蛋白质发生化学变化，而使细胞失去活性。

（5）苯胺类。具有很强的致癌性，苯胺衍生物对中枢神经系统有很明显的影响。

二、对环境的影响途径

水基钻井液中以各种化学状态或化学形态存在的重金属，在进入环境或生态系统后会存留、积累和迁移，造成危害。由于重金属对人体的伤害极大，如随废水排出的重金属，即使浓度小，也可在藻类和底泥中积累，被鱼和贝的体表吸附，产生食物链浓缩，从而造成公害。

由于钻井液pH值、盐分较高，进入土壤后可使土壤板结，加剧土壤的盐碱化程度。用于各类钻井液的处理剂均含有Cr^{6+}、Ba^{2+}、Ag^{+}、Ca^{2+}、Hg^{+}、Na^{+}、CO_3^{2-}、SO_4^{2-}、Cl^{-}等离子。蓄积在钻井液池的废钻井液及其所含污染物会对废浆池周围土壤产生垂直下渗和水平扩散作用。实验表明，石油类在土壤中下渗的影响范围及对土壤的污染通常集中在2m以内，在意外情况下若钻井液溢出，更会扩大影响面。钻井液中的高浓度污染物渗入地下水，会在环境或动植物体内蓄积，而危害人类的健康和安全；废物中的有机处理剂使水体的*COD*、*BOD*增高，影响水生生物的生长。

对遗留废池中的钻井液样品进行检测表明，废浆中石油类含量一般在104～2120mg/kg，污染指数2～201，超标率达100%，说明废浆中石油类含量较高。在13组土壤样品中挥发酚和硫化物均有检出，挥发酚为0.002～0.012mg/kg，硫化物为0.06～0.32mg/kg，说明石油钻井会引起挥发酚和硫化物升高。重金属均有检出，但均未超出土壤标准值。

在未采取防渗措施的废浆池，钻井液污染物会随雨水下渗、水平扩散污染浅层地下水。通过对废浆池下部土样的分析表明，石油类含量为36～1308mg/kg，污染指数为0.7～11.1，采取防渗措施的钻井液池下部土体中石油类含量较低，而未采取措施的石油类含量较高。在土壤样品中挥发酚和硫化物均有检出，挥发酚0.002～0.007mg/kg，硫化物0.02～0.15mg/kg，说明挥发酚和硫化物含量随着废浆池在雨季淋滤有一定影响。锌、铅、总铬、铜、镉、汞、砷等重金属含量随着废浆池在雨季淋滤含量有所升高，检出值大于附近土壤中的含量。由此可见，若长期在环保措施不力的情况下，钻井液会直接或间接地对浅层地下水水质产生一定的影响。

油基钻井液，对环境的影响主要取决于基液的性质，对环境的影响除与水基钻井液相同的一些影响外，主要是油类的影响。下面具体介绍不同因素对环境的影响情况。

（一）盐和重金属的影响

1. 盐的影响

钻井作业中由于钻井工艺的需要常常要使用盐水钻井液，对于这类钻井废弃物有严格的处理规定，要进行专门的脱盐处理方可排入环境，一般不会引发环境问题。而钻进中大量使用的淡水钻井液所引起的潜在盐污染则常常被忽视。事实上，以淡水作为基础连续相的钻井液由于各种处理剂的影响，常常会导致体系的总矿化度升高，钻井液在循环使用过程中亦会溶解部分地层中所含有的无机盐类，造成钻井液水相部分的矿化度升高。

对某油田的废弃淡水钻井液总盐量、硫酸盐和氯化物进行分析，氯化物测定结果显示，钻井液滤液中氯化物含量一般 >400mg/L，多数情况下氯化物含量 >1000mg/L。在《农田灌溉水质标准》（GB 5084—2005）规定中，明确限定了农灌水的 Cl^- 应≤250mg/L。若长期采用高含盐水（Cl^- >500mg/L）灌溉农田，将使土壤溶液的渗透压增大，土体通气性、透水性变差，土壤变硬进而板结、龟裂，养分有效性降低，植物难以从土壤中吸收水分导致不能正常生长，严重时致使土壤无法返耕，最终加速土壤的盐碱化程度，造成土壤的浪费，致使生态环境遭到破坏。特别是对于一个具有一定规模、井位比较集中的油田，由于钻井液使用总量巨大，这种影响更不可低估。当油田进行相当一段时间的开发后，会将数千吨当量的盐类分散至地面。某些油田所在地域常见的局部盐碱化土壤带与此不无关系。根据水文统计资料，世界河流的平均含盐量为100mg/L 左右，我国一般为 100~200mg/L。显然，钻井废液的含盐背景值要高出环境背景值数倍，具有引发潜在污染的可能。同时通过对废弃钻井液污染影响的土柱淋滤实验研究表明，在石油钻井集中区土壤的可溶性盐分容易随废弃钻井液一起下渗迁移；土壤对废弃钻井液中的盐分有一定的吸附截留能力，但这种吸附截留能力很有限，使得盐分可随水分一起下渗迁移而进入深层土壤或地下水中；含盐废弃钻井液的外排和下渗，既是土壤淋洗脱盐的过程，又是盐分不断输入土壤的过程，对土壤剖面和地下水的盐分含量有较大影响。

2. 重金属污染导致土壤中重金属富集

重金属一般是伴随钻井液处理剂、基础材料（如低品质的重晶石）进入体系的，也可能是随钻屑由地层中携带出来的进入钻井液，重金属主要包括汞、铬、镉、铅、砷等几种。通过对国内不同地区油田废弃钻井液分析可知，汞、铬、镉、铅及砷存在不同程度地超出《土壤环境质量标准》（GB 15618—1995）二级（pH>7.5）中重金属的指标要求。钻井液中重金属多以吸附态、络合态、碳酸盐态和残渣态存在，它的最终归宿是土壤，因此土壤成了所有污染物的最终承载体。对于重金属而言，由于它在土壤中一般不易因水的作用而迁移，亦不可微生物降解，而且不断积累，并有可能转化为毒性更大的甲基类化合物，因此重金属污染是一种终结污染。土壤中重金属积累到一定程度就会对土壤 – 植物系统产生毒害，不仅导致土壤的退化，农作物产量和品质降低，而且通过径流和淋洗作用污染地表水和地下水，恶化水文环境，通过直接接触食物链等途径危及人类的生命和健康。尤为严重的是重金属在土壤系统中的污染过程具有隐蔽性，长期性和不可逆性的特点。同时还有明显的累积性，可使污染的影响持久和扩大。

土壤中汞的存在形态有无机态与有机态，并在一定条件下相互转化。无机汞虽然溶解度低，但在土壤微生物作用下，汞可以向甲基化方向转化。在富氧条件下主要形成脂溶性的甲基汞，可被微生物吸收、积累，进而转入食物链造成对人体的危害；在厌氧条件下，主要形成二甲基汞，在微酸性环境下，二甲基汞可转化为甲基汞。汞对植物的危害因农作物的种类不同而不同。汞在一定浓度下使农作物减产，在较高浓度下甚至使农作物死亡。

土壤中镉的存在形态分为水溶性镉和非水溶性镉。水溶性镉能被农作物吸收，对生物危害大。而非水溶性镉在土壤偏酸性时或氧化条件下，也变成可溶性，在土壤中易于迁移。被植物吸收后的镉若进入人体会使人患上骨痛病、糖尿病，损伤肾小管，还会引起血压升高、心血管、癌症、致畸等疾病。

铅在土壤中易于与有机物结合，铅对植物的危害表现为叶绿素下降，阻碍植物呼吸及光合作用。铅对动物的危害则是累积中毒。人体中铅能与多种酶结合从而干扰有机体多方面的生理活动，导致全身器官衰竭。

铬被植物吸收后，会阻碍水分和营养向上部输送，并破坏植物的代谢作用。人体中铬含量严重超标时，会使人发生口角糜烂、腹泻、消化紊乱等症状。

土壤中砷大部分为胶体吸收或和有机物络合，形成难溶化合物。砷对植物的危害最初症状是叶片卷曲枯萎，进一步是根系发育受阻，最后是植物根、茎、叶全部枯死。砷对人体危害很大，它能使红细胞溶解，破坏人体正常生理功能，甚至导致癌症等。

（二）石油类物质的影响

石油类污染物在土壤中的存在状态主要有 4 种，即残留态、挥发态、自由态和溶解态。其中：残留态是指由于石油吸附作用或是毛细作用而残留在土壤多孔介质中的污染物，其以液态形式存在但不能在重力作用下自由移动；挥发态是指由挥发进入土壤气相中，并在浓度梯度作用下不断扩散的污染物；自由态是指在重力作用下可自由移动的部分，其可通过挥发和溶解向土壤和地下水中释放；溶解态是指溶解在地下水中，并随地下水迁移扩散。虽然石油类物质在土壤以这 4 种形态存在，但每种形态的污染物并不是一成不变的，每种形态间会通过一系列的传质作用进行相互转化。不同的油品、不同的地域、不同的土壤环境，其存在状态也不同，土壤中不同状态的石油危害也不一样，如残留态是较难清除的部分，自由态是一个长期的污染源，溶解态可能造成大量水体的污染。

石油类物质是钻井液中不可避免的组分，基本上所有钻井液，特别是废弃钻井液中都含有石油类物质。石油类物质来源主要有两个方面：一方面是为改善钻井液的润滑性能而人为添加的油基润滑剂或混入原油；另一方面是钻进油层时原油进入到钻井液中。由于钻井液的循环，这些油类物质被高度乳化，成为连续相的一部分。可见，钻井液的矿物油污染是必然的，只是程度轻重不同而已。事实证明，水体中只要含有有机烃类物质，便会通过水的循环对水生动物和人造成危害，危害程度的大小与烃含量成正比。

作为各种物质循环及能量交换的重要场所，土壤通常是石油类污染物在环境中迁移、滞留和沉积的目的地，是环境污染的最终承受者。调查研究表明，在国内一些主力油田的油井周围 100m 范围内采集的土壤其含油量大多数高于国家标准临界值（500mg/kg），在一些油田污染严重的区域，土壤中含油量已经达到 10000mg/kg，土地不能耕种，一般需要 50 年才能恢复。相对于上述所述的水基钻井液污染源，油基钻井液，尤其以柴油为基液的油基钻井液产生的油基钻屑以及废弃油基钻井液，如果处理不当将对环境带来非常严重的影响，其影响主要是与土壤接触和流失。

1. 石油类污染物对土壤性质的影响

石油对土壤的污染主要集中在20cm左右的表层。石油排入土壤后，能破坏土壤结构，影响土壤的通透性，改变土壤有机质的组成和结构，降低土壤质量。因石油类物质的水溶性一般很小，土壤颗粒吸附石油类物质后不易被水浸润，难以形成有效的导水通路，使土壤的透水性降低、透水量下降。石油类物质在土壤中的残留性、累积性较强，能显著影响土壤同外界环境的物质能量交换。石油进入土壤在向地下渗透过程中还会沿地表扩散、侵蚀土层，使之盐碱化、沥青化、板结化，在重力作用下向土壤深部迁移，由于石油的黏度大，黏滞性强，在短时间内形成小范围的高浓度污染，改变土壤的物理化学性质，土壤性质的改变会直接影响土壤中化合物的行为，破坏土壤的生产功能。另外，在一定的环境条件下，石油烃中不易被土壤吸收的部分能渗入地下并污染地下水，所以对地下水的潜在危害性也是不容忽视的。

石油类污染物进入土壤，使土壤中的新鲜有机碳含量大幅度增加，而有效氮、有效磷却没有相应变化，致使土壤中碳、氮、磷比例严重失调。有效碳在土壤中的大量引入刺激了土壤中自养型微生物的大量生长，嗜烃微生物的大量繁殖固定了土壤中的营养元素（如硝态氮），造成营养供应的缺乏，导致微生物与植物争夺土壤营养元素，致使双方都发展受阻。另外，还干扰了营养元素从土壤颗粒进到土壤溶液。石油类污染物作为生物可利用的生长基质会被微生物降解，从而延迟了土壤中其他污染物的降解。此外，石油的生物降解还会导致矿物质和氧气的耗竭。石油在土壤中的代谢中间产物很复杂，降解产物的一些特征官能团，能吸收和络合重金属离子，从而影响重金属在土壤－植物系统中的迁移转化。通过研究石油在土壤中的代谢中间产物棕榈酸、儿茶酚和香草酸对土壤中Cd行为的影响表明，这3种石油烃降解产物均能增加土壤中有机结合态Cd的比例，土壤中儿茶酚含量为5000mg/kg时，土壤中有机质结合态Cd占总Cd的48.71%。研究发现微生物分解石油烃时能产生过量交换态锰、铁，对植物造成毒害。

研究发现，在石油污染的不同土壤中，黑土对Pb^{2+}的吸附能力随土壤中原油含量的增加而降低，这主要是由于原油进入土壤有机质后减小了腐殖质对Pb^{2+}的螯合作用，而砂土、黏土中石油的存在对其吸附重金属离子Pb^{2+}的能力影响较小，可能由于矿物质表面吸附居主导地位。

2. 石油类污染物对陆生植物的影响

当土壤中石油含量小于1mg/kg时，石油对植物的生长有促进作用，因为植物能将石油中的碳、氢、氧、氮等通过木质化作用而转化成植物生长所需的物质。只有当土壤中的石油含量较高时，对植物的生长才有抑制作用。不同的植物种类，受到石油类污染物的抑制效果也不一样。土壤中的石油类污染物在植物根系上形成一层黏膜，阻碍根系的呼吸与吸收功能，根部从土壤中吸收的石油能向叶子和果实移动，并不断积累放大。石油中不同馏分对植物的影响有所不同，沸点在150~275℃以内的石油馏分对植物的毒害较大，因为它能穿透植物内部，在细胞间隙和维管束系统中运行，破坏植物体正常的生理机能。高沸点的烃因相对分子质量较大而不能穿透植物的内部组织，但易在植物的表面形成一层薄膜，妨碍植物的气孔，影响植物的蒸腾和光合作用，抑制营养物质的吸收和转移，造成植物死亡。

石油污染的土壤中植物生长受抑的原因有三点：一是石油破坏土壤－植物－水分之间的关系，对空气的排斥，引起厌氧条件的发生。使根系不能正常呼吸和吸收水分；二是土壤受到石油污染时碳氮比增加，微生物则通过提高自身繁殖和代谢速率来促进这些化学物质的分解，这需要微生物从土壤中吸收大量氮素来合成体细胞，导致微生物与植物争夺土壤有效氮素，造成营养供应的缺乏；三是微生物分解石油时产生的有害物质，如过量的交换态锰、铁和硫，造成对植物的毒害。

另外，由于石油对土壤的污染，会导致石油的某些污染物进入粮食中，造成污染物的生物累积、放大，不仅影响粮食的质量，还会使部分蔬菜的品质变劣、口味变涩，更重要的是石油污染物进入食物链，在环境中恶性循环，危害人类健康。

一般情况下，被石油污染的土壤对不同植物的影响不同。如：当土壤中石油质量分数达 0.31% 时，玉米产量减产幅度为 10% ；土壤中石油质量分数为 1.5% 时，玉米出现生长期推后、贪青现象；土壤中石油质量分数达 10% 时，玉米不出苗；土壤中石油质量分数达 2.0% 时，高粱几乎不能成活；土壤中石油质量分数达到 3%~5% 时，黄豆株高、单株荚数、肉荚比、百粒重、根重、单株产量、生物量、出苗率、粗蛋白质和粗脂肪质量分数显著下降；小麦萌发明显受到原油污染的影响，影响程度与石油质量分数成正比例。石油污染不仅延迟了种子萌发，更重要的是大大降低了植物的萌发率。用石油处理小麦种子，当石油质量分数为 0.4% 时，出苗率降到 80% 以下，已出苗的有效分蘖数和穗长都明显下降。质量分数达 5%，从苗期生长就受到严重抑制，无分蘖、植株小，不扬花，不能形成产量。水稻可以从土壤和水中吸收石油，石油通过根系可直接进入植物体，其数量分布由根向地上部逐渐减少。水稻可以把吸收的石油运输到籽实，危及大米质量。当土壤中沉积的石油量达到 180mg/kg 时，水稻枯萎、死亡。树木对石油污染有一定的耐受性和适应性，但高浓度也会对其造成伤害，石油浓度越大，伤害程度就越大。石油破坏了各种树木的正常生理代谢，使叶片的叶绿素、可溶性糖、蛋白质、核酸含量下降，造成树木叶片的细胞质膜受损，使其膜透性增大，内含物大量外渗。

值得指出的是，石油对植物个体的影响因数量、季节和植物种类的不同而不同：①随着石油量的增加，对群落的影响逐渐增大。当石油均匀覆盖在地面 0.2cm 时，可使一年生植物的种子失去萌发力而不能继续生长繁殖；平均厚度大于 0.8cm 时，可使全部的多年生植物死亡；②植物体在不同季节对石油的抗性也不同，对植物个体影响最大的季节顺序是春季、夏季、秋季，即幼苗期、旺盛生长期、成熟期；③石油对不同种类植物个体的影响也不相同，一年生植物受到的影响最大；多年生植物中深根性植物、根茎植物和小灌木等对石油的抗性最强，多年生植物中的叶片较大的植物种类对石油的抗性较弱。

3. *石油污染物对陆生动物的影响*

石油污染物主要通过动物取食、呼吸、皮肤渗透等方式进入动物体内，能破坏生物体细胞膜性结构的脂溶性，有选择性地损害机体的神经系统，腐蚀呼吸道以及对生物机体内代谢的毒性作用，致使动物皮肤、嘴巴和鼻腔过敏、发炎，无法正常觅食；破坏和抑制免疫系统，有时还会引发继发性的细菌或真菌感染；破坏血液中的红细胞；引起肝脏萎缩、肺、呼吸道、肾等多种器官衰竭。

大鼠体内引入石油后，其行为先呈短暂的兴奋状态，步态不稳、精神兴奋，随后转为抑制，呼吸困难，四肢发绀，呈麻醉状态，然后死亡。土壤中石油污染对蚯蚓有急性致死及慢性亚致死效应。石油污染对鸟类也有影响，较小程度的石油污染，虽然不至于使鸟类立即死亡，但长期摄入污染物，会对鸟类的器官、繁殖及雏鸟的生长发育产生影响，使其内部功能受到致命损伤，导致胃部出血和溃烂，引起鸟群活力降低、体重和产卵力下降，引起肺炎，损害肝脏，降低酶活性，甚至诱发神经失常，残留在身体中的石油成分还可能对下一代造成影响。

石油对动物体的伤害主要有 3 方面因素：①对细胞膜性结构的脂溶性破坏作用。石油为麻醉性毒物，具有溶解脂肪和类脂质的性能，对机体的神经系统有选择性损害，可引起机体神经细胞内类脂质的平衡失调，导致中枢神经系统功能障碍而引起死亡；②蒸气对呼吸道的腐蚀作用。石油中有害物质较多以蒸气状态经呼吸道吸入，进入血液循环后再分布到各器官中。在吸入过程中对气管 - 支气管黏膜、肺泡有直接的烧灼刺激和腐蚀作用，造成气管 - 支气管黏膜、肺泡结构的损害；③有害物质在机体内的代谢作用。石油中的有害物质在肝脏内经氧化后与葡萄糖醛酸结合，随尿排出而解毒，故对肾脏造成严重的损害作用，导致肾脏组织结构出现明显的异常。

4. *石油类污染物对水资源的影响*

当河流受到石油类污染之后，会限制河流的水功能区的建设；当河流污染到达一定限度时，石油类污染指标会成指数增加，当地的地下水达不到灌溉用水标准与国际饮用标准，直接影响到农业灌溉与人们的日常生活，造成当地群众饮用的困难。

第三节　安全与防护措施

对于钻井液处理剂，特别是列入危险化学品目录的处理剂，在储存、运输、使用和处置过程中要严格按照危险化学品相关要求执行。对于钻井液而言，由于其危害相对要远低于一些化学剂尤其是属于危险化学品的处理剂，通过提高 HSE 意识，一般可以较好地达到有效防护的目的，若从源头降低危险源，即使用绿色钻井液替代常规的钻井液体系是最好的降低危害的方法。

一、危险化学品安全管理条例

对于列入危险化学品目录的钻井液处理剂或钻井废弃物，应按照《危险化学品安全管理条例》执行。我国对化学品实施重点管理，无论是境内企业进行生产，经营或是境外企业将产品出口到中国，都必须依照中国的化学品法规完成应对责任。

2011 年 12 月 1 日，中国正式实施《危险化学品安全管理条例》最新修订版（即 591 号令），修订条例由原条例（344 号令）的 74 条款增加至 102 款，对企业提出了更多要求。

条例的核心内容是，首次将中国 GHS（化学品统一分类和标签制度）标准写入条例，即要求化学品企业依据中国 GHS 标准制作及更新安全技术说明书和安全标签，这也正式宣告中国 GHS 的实施进入法规层面；危险化学品进口企业增加登记要求；化学品使用企业增加危险化学品安全使用许可要求。

条例的安全管理范围是，任何列入《危险化学品目录》中的化学品，即具有毒害、腐蚀、爆炸、燃烧、助燃等性质，对人体、设施、环境具有危害的剧毒化学品和其他化学品都受到该条例管辖，涉及危险化学品生产、进口、储存、使用、经营、运输及处置企业。

《危险化学品目录》由化学品主管部门根据化学品危险特性的鉴别和分类标准确定、公布并适时更新，修订后目录化学品收录量从原来的 3800 个（2002 版）增至 7000 个左右。

除一些列入危险化学品的处理剂外，废弃油基钻井液和钻屑被列入危险废物，在油基钻井液使用和废弃物处置中应高度重视。

二、储运和使用安全

1. 储存安全

储存中材料保管员或库房管理人员应按照如下要求执行。

（1）应熟悉所储存和使用的钻井液处理剂的性质，保管业务知识和有关消防安全规定。

（2）应严格执行国家、地方有关危险化学品管理的法律法规和政策，严格执行本单位的危险化学品储存管理制度。

（3）严格执行列入危险化学品目录处理剂的出入库手续，对所保管的危险化学品必须做到数量准确，账物相符，日清月结。每月底前完成出入库手续，完成当月原材料、产成品盘库报表；定期清点库存，做到心中有数，以便按生产计划提前上报采购计划，保证生产。

（4）定期按照消防的有关要求对仓库内的消防器材进行管理、定期检查、定期更换。

（5）定期对库房进行定时通风，通风时不得远离仓库。做到防潮、防火、防腐、防盗。

（6）对因工作需要进入仓库的人员进行监督检查，严防原料和产品流失。

（7）对属于危险化学品的按法律法规和行业标准的要求分垛储存、摆放，留出防火通道。

（8）正确使用劳保用品，并指导进入仓库的人员正确佩戴劳保用品。

（9）定期对仓库内及其周围的卫生进行清扫。

2. 安全运输

对于危险性大，尤其是属于危险化学品的处理剂，在运输中应按照如下要求执行。

（1）在装卸搬运危险化学品前，要预先做好准备工作，了解物品性质，检查装卸搬运的工具是否牢固，不牢固的应予更换或修理。如工具上曾被易燃物、有机物、酸、碱等污染的，必须清洗后方可使用。

（2）操作人员应根据不同物质的危险特性，分别穿戴相应合适的防护用具，对毒害、腐蚀、放射性等物品更应加强注意。防护用具包括工作服、橡皮围裙、橡皮袖罩、橡皮手套、长筒胶靴、防毒面具、滤毒口罩、纱口罩、纱手套和护目镜等。操作前应由专人检查用具是否妥当，穿戴是否合适。操作后应进行清洗或消毒，放在专用的箱柜中保管。

（3）操作中对危险化学品应轻拿轻放，防止撞击、摩擦、碰摔、震动。液体铁桶包装下垛时，不可用跳板快速溜放，应在地上，垛旁垫旧轮胎或其他松软物，缓慢下放。标有不可倒置标志的物品切勿倒放。发现包装破漏，必须移至安全地点整修，或更换包装。整修时不应使用可能发生火花的工具。危险化学品撒落在地面、车板上时，应及时扫除，对易燃易爆物品应用松软物经水浸湿后扫除。

（4）在装卸搬运危险化学品时，不得饮酒、吸烟。工作完毕后根据工作情况和危险品的性质、及时清洗手、脸、漱口或淋浴。装卸搬运危险化学品时，必须保持现场空气流通，如果发现恶心、头晕等中毒现象，应立即到新鲜空气处休息，脱去工作服和防护用具，清洗皮肤污染部分，重者及时就医。

（5）装卸搬运爆炸品，一级易燃品、一级氧化剂时，不得使用铁轮车、电瓶车（没有装置控制火星设备的电瓶车），以及其他无防爆装置的运输工具。参加作业的人员不得穿带有铁钉的鞋子。禁止滚动铁桶，不得踩踏危险化学品及其包装（指爆炸品）。装车时，必须力求稳固，不得堆装过高，并避免日晒。在炎热季节，应在早晚作业，晚间作业应用防爆式或封闭式的安全照明。雨、雪、冰封时作业，应有防滑措施。

（6）装卸搬运强腐蚀性物品，操作前应检查箱底是否已被腐蚀，以防脱底发生危险。搬运时禁止肩扛、背负或用双手揽抱，只能挑、抬或用车子搬运。搬运堆码时，不可倒置、倾斜、震荡，以免液体溅出发生危险。在现场须备有清水、苏打水或醋酸等，以备急救时应用。

（7）装卸搬运放射性物品时，不得肩扛、背负或双手揽抱，并尽量减少人体与物品包装的接触，应轻拿轻放，防止摔破包装。工作完毕后用肥皂和水清洗手、脸及淋浴后方可进食饮水。对防护用具和使用工具，须经仔细洗刷，除去射线感染。对沾染放射性的污水，不得随便流散，应引入深沟或进行处理。废物应挖深坑埋掉。

（8）两种性能互相抵触的物品，不得同地装卸，同车（船）并运。对怕热、怕潮物品，应采取隔热、防潮措施。

3. 安全使用

1）寻求替代

控制、预防处理剂危害最理想的方法是不使用有毒有害和易燃、易爆的化学品，但这很难做到，通常的做法是选用无毒或低毒的化学品替代有毒有害的化学品，选用可燃化学品替代易燃化学品。如，使用油基钻井液时，用高闪点的矿物油替代低闪点的柴油等。为降低操作过程中的风险，通常选用易于安全操作的袋装片碱替代桶装固碱；为降低处理剂的危害可以采用天然材料代替合成聚合物处理剂。使用生物质材料替代矿物油等。

2）改变工艺

就处理剂而言，虽然替代是控制化学品危害的首选方案，但是可供选择的替代品很有限，特别是因技术和经济方面的原因，不可避免地要生产、使用有害化学品，这时可通过变更工艺消除或降低化学品危害。为控制处理剂使用中产生的粉尘污染，可以采用反相乳液聚合物产品代替粉状聚合物产品。

在钻井液使用中可以采用自动加料、配制系统替代人工系统，钻井液循环系统采用封闭系统替代敞口系统等。

3）有效隔离

隔离是通过封闭、设置屏障等措施，避免作业人员直接暴露于有害环境中。最常用的隔离方法是将生产或使用的设备完全封闭起来，使工人在操作中不接触化学品。

隔离操作是另一种常用的隔离方法，就是把生产设备与操作室隔离开。最简单的方法就是把生产设备的管线阀门、电控开关放在与生产地点完全隔开的操作室内。

4）强化通风

通风是控制作业场所中有害气体、蒸气或粉尘最有效的措施。借助于有效的通风，使作业场所空气中的有害气体、蒸气或粉尘的浓度低于安全浓度，保证操作人员的身体健康，防止火灾、爆炸事故的发生。

通风分局部排风和全面通风两种。局部排风是把污染源罩起来，抽出污染空气，所需风量小，并便于净化回收，经济有效。全面通风亦称稀释通风，其原理是向作业场所提供新鲜空气，抽出污染空气，降低有害气体、蒸气或粉尘在作业场所中的浓度。全面通风所需风量大，不能净化回收。

对于点式扩散源，可使用局部排风。使用局部排风时，应使污染源处于通风罩控制范围内。为了确保通风系统的高效率，通风系统设计的合理性十分重要。对于已安装的通风系统，要经常加以维护和保养，使其有效地发挥作用。

对于面式扩散源，要使用全面通风。采用全面通风时，作业场所或库房设计阶段就要考虑空气流向等因素。因为全面通风的目的不是消除污染物，而是将污染物分散稀释，所以全面通风仅适合于低毒性作业场所，不适合于腐蚀性、污染物量大的作业场所。

像实验室中的通风橱、钻井液循环罐面上的排风机等都是局部排风设备。

5）个体防护

当作业场所（钻井液循环系统罐面或实验室）中有害化学品的浓度超标时，作业人员就必须使用合适的个体防护用品。个体防护用品既不能降低作业场所中有害化学品的浓度，也不能消除作业场所的有害化学品，而只是一道阻止有害物进入人体的屏障。防护用品本身的失效就意味着保护屏障的消失，因此个体防护不能被视为控制危害的主要手段，而只能作为一种辅助性措施。

防护用品主要有头部防护器具、呼吸防护器具、眼防护器具、身体防护用品、手足防护用品等。尽可能减少在污染环境中的作业时间。

6）保持卫生

卫生包括保持作业场所清洁和作业人员的个人卫生两个方面。经常清洗作业场所，对废物、溢出物加以适当处置，保持作业场所清洁，也能有效地预防和控制化学品危害。作业人员应养成良好的卫生习惯，防止有害物附着在皮肤上，并通过皮肤渗入体内。

7）熟悉处理剂的性质

熟悉所使用的处理剂的危害、使用要点、防护措施等非常重要，要做到心中有数才能采用针对性的防护措施，避免产生危害。

三、使用绿色处理剂及钻井液

为了降低钻井液使用过程中的污染和危害，可以使用绿色钻井液处理剂来替代常规处理剂。在绿色处理剂的基础上，开发绿色环保的钻井液体系，以减少危害性较大的钻井液的使用，特别是用环保水基钻井液替代油基钻井液，这不仅有利于减少钻井液使用中对作业者造成的危害，也有利于减少钻井液对环境的影响。

满足环保要求的天然材料改性处理剂，以及一些可以生物降解的合成聚合物属于绿色处理剂。

对环境影响小的环保钻井液可以视为绿色钻井液，主要有烷基葡萄糖苷钻井液、甲酸盐钻井液、有机盐钻井液、聚合醇钻井液和合成基钻井液等。

（1）烷基葡萄糖苷钻井液体系。烷基葡萄糖苷作为一种绿色非离子表面活性剂，因其无毒、对皮肤无刺激性、生物降解迅速彻底、配伍性能好等特点，已被广泛应用于生产、生活、石油等各领域。其成分中含有的甲基葡萄糖苷 MEG 基液本身就是很好的页岩抑制剂，辅以少量的性能调节剂配成的钻井液体系，各项性能几乎可与油基钻井液体系相比拟。表现出较强的抑制性，有封堵和降滤失作用，可较好地稳定井壁，同时具有良好的润滑性和油气层保护效果。除此之外，还有较强的抗污染性。

（2）甲酸盐钻井液体系。该体系是近年来研究开发的绿色环保型钻井液之一，在生态保护、油层保护、抑制地层以及抗高温抗污染方面都有显著特点。常用的甲酸盐有甲酸钠、甲酸钾和甲酸铯等。甲酸盐钻井液体系由甲酸的碱金属盐、聚合物增黏剂和降滤失剂等组成。其中甲酸盐的碱金属盐为钻井完井液提供适当的密度，不需要固体加重剂，就可使该体系的相对密度达到 1.7～2.3g/cm^3。

（3）有机盐钻井液体系。有机盐是带杂原子取代基的有机酸根阴离子与一价金属离子（钾离子、钠离子等）所形成的盐。以其为主剂配制的钻井液即为有机盐钻井液。有机盐钻井液的主要特点是：具有极强的抑制性，可有效抑制泥岩、钻屑水化分散、膨胀；抗温能力强，可在超高温度（200℃）下稳定持续发挥作用，还能很好地保护油气层，对金属无腐蚀，因而不会对环境造成污染。

（4）聚合醇钻井液体系。聚合醇钻井液（PEG）是 20 世纪 80 年代发展起来的钻井液体系，主要是由聚合醇（聚丙三醇、聚乙二醇和聚乙二醇 200）与水及其他钻井液处理剂构成。该钻井液具有良好的封堵、抑制性和润滑性，对环境无污染，属于高性能水基钻井液之一。

（5）合成基钻井液体系。合成基钻井液是以合成有机物为连续液相，盐水为分散液相，有机土为分散固相，加入乳化剂、降滤失剂、稳定剂和流型改进剂等组成的一种逆乳化悬浮分散体系。合成基钻井液不含芳香烃，毒性小，可生物降解，高闪点，低凝固点，可在寒冷地区使用。特别是酯基合成基钻井液，具有很强的厌氧降解能力，对环境无毒。

第三章 钻井液处理剂及使用安全

钻井液的毒性及对环境的影响与处理剂的性质密切相关，环保钻井液的基础是绿色处理剂，而钻井液安全使用的基础也同样是处理剂。为了便于理解处理剂的性能和处理剂的安全使用，本章对钻井液配浆材料和处理剂的性能及安全与防护进行介绍。

第一节 钻井液原材料

钻井液原材料通常是指用于配制钻井液的基本配浆材料和加重剂等，它们不仅是钻井液的最基本组成，也是用量最大的钻井液材料，这些材料的毒性或污染主要源自材料加工和使用过程中产生的粉尘，以及部分材料中所含重金属材料的溶出（进入钻井液），整体上讲，如果能够做好防护，通常对健康和环境是安全的。

一、配浆土

1. 膨润土

1）基本性能

膨润土，别名膨土岩、皂土、斑脱岩。粉末状颗粒物，灰白色、白色、有时带浅红、浅绿、淡黄等色。无气味。不溶于水。光泽暗淡。硬度 1~2，密度 2~3g/cm^3，具有较好的离子交换性、吸附性、造浆性。可以成致密块状，也可为松散的土状，用手指搓磨时有滑感，小块体加水后体积胀大可达 20~30 倍，在水中呈悬浮状，水少时呈糊状。

钠膨润土，别名钠基膨润土。灰白色粉末状颗粒物，具有良好的膨润性、黏结性、吸附性、催化性、触变性、悬浮性及阳离子交换性。蒙脱石含量 60%~88%，pH 值 8.9~10，膨胀容 25~50mL/g，2h 吸水率为 250%~350%，湿压强度≥0.23MPa，吸蓝量≥80mmol/g。

钙膨润土，又称斑脱岩，含少量长石、石英、贝得石、方解石及火山碎屑物。白色或灰白色粉末，含杂质时呈灰绿色、浅青色、浅白色、粉红色、紫棕色等。不溶于水、油和有机溶剂。由于具有较大的有效孔容，因而有很强的吸附能力和吸附容量。无毒，热稳定性好、过滤速度快，带油率低。

2）用途

常用于钻井液配浆用土或提黏剂，配制具有高流变性和触变性能的钻井液。

3）危险性

稳定性好，无毒，无刺激性。粉尘可刺激鼻腔、喉、肺、眼睛，长期接触、吸入粉尘导致慢性支气管炎、肺气肿、尘肺病。

4）应急处理措施

（1）急救。皮肤接触，用肥皂和水彻底冲洗皮肤。脱除污染的衣服；眼睛接触，立即提起眼睑用大量清水冲洗，持续冲洗至少 15min。若症状持续不消，应就医。吸入时要迅速脱离现场至空气新鲜处，若症状持续不消，应就医。如果不慎误服（食入），立刻用清水彻底冲洗口腔，大量饮水，若症状持续不消，应就医。

（2）泄漏。清扫干净，置入专用容器，同一般垃圾处置。

5）操作与防护

操作环境加强通风。搬运时要轻装轻卸，防止包装及容器损坏，避免产生粉尘。使用时需穿戴防护服和劳保用品（工鞋、安全帽），防护手套、活性炭面罩及护目镜，提供适当通风条件，配备洗涤用具、淋浴设施和眼药水。

6）储存与运输

采用塑料编织袋包装或纸桶包装，每袋或每桶净重 25kg 或 50kg。包装容器必须密封，防止受潮。储存于阴凉、通风的库房，下铺上盖、注意防潮。

运输过程中要确保容器不泄漏、不损坏，运输途中应防暴晒、防雨淋。

2. 凹凸棒土

1）基本性能

凹凸棒土又称坡缕石或坡缕缟石，不透明，白色，凹凸棒石形态呈毛发状或纤维状，通常为毛毯状或土状集合体。莫氏硬度 2~3，密度为 2.05~2.32g/cm^3。具有独特的层链状结构特征和良好的阳离子可交换性、强吸水性、吸附脱色性、造浆性、增稠性、悬浮性、触变性、耐高温、抗盐碱、绝热性、可塑性、黏结力、环保性及大的比表面积（9.6~36m^2/g）、胶质价和膨胀容、较强的螯合钙、镁离子能力。悬浮液遇电解质不絮凝沉淀。

2）用途

胶体级凹凸棒石黏土经进一步物理化学加工，增加其造浆率，可制成符合 OCMA 和 API 标准的抗盐黏土，应用于地质钻探、地热钻井、石油钻井，特别是在内陆含盐地层钻探、海洋钻井及超深钻探中。

3）危险性

稳定性好，无毒，无刺激性。粉尘可刺激鼻腔、喉、肺、眼睛；长期接触、吸入粉尘可导致尖性支气管炎、肺气肿、尘肺病，悬浮溶液会严重刺激甚至灼伤皮肤。

4）应急处理措施

（1）急救。皮肤接触：脱掉污染的衣服，用肥皂和水彻底冲洗皮肤；眼睛接触：立即提起眼睑用大量清水冲洗，持续冲洗至少 15min，若症状持续不消，应就医；吸入：要迅速脱离现场至空气新鲜处，若症状持续不消，应就医；误食：立刻用清水彻底冲洗口腔，大量饮水，若症状持续不消，应就医。

（2）泄漏。清扫干净，置入专用容器，同一般垃圾处置。

5）操作与防护

加强作业环境通风。搬运时要轻装轻卸，防止包装及容器损坏，避免产生粉尘。

使用时需穿戴防护服和劳保用品，防护手套、活性炭面罩及护目镜，提供适当通风条件，配备洗涤用具、淋浴设施和眼药水。

6）储存与运输

采用塑料编织袋或纸桶包装，每袋或每桶净重 25kg。包装容器必须密封，防止受潮。储存于阴凉、通风的库房。

运输过程中要确保容器不泄漏、不损坏，运输中防暴晒、雨淋。

二、加重材料

1. 重晶石

1）基本性能

重晶石是以硫酸钡为主要成分的非金属矿产品，分子式 $BaSO_4$，相对分子质量 233.39，莫氏硬度 3.0~3.5，密度 4.0~4.6g/cm^3，是应用最广泛和用量最大的加重剂。纯重晶石显白色、有光泽，由于杂质及混入物的影响常呈灰色、浅红色、浅黄色等，结晶情况相当好的重晶石还可呈透明晶体状，是自然界分布最广的含钡矿物。重晶石化学性质稳定，不溶于水和盐酸，无磁性。不燃。不易吸水，但受潮后易结块。

2）用途

重晶石广泛用于钻井液和固井水泥浆加重剂。在甲酸盐和磷酸盐钻井液中慎用。

3）危险性

纯硫酸钡不溶于水，轻微毒性。吸入后可引起胸部紧束感、胸痛、咳嗽等。对眼睛有刺激性。长期吸入可致钡尘肺。对环境有危害，对大气可造成污染。

重晶石不燃。受高热分解产生有毒的硫化物烟气。有害燃烧产物三氧化硫。

4）应急处理措施

（1）急救。皮肤接触：脱掉污染的衣着，用流动清水冲洗；眼部接触：可提起眼睑，用流动清水或生理盐水冲洗，严重时就医；吸入：立刻脱离现场至空气新鲜处，如呼吸困难，应输氧，就医；误食：用水漱口，给饮牛奶或蛋清，严重时就医。

（2）泄漏。隔离泄漏污染区，限制出入。建议应急处理人员戴防尘面具（全面罩），穿一般作业工作服。将泄漏物收集于干燥、洁净、有盖的容器中，转移至安全场所。若大量泄漏，则要收集回收或运至废物处理场所处置。

5）操作与防护

密闭操作，局部排风，避免产生粉尘。搬运时要轻装轻卸，防止包装及容器损坏。配备泄漏应急处理设备。防止倒空的容器残留有害物。

使用时穿普通工作服、工鞋，戴安全帽、手套、防尘口罩。如果粉尘严重时，戴过滤防尘口罩及化学安全防护眼镜。提供安全淋浴和洗眼设备。保持良好的卫生习惯。

6）毒性与生态学数据

轻微毒性。对环境有危害，对大气可造成污染。

7）储存与运输

采用塑料编织袋包装，每袋净重 50kg，或采用吨桶包装，每桶不超过 1000kg。储存在阴凉、通风、干燥的库房。远离火种、热源。应与易（可）燃物、还原剂分开存放，切忌混储。储区应备有合适的材料收容泄漏物。

起运时包装要完整，装载应稳妥。运输过程中要确保包装不发生泄漏、不损坏等情况。运输中防暴晒、雨淋，防高温，防包装破损。

2. *石灰石粉*

1）基本性能

别名石灰石、方解石、大理石、石粉。分子式 Ca_2CO_3，相对分子质量 100.1。白色晶体或粉末。无臭、无味。含有其他杂质时常呈灰色、灰白色、灰黑色、浅黄色或浅红色。不溶于水，在含有铵盐或三氧化二铁的水中溶解，不溶于醇。露置空气中无反应，不易吸水，但受潮后易结块。莫氏硬度 3~4，密度 2.7~2.93g/cm^3，熔点 825℃。遇稀醋酸、稀盐酸、稀硝酸发生泡沸并溶解。在 101.325kPa 下加热到 900℃时分解为氧化钙和二氧化碳。

2）用途

用于钻井液和完井液加重剂。不同粒径级配的产品可以用作油层漏失的暂堵剂，固相降滤失剂，尤其对聚合物钻井液降低瞬时滤失量较为有效。用作屏蔽暂堵剂，可酸化解堵。用于防止油气层损害，其颗粒尺寸应由产层孔隙尺寸的分布来确定。

3）危险性

产品不溶于水，无毒。对皮肤有中度刺激作用。吸入、误食或皮肤接触可引起迟发反应。不可燃也点不燃，无火灾或爆炸危险。高温条件下分解为氧化钙和二氧化碳。

4）应急处理措施

（1）急救。皮肤接触时可用肥皂水及清水彻底冲洗；眼睛接触时可提起眼睑，用流动清水冲洗；吸入时可及时脱离现场至空气新鲜处；误食时可口服牛奶、豆浆或蛋清，严重时就医。

（2）泄漏。隔离泄漏污染区，周围设警告标志，限制出入。建议应急处理人员戴好口罩、护目镜，穿一般作业工作服。避免扬尘，用洁净的铲子收集于干燥洁净有盖的容器中，转移到安全场所，用水刷洗泄漏污染区，经稀释的污水放入废水系统。若大量泄

漏，则用塑料布、帆布覆盖，收集回收或运至废物处理场所处置。

5）操作与防护

使用时避免产生粉尘和粉尘吸入，避免接触眼睛。保持良好的排风条件，尽可能降低环境中的粉尘。使用时需穿防护服，戴防护手套、过滤防尘口罩及一般防尘护目镜。提供安全淋浴和洗眼设备。饮食前应先洗手、洗脸。

6）毒性与生态学数据

急性毒性 LD_{50}：6450mg/kg（大鼠经口）。对环境和水体可能会造成不良影响。

7）储存与运输

采用涂塑编织袋或涂塑牛皮纸袋包装，每袋净重 25kg 或 50kg。储存在阴凉、通风、干燥的库房。应与酸类、铵盐、矾、镁氟等分开存放。避免阳光直接照射。

搬运时包装要完整，装载应稳妥。运输中防暴晒、雨淋。

3. 铁矿粉

1）基本性能

铁矿粉是由铁矿石经过选矿、破碎、分选、磨碎等加工处理而成的矿粉。铁矿粉的种类主要有磁铁矿粉、钛铁矿粉、赤铁矿粉、褐铁矿粉、菱铁矿粉及硫铁矿粉等。

磁铁矿粉，主要成分为 Fe_3O_4，是 Fe_2O_3 和 FeO 的复合物，呈黑灰色，密度大约 5.15g/cm^3，含 Fe 72.4%，O 27.6%，具有磁性。结构细密，还原性较差。经过长期风化作用后即变成赤铁矿。

钛铁矿粉，主要成分为 $FeTiO_3$、TiO_2，还有少量 MgO、FeO、MnO 等。具有金属至半金属光泽，不透明，无解理，常呈不规则粒状、鳞片状、板状或片状。钢灰色或铁黑色，微弱磁性，性脆，莫氏硬度 5～6，密度 4.4～5.0g/cm^3，密度随成分中 MgO 含量的降低或 FeO 含量的增加而增大。在氢氟酸中溶解度较大，缓慢溶于热盐酸。溶于磷酸并冷却稀释后，加入过氧化钠或过氧化氢，溶液呈黄褐色或橙黄色。具有密度大耐研磨的特点。不溶于水。不易吸水，但受潮后易结块。

赤铁矿粉，主要成分为 Fe_2O_3，呈暗红色，含铁 70%，氧 30%。六方晶系的氧化物矿物，有片状、鳞片状、粒状、鲕状、肾状、土状、致密块状等。钢灰色至铁黑色，常带淡蓝锖色。金属至半金属光泽，有时光泽暗淡，无解理。莫氏硬度 5.5～6.5，密度 4.9～5.3g/cm^3，有天然磁性。不溶于水，能部分地和盐酸发生反应。不易吸水，但受潮后易结块。将本品经过表面处理可以得到性能更优的活性赤铁矿粉。

菱铁矿，是含有碳酸亚铁的矿石，主要成分为 $FeCO_3$，呈现青灰色，密度在 3.8g/cm^3 左右。含有相当多数量的钙盐和镁盐。

2）用途

铁矿粉可用于高密度钻井液和固井水泥浆加重剂，具有一定的酸溶性，亦用于需要酸化作业的产层，有利于储层保护，用作完井液、修井液加重剂和暂堵剂。其中，赤铁矿粉作为高密度钻井液加重材料，主要用于加重密度 1.8～3.1g/cm^3 的钻井液。因其硬度较高，所以用赤铁矿粉加重的钻井液具有较高的冲蚀性，对钻具、套管、泵的缸套和泵体具有较强的研磨冲蚀作用。活性赤铁矿粉用作加重钻井液体系可以获得更好的流动性、流变参数、热稳定性和悬浮稳定性，用于特高密度钻井液加重时，最高可以达到 $3.1g/cm^3$。

3）危险性

本品不溶于水，无毒。

4）应急处理措施

（1）急救。皮肤接触时可用肥皂水及清水彻底冲洗，严重时就医；眼睛接触时可提起眼睑，用流动清水冲洗，严重时就医；吸入时可及时脱离现场至空气新鲜处，如呼吸困难，应输氧，严重时就医；误食时可口服牛奶、豆浆或蛋清，严重时就医。

（2）泄漏。隔离泄漏污染区，周围设警告标志，限制出入。建议应急处理人员戴好口罩、护目镜，穿一般作业工作服。避免扬尘，用洁净的铲子收集于干燥洁净有盖的容器中，转移到安全场所，用水刷洗泄漏污染区，经稀释的污水放入废水系统。若大量泄漏，则用塑料布、帆布覆盖。收集回收或运至废物处理场所处置。

5）操作与防护

使用时避免产生粉尘和粉尘吸入，避免接触眼睛。保持良好的排风条件，尽可能降低环境中的粉尘。操作需穿防护服和劳保用品，戴防护手套、过滤防尘口罩及一般防尘护目镜。提供安全淋浴和洗眼设备。饮食前应先洗手、洗脸。

6）储存与运输

采用涂塑编织袋或涂塑牛皮纸袋包装，每袋净重 50kg。储存在阴凉、通风、干燥处。运输中防止受潮和雨淋，防止包装破损。

4. *锰矿粉*

1）基本性能

通常指软锰矿粉，即软锰矿粉碎得到，软锰矿的成分是二氧化锰，是一种常见的锰矿物。分子式 MnO_2，相对分子质量 86.94。软锰矿含锰 63.19%，是重要的锰矿石。常与硬锰矿共生。斜方晶系，晶体呈细柱状或针状。通常呈块状、粉末状集合体。钢灰至黑色，条痕蓝黑至黑色，半金属光泽。断口不平坦。硬度随形态和结晶程度而异，呈显晶者为 5~6，呈隐晶或块状集合体者降为 1~2。密度 $4.7\sim5.0g/cm^3$。加过氧化氢剧烈起泡放出大量氧气；缓慢溶于盐酸放出氯气，并使溶液呈淡绿色。难溶于水、弱酸、弱碱、硝酸、冷硫酸，加热情况下溶于浓盐酸而产生氯气。

2）用途

用于钻井液加重剂。由于既可以酸溶，又可以用作完井液、修井液加重剂，对储层伤害小，适用于产层。

3）危险性

不溶于水，无毒。不燃，具刺激性。过量的锰进入机体可引起中毒。没有特殊的燃烧爆炸特性。受高热分解放出有毒的气体。

4）应急处理措施

（1）急救。皮肤接触：脱掉污染的衣着，用流动清水冲洗；眼睛接触：提起眼睑，用流动清水或生理盐水冲洗，严重时就医；吸入：迅速脱离现场至新鲜空气处。如呼吸困难，给输氧，严重时就医；误食：饮足量温水，催吐，严重时就医。

（2）泄漏。配备泄漏应急处理设备。隔离泄漏污染区，限制出入。应急处理人员戴防尘面具（全面罩），穿防毒服。避免扬尘，小心扫起，置于袋中转移至安全场所。若大量泄漏，则用塑料布、帆布覆盖。收集回收或运至废物处理场所处置。

5）操作与防护

密闭操作，加强通风。远离火种、热源，避免产生粉尘。避免与还原剂、酸类接触。使用时避免粉尘吸入和眼睛、皮肤接触。

建议操作人员佩戴自吸过滤式防尘口罩，戴化学安全防护眼镜，穿防毒物渗透工作服，戴橡胶手套。

6）储存与运输

采用涂塑编织袋或涂塑牛皮纸袋包装，每袋净重 50kg。储存于阴凉、通风、干燥的库房。应与易（可）燃物、还原剂、酸类分开存放，切忌混储。储区应备有合适的材料收容泄漏物。

搬运时要轻装轻卸。运输中防止受潮和雨淋，防止包装破损。

5. 方铅矿粉

1）基本性能

方铅矿粉又名硫化铅，分子式 PbS，相对分子质量 239.2。方铅矿含铅可达 86.6%。方晶体形态常呈立方体，集合体呈柱状或致密块状。铅灰色，条痕灰黑色，金属光泽，不透明，致密的颗粒块状。熔点 1114℃，沸点 1281℃，硬度为 2.5，密度 7.4～7.6g/cm^3，具有弱导电性和良检波性。方铅矿被风化后就变成白铅矿和铅矾。

2）用途

方铅矿是最主要的铅矿石矿物。用于特高密度钻井液加重剂。

3）危险性

过量的铅尘和大量的铅化物废尘对人体的健康有害。饮水中每升含量超过 0.1mg，则会造成腹胀、便秘、乏力。对人体有毒，摄取后主要储存在骨骼内，部分取代磷酸钙中的钙，不易排出。

急性中毒以消化道为主要侵入途径。大量吸入铅化合物烟尘亦可引起急性或亚急性中毒，无损伤的皮肤一般不吸收铅。中毒较深时引起神经系统损害，严重时会引起铅毒性脑病。

职业中毒主要为慢性。损害造血、神经、消化系统及肾脏。神经系统主要表现为神经衰弱综合征、周围神经病，重者出现铅中毒性脑病。消化系统表现有齿龈铅线、食欲不振、恶心、腹胀、腹泻或便秘，腹绞痛见于中等及较重病例。造血系统损害出现卟啉代谢障碍、贫血等。短时接触大剂量可发生急性或亚急性铅中毒，表现类似重症慢性铅中毒。

4）应急处理措施

（1）急救。皮肤接触：脱掉污染的衣着，用流动清水彻底冲洗；眼睛接触：立即翻开上下眼睑，用流动清水或生理盐水冲洗，严重时就医；吸入：迅速脱离现场至空气新鲜处，保持呼吸道通畅，呼吸困难时给输氧，呼吸停止时，立即进行人工呼吸，严重时就医；误食：给饮足量温水，催吐，严重时就医。

（2）消防。消防人员须佩戴防毒面具、穿全身消防服，在上风向灭火。灭火剂：干粉、砂土。

（3）泄漏。配备泄漏应急处理设备。防止倒空的容器残留有害物。隔离泄漏污染区，限制出入。应急处理人员戴防尘面具（全面罩），穿防毒服。避免扬尘，小心扫起，置于袋中转移至安全场所。若大量泄漏，则用塑料布、帆布覆盖。收集回收或运至废物处理场所处置。

5）操作与防护

操作人员必须经过专门培训，严格遵守操作规程。远离火种、热源，工作场所严禁吸烟。使用防爆型的通风系统和设备，避免产生粉尘，避免与酸类接触。搬运时要轻装轻卸，防止包装及容器损坏。配备相应品种和数量的消防器材及泄漏应急处理设备。倒空的容器可能残留有害物，必须严格清洗。

佩戴自吸过滤式防尘口罩。紧急事态抢救或撤离时，应该佩戴空气呼吸器；戴化学安全防护眼镜。必要时可采用安全面罩，穿毒物渗透工作服，戴防护乳胶手套。工作现场禁止吸烟、进食和饮水。工作后，淋浴更衣。实行就业前和定期的体检。保持良好的卫生习惯。

6）毒性与生态学数据

引起急性中毒时会因铅的化合物不同而有差别。长期接触铅及其化合物会导致心悸，易激动，血象红细胞增多。铅侵犯神经系统后，出现失眠、多梦、记忆减退、疲乏，进而发展为狂躁、失明、神志模糊、昏迷，最后因脑血管缺氧而死亡。铅的无机化合物的动物实验表明可能引发癌症。铅是一种慢性和积累性毒物，不同的个体敏感性很不相同，对人来说铅是一种潜在性泌尿系统致癌物质。

对环境有严重危害，对水体、土壤和大气可造成污染。

7）储存与运输

采用涂塑编织袋或涂塑牛皮纸袋包装，每袋净重 20kg。储存于阴凉、通风、干燥的库房。远离火种、热源。防止阳光直射。密封包装。与酸类分开存放，切忌混储。配备相应品种和数量的消防器材。储区应备有合适的容器收容泄漏物。

搬运时要轻装轻卸，防止包装及容器损坏。运输中防止受潮和雨淋，防止包装破损。

第二节　无机处理剂

无机处理剂主要是指用于钻井液处理剂的基本无机化学剂，包括氢氧化物、氧化物、碳酸盐、卤化物、铬酸盐、硫酸盐、磷酸盐、硅酸盐和铝酸盐等，由于其中一些化学品属于危险化学品，因此在使用中是安全防护的重点。

一、氢氧化物和氧化物

1. 氢氧化钠

1）理化性质

氢氧化钠别名为烧碱、火碱、苛性钠。分子式 NaOH，相对分子质量 39.996。纯品为白色透明晶体，相对密度 2.130，常温密度 2.0～2.2g/cm^3，熔点 318.4℃，沸点 1390℃。易吸湿，从空气中吸收 CO_2 变成 Na_2CO_3。易溶于水，溶解时产生剧热。水溶液呈强碱性，有滑腻感；溶于水、乙醇和甘油（丙三醇）；不溶于丙酮、丙醇、乙醚。固体烧碱吸湿性很强，暴露在空气中，吸收空气中的水分子，最后会完全溶解成溶液，但液态氢氧化钠没有吸湿性。遇水和水蒸气大量放热，形成腐蚀性溶液；与酸发生中和反应并放热。

2）用途

在钻井液中主要用作钻井液的 pH 值调节剂，可使钻井液中的钙膨润土转变为钠膨润土，有利于提高钻井液的胶体稳定性，也可使井壁页岩膨胀、分散，不利于井壁稳定。可以降低钻井液中钙镁离子含量，使难溶的有机酸成为易溶于水的盐（如，配制栲胶碱液和褐煤碱液），还可以用于控制钙处理钻井液中 Ca^{2+} 的含量。

3）危险性

有强烈的刺激性和腐蚀性，浓溶液对皮肤有强腐蚀性，对纤维、皮肤、玻璃、陶瓷等有腐蚀作用。粉尘或烟雾会刺激眼睛和呼吸道、腐蚀鼻中隔，皮肤和眼睛与 NaOH 直接接触会引起灼伤，误服可造成消化道灼伤、黏膜糜烂、出血和休克。分解产物可能产生有害的毒性烟雾。

4）应急处理措施

（1）急救。皮肤接触：用水冲洗至少 15min（稀液）/ 用布擦干（浓液），再用 5%～10% 硫酸镁或 3% 硼酸溶液清洗，然后用大量水冲洗，严重时就医；眼睛接触：若不慎触及眼睛，立即提起眼睑，用大量流动清水或生理盐水清洗至少 15min。若不慎进入眼睛，立即提起眼睑，用 3% 硼酸溶液（或稀醋酸）和大量水冲洗，严重时就医；吸入：迅速脱离现场至空气新鲜处，必要时进行人工呼吸，严重时就医；食入：少量误食时立即用食醋、3%～5% 醋酸或 5% 稀盐酸、大量橘汁或柠檬汁等中和，给饮蛋清、牛奶或植物油并迅速就医，禁忌催吐和洗胃，严重时就医。

（2）消防。用水、砂土、粉末灭火器、二氧化碳、喷水管和泡沫灭火器灭火，发生大火灾时用喷水管和雾气灭火器，注意物品遇水产生飞溅造成灼伤。

（3）泄漏。隔离泄漏污染区，周围设警告标志，应急处理人员戴好防毒面具，穿化学防护服。不要直接接触泄漏物，用清洁的铲子收集于干燥洁净有盖的容器中，以少量NaOH加入大量水中，调节至中性，再放入废水系统。也可以用大量水冲洗，经稀释的洗水放入废水系统。如大量泄漏，收集回收或处理无害后废弃。

5）操作与防护

工作环境应具有良好的通风条件。水溶液有滑腻感，溶于水时产生很高的热量，操作时要戴防护目镜及橡胶手套，注意不要溅到皮肤上或眼睛里。

使用本品时应做好防护，小心使用，以防溅落到衣物、口鼻中；操作中必要时佩戴防毒口罩、化学安全防护眼镜，穿防酸碱工作服，戴橡胶手套。工作后，淋浴更衣。注意个人清洁卫生。

6）毒性与生态学数据

急性毒性：LD_{50} 为 40mg/kg（小鼠腹腔）；刺激性：家兔经皮 50mg（24h），重度刺激；家兔经眼：1%，重度刺激。

生态毒性：LC_{50} 为 180×10^{-6}（24h）（鲤鱼）；TL_{m} 为 125×10^{-6}（96h）（食蚊鱼）；99mg/L（48h）（蓝鳃太阳鱼）。由于呈碱性，对水体可造成污染，对植物和水生生物应给予特别注意。

7）储存与运输

工业用固体氢氧化钠用0.5mm厚铁桶或其他密闭容器包装，每桶净重100kg或200kg，片碱25kg。包装容器要完整、密封，包装上应有明显的“腐蚀性物品”标志。氢氧化钠对玻璃制品有轻微的腐蚀性，盛放氢氧化钠溶液时不可以用玻璃瓶塞，否则可能会导致瓶盖无法打开。储存于阴凉、通风、干燥处，密封保存。

铁路运输时，钢桶包装的可用敞车运输。起运时包装要完整，装载应稳妥。运输过程中要确保容器不泄漏、不倒塌、不坠落、不损坏，并防潮防雨。如发现包装容器发生锈蚀、破裂、孔洞、溶化淌水等现象时，应立即更换包装或及早发货使用，容器破损可用锡焊修补。严禁与易燃物或可燃物、酸类、食用化学品等混装混运。运输时运输车辆应配备泄漏应急处理设备。

2. 氢氧化钾

1）理化性质

氢氧化钾别名苛性钾，分子式KOH，相对分子质量56.10。为白色半透明晶体，有粉末、片状、块状、条状和粒状，熔点360℃，沸点1320~1324℃，密度2.04g/cm^3，蒸气压0.132kPa（719℃）。易从空气中吸收CO_2及水分而生成碳酸钾。具强碱性，浓溶液对皮肤有腐蚀性。易溶于水，也可溶于酒精和甘油，可溶于约0.6份热水、0.9份冷水、3份乙醇、2.5份甘油。当溶解于水、醇或用酸处理时产生大量热量。难溶于醚及烃类。0.1mol/L溶液的pH值为13.5。

2）用途

在钻井液中除与氢氧化钠相同的一些作用外，还可以用于提供钾离子，钾离子可抑制页岩水化膨胀、分散，有利于提高井壁稳定性。用于调节钾基钻井液的pH值。

3）危险性

本品有强烈的碱性和腐蚀性，不会燃烧。吸入后会强烈刺激呼吸道或造成灼伤。对组织有烧灼作用，可溶解蛋白质，形成碱性变性蛋白质，尤其是严重损伤黏膜。皮肤和眼睛直接接触可引起灼伤，遇水和水蒸气大量放热，形成腐蚀性溶液，溶液或粉尘溅到皮肤上，尤其溅到黏膜，可产生软痂。溶液浓度越高，温度越高，作用越强。溅入眼内，不仅可损伤角膜，而且能使眼部深组织损伤。口服会灼伤消化道，可致命。空气中最高允许浓度为0.5mg/m³。由于氢氧化物对碳水化合物的分解作用，而使其相对于酸腐蚀的危险更加严重。与酸发生中和反应并放热。燃烧（分解）可能产生有害的毒性烟雾。

4）应急处理措施

（1）急救。皮肤接触：经氢氧化钾腐蚀的皮肤，通常呈现深度灼伤，且难以愈合。一旦皮肤接触，应迅速将受伤部位以流水不断冲洗15min以上，然后湿敷5%的醋酸、酒石酸、盐酸或柠檬酸溶液，若有灼伤，就医治疗；眼睛接触：一旦眼睛接触，应迅速将受伤部位以流水不断冲洗15min以上，然后湿敷5%的醋酸、酒石酸、盐酸或柠檬酸溶液。如溅入眼内，立即提起眼睑，应用大量流动水或生理盐水仔细缓慢冲洗10~30min，或用3%硼酸溶液冲洗，然后点入2%的普鲁卡因或0.5%的丁卡因溶液。若有灼伤，就医治疗；吸入：迅速脱离现场至空气新鲜处，保持呼吸道通畅，如呼吸困难，给输氧，如呼吸停止，立即进行人工呼吸，严重时就医；误食：患者清醒时立即漱口，口服稀释的醋或柠檬汁，严重时就医。

（2）消防。用水、砂土、粉末灭火器、二氧化碳、喷水管和泡沫灭火器灭火，发生大火灾时用喷水管和雾气灭火器，注意物品遇水产生飞溅造成灼伤。

（3）泄漏。隔离泄漏污染区，限制出入。应急处理人员应戴防尘面具（全面罩），穿防酸碱工作服，不要直接接触泄漏物。小量泄漏：用洁净的铲子收集于干燥、洁净、有盖的容器中。也可以用大量水冲洗，洗水稀释后放入废水系统。大量泄漏：收集回收或运至废物处理场所处置。

5）操作与防护

工作环境保持良好的通风。操作时穿防酸碱工作服，戴橡胶手套、袖套、围裙，穿胶鞋等劳保用品，手上宜涂敷中性和疏水软膏。必要时，戴化学安全防护眼镜，戴防毒口罩。工作时应保护好眼睛和皮肤，避免接触工作液。工作后，淋浴更衣。注意个人清洁卫生。

6）毒性与生态学数据

急性毒性LD_{50}为273mg/kg（大鼠经口）。中等毒性，LD_{50}为1230mg/kg（大鼠，经口）；刺激性，家兔经皮50mg（24h），重度刺激；家兔经眼1mg（24h），中度刺激（用水冲洗）。

生态毒性 TL_m 为 80×10^{-6}（24h）（食蚊鱼）。由于呈碱性，对水体可造成污染，对植物和水生生物应给予特别注意。

7）储存与运输

固体可装入 0.5mm 厚的钢桶中严封，每桶净重 100kg；颗粒或片状用内衬塑料袋外用二层牛皮纸袋或编织袋包装，每袋净重 25kg。包装必须密封，切勿受潮。储存于阴凉、干燥、通风良好的库房。远离火种、热源。库温不超过 35℃，库内湿度最好不大于 85%。应与易（可）燃物、酸类等分开存放，切忌混储、混运，储区应备有合适的材料收容泄漏物。

铁路运输时，钢桶包装的可用敞车运输。起运时包装要完整，装载应稳妥。运输过程中要确保包装不泄漏、不倒塌、不坠落、不损坏。严禁与易燃物或可燃物、酸类、食用化学品等混装混运。运输时运输车辆应配备泄漏应急处理设备。

3. 氧化钙

1）理化性质

氧化钙，别名生石灰。分子式 CaO，相对分子质量 56.077。白色或带灰色块状或颗粒或白色粉末。不纯者为灰白色，含有杂质时呈淡黄色或灰色，具有吸湿性。溶于酸类、甘油和蔗糖溶液，几乎不溶于乙醇。相对密度 3.32~3.35g/cm^3，熔点 2580℃，沸点 2850℃，折光率 1.838，不可燃。氧化钙为碱性氧化物，对湿敏感。易从空气中吸收二氧化碳及水分。与水反应生成微溶的氢氧化钙并产生大量热，有腐蚀性。

2）用途

用于钻井液 pH 值调节，清除钻井液中的碳酸根和碳酸氢根。在钙处理钻井液中石灰可以提供钙离子，控制膨润土的分散能力使之保持适度的粗分散。石灰是油基钻井液的必要成分。

3）危险性

本品属碱性氧化物，与水反应，生成氢氧化钙并放出大量热，有刺激和腐蚀作用。与酸类物质发生剧烈反应。具有较强的腐蚀性。对呼吸道有强烈刺激性，吸入粉尘可致化学性肺炎。对眼睛和皮肤有强烈刺激性，可致灼伤。口服刺激和灼伤消化道。长期接触可致手掌皮肤角化、皲裂、指变形（匙甲）。能刺激黏膜，引起喷嚏，特别是能使脂肪皂化，由皮肤吸收水分、溶解蛋白质、刺激及腐蚀组织。

4）应急处理措施

（1）急救。皮肤接触：立即脱掉被污染衣着，先用植物油和矿物油清洗，再用大量流动清水冲洗，严重时就医；眼睛接触：立即提起眼睑，用大量流动清水或生理盐水或大量植物油冲洗并就医；吸入：迅速脱离现场至新鲜空气处，保持呼吸道通畅。如呼吸困难，给输氧，如呼吸停止，立即进行人工呼吸，严重时就医；误食：用水漱口，给饮牛奶或蛋清。严重时就医。

（2）消防。使用干粉、二氧化碳、干砂灭火。

（3）泄漏。隔离泄漏污染区，限制出入。应急处理人员应戴自吸过滤式防尘口罩，

穿防酸碱工作服，不要直接接触泄漏物。若小量泄漏，应避免扬尘，用洁净的铲子收集于干燥、洁净、有盖的容器中。若大量泄漏，应用喷雾状水控制粉尘，保护人员。

5）操作与防护

密闭操作，局部排风。操作人员应佩戴自吸过滤式防尘口罩，必要时戴化学安全防护眼镜，穿防酸碱工作服，戴橡胶手套。远离易燃、可燃物。避免产生粉尘。避免与酸类接触。搬运时要轻装轻卸，防止包装及容器损坏。运输中配备泄漏应急处理设备。

工作场所禁止吸烟、进食和饮水，饭前要洗手。工作完毕，淋浴更衣。注意个人清洁卫生。

6）储存与运输

采用内衬塑料袋、外用塑料编织袋包装，每袋净重 25kg。储存于阴凉、通风、干燥的库房，库内湿度最好不大于 85%。包装必须完整密封，防止吸潮。应与易（可）燃物、酸类等分开存放，切忌混储。储区应备有合适的材料收容泄漏物。

起运时，包装要完整，装载应稳妥。运输过程中要确保包装不泄漏、不倒塌、不坠落、不损坏。严禁与易燃物或可燃物、酸类、食用化学品等混装混运。运输时严防受潮雨淋，运输车辆应配备泄漏应急处理设备。雨天不宜运输。

4. 氧化锌

1）理化性质

氧化锌分子式 ZnO，相对分子质量 81.37。白色粉末，无臭，无味，无砂性。受热变黄，冷却后又恢复白色。密度 5.606g/cm^3，熔点 1975℃。溶于酸、碱、氯化铵和氨水中，不溶于水和醇。吸收空气中的二氧化碳时性质发生变化。

2）用途

用于天然气酸性气体吸收剂。钻井液中用作除硫剂。

3）危险性

吸入氧化锌烟尘 4~8h 后，可出现金属热烟。口内有金属甜味、口渴、咽痒、进而胸部发闷、咳嗽、气短、无力、肌肉关节酸痛，并可伴有头痛、恶心、呕吐、腹痛等，然后出现寒战、发热、白细胞数增加。据报道，氧化锌接触者全身虚弱，体重下降。不燃。与镁能发生剧烈的反应，引起爆炸。

4）应急处理措施

（1）急救。皮肤接触：脱掉被污染衣着，用大量流动清水冲洗，严重时就医；眼睛接触：提起眼睑，用大量流动清水或生理盐水或大量植物油冲洗，严重时就医；吸入：迅速脱离现场至新鲜空气处，保持呼吸道通畅，如呼吸困难，给输氧，如呼吸停止，立即进行人工呼吸，严重时就医；食入：误服者用温水漱口，催吐，严重时就医。

（2）消防。消防人员必须穿全身防火防毒服，在上风向灭火。灭火时尽可能将容器从火场移至空旷处。

（3）泄漏。隔离泄漏污染区，限制出入。建议应急处理人员戴防尘面具（全面罩），穿防毒服。避免扬尘，小心扫起，置于袋中转移至安全场所。若大量泄漏，则用塑料布、帆布覆盖。收集回收或运至废物处理场所处置。

5）操作与防护

密闭操作，局部排风。远离易燃、可燃物。避免产生粉尘。避免与酸类接触。搬运时要轻装轻卸，防止包装及容器损坏。配备泄漏应急处理设备。防止倒空的容器残留有害物。使用时空气中粉尘浓度超标时，操作人员佩戴自吸过滤式防尘口罩，戴化学安全防护眼镜，穿防毒物渗透工作服，戴橡胶手套。紧急事态抢救或撤离时，应该佩戴空气呼吸器。工作完毕，沐浴更衣。注意个人清洁卫生。

6）毒性与生态学数据

急性毒性 LD_{50}7950mg/kg（小鼠经口）。

7）储存与运输

使用内衬塑料袋、外用塑料编织袋或牛皮纸袋包装，每袋净重 50kg。储存于阴凉、通风、干燥处。远离火种、热源。应与氧化剂分开存放，切忌混储。储区应备有合适的材料收容泄漏物。

起运时包装要完整，装载应稳妥。运输过程中要确保包装不泄漏、不损坏。严禁与氧化剂等混装混运。运输途中应防止暴晒和雨淋，防高温。

二、碳酸盐

1. *碳酸钠*

1）理化性质

碳酸钠别名纯碱、苏打。分子式 Na_2CO_3，相对分子质量 105.99。为白色粉末或细粒结晶，味涩。常温密度 2.5g/cm^3，吸潮气后会结成硬块。微溶于乙醇，不溶于丙醇和乙醚。易溶于水，在 35.4℃其溶解度最大，每 100g 水中可溶解 49.7g 碳酸钠（0℃时为 7.0g，100℃为 45.5g）。水溶液呈强碱性，有一定的腐蚀性，能与酸进行中和反应，生成相应的盐并放出二氧化碳。在空气中易风化，长期暴露在空气中，吸收空气中的水和 CO_2 生成碳酸氢钠，并结成硬块。纯度多在 99.5% 以上（质量分数），但分类属于盐，不属于碱。

2）用途

作为一种重要的无机处理剂，在钻井液中用于调节水基钻井液的 pH 值，降低钙镁离子含量（处理石膏和水泥侵），提高其他处理剂的性能。纯碱能通过离子交换和沉淀作用使钙质膨润土转化为易水化的钠质膨润土，从而有效地改善膨润土的水化分散能力，有利于提高钻井液的稳定性。含羧酸钠官能团（—COONa）的有机处理剂因钙侵或钙离子浓度较高而导致其处理效果下降时，一般可以加入少量的纯碱来除钙恢复其作用。

3）危险性

具有弱刺激性和弱腐蚀性。刺激眼睛、呼吸系统和皮肤。直接接触可引起皮肤和眼睛灼伤。生产中吸入其粉尘和烟雾可引起呼吸道刺激和结膜炎，还可有鼻黏膜溃疡、萎缩及鼻中隔穿孔。长时间接触该产品溶液可发生湿疹、皮炎、鸡眼状溃疡和皮肤松弛。误服可造成消化道灼伤、黏膜糜烂、出血和休克。刺激呼吸系统和皮肤，对眼睛有严重伤害。

4）应急处理措施

（1）急救。皮肤接触：立即脱掉污染的衣着，用大量流动清水冲洗至少 15min；眼睛接触：立即提起眼睑，用大量流动清水或生理盐水彻底冲洗至少15min，严重时就医；吸入：脱离现场至空气新鲜处，如呼吸困难，给输氧；误食：用水漱口，给饮牛奶或蛋清，严重时就医。

（2）消防。消防人员必须穿全身耐酸碱消防服。灭火时尽可能将容器从火场移至空旷处。

（3）泄漏。隔离泄漏污染区，限制出入。建议应急处理人员戴防尘面具（全面罩），穿防毒服。避免扬尘，小心扫起，置于袋中转移至安全场所。若大量泄漏，用塑料布、帆布覆盖。收集回收或运至废物处理场所处置。

5）操作与防护

密闭操作，加强通风。避免产生粉尘，切勿吸入。避免与酸类接触。搬运时要轻装轻卸，防止包装及容器损坏。配备泄漏应急处理设备。

空气中粉尘浓度超标时，操作人员佩戴自吸过滤式防尘口罩，戴化学安全防护眼镜，穿防毒物渗透工作服，戴橡胶手套。工作完毕及时换洗工作服。保持良好的卫生习惯。

6）毒性与生态学数据

急性毒性，LD_{50} 为 4090mg/kg（大鼠经口）；LC_{50} 为 5750mg/L（大鼠，吸入 2h）。

生态毒性，对鱼类的毒性 LC_{50} 为 300mg/L、96h（蓝鳃太阳鱼）；对水溞和其他水生无脊 EC_{50} 为 265mg/L、48h（水溞）。对水生生物有毒，可能对水体环境产生长期不良影响。

7）储存与运输

用内衬聚乙烯吹塑薄膜袋的塑料编织袋双层包装，或者采用塑料复合编织袋单层包装，每袋净重 25kg 或 50kg。包装必须密封，以防止吸收水分结块。储存于阴凉、通风、干燥的库房。远离火种、热源。应与酸类等分开存放，切忌混储。储区应备有合适的材料收容泄漏物。

起运时包装要完整，装载应稳妥。严禁与酸类、食用化学品等混装混运。运输途中应防暴晒、雨淋，防高温。

2. 碳酸钾

1）理化性能

碳酸钾有无水物或含 1.5 分子水的结晶品。分子式 K_2CO_3，相对分子质量 138.21。无水物为白色粒状粉末，结晶品为白色半透明小晶体或颗粒。无臭，有强碱味。相对密度

$2.428 g/cm^3$（19℃），熔点891℃，沸点333.6℃。溶于水，水溶液呈碱性，在水中溶解度为114.5g/100mL（25℃），在湿空气中易吸湿潮解。溶于1mL水（25℃）和约0.7mL沸水，饱和水溶液冷却后有玻璃状单斜晶体水合物析出，相对密度2.043，在100℃时失去结晶水，10%水溶液的pH值约为11.6。不溶于乙醇、丙酮和乙醚。吸湿性很强，吸水后潮解溶化。暴露在空气中能吸收二氧化碳和水分，转变成碳酸氢钾而降低品质。

2）用途

钻井液中用于调节水基钻井液，特别是钾基钻井液体系的pH值，降低钙镁离子含量（处理石膏和水泥侵），分散和活化黏土，提高其他处理剂的性能，提供钾离子，具有防塌和抑制作用。

3）危险性

低毒，有刺激性。吸入对呼吸道有刺激作用，出现咳嗽和呼吸困难等。对眼睛有轻到中度刺激作用，引起眼睛疼痛和流泪。皮肤接触有轻到中度刺激性，出现痒、烧灼感和炎症。大量摄入对消化道有腐蚀性，导致胃痉挛、呕吐、腹泻、循环衰竭，甚至引起死亡。长期接触，会出现湿疹和溃疡。

4）应急处理措施

（1）急救。皮肤接触：立即脱掉污染的衣着，用大量流动清水和肥皂水冲洗至少15min；眼睛接触：立即提起眼睑，用大量流动清水或生理盐水彻底冲洗至少15min，严重时就医；吸入：脱离现场至空气新鲜处，如呼吸困难，给输氧，严重时就医；误食：用水漱口，给饮牛奶或蛋清，严重时就医。

（2）消防。使用消火栓、二氧化碳、喷水及泡沫灭火；发生大火灾时，使用喷水管，雾气和泡沫灭火。不要用高压水柱驱散泄漏的物质。消防人员必须穿全身耐酸碱消防服。灭火时尽可能将容器从火场移至空旷处。避免吸入有害蒸气，灭火时背风站立。

（3）泄漏。隔离泄漏污染区，限制出入。应急处理人员戴防尘面具（全面罩），穿防毒服。避免扬尘，小心扫起，用化学吸着布等使其吸收。使用适当的容器来收集泄漏物，然后把容器移至安全的地方。堵住泄漏，如果可能的话回收泄漏物，泄漏的地方用大量的水冲洗。

5）操作与防护

密闭操作，加强通风。建议操作人员穿耐火合成保护衣，佩戴自吸过滤式防尘口罩，戴化学安全防护眼镜，戴耐火合成保护手套。紧急事态抢救或撤离时，应该佩戴空气呼吸器。工作现场禁止吸烟、进食和饮水。工作完毕，淋浴更衣。保持良好的卫生习惯。

6）毒性与生态学数据

急性毒性LD_{50}为1870mg/kg（大鼠经口）。低毒。有刺激性。

7）储存与运输

采用内衬聚乙烯塑料袋、再套纸袋，外套麻袋或聚丙烯编织袋包装，每袋净重25kg。储存于干燥、清洁的仓库。注意防潮和雨淋，应与易燃或可燃物以及酸类物质分井存放。搬运时要轻装轻卸，防止包装及容器损坏。不宜在货棚或露天堆放。

不可与酸类、硫酸铵和氯化铵等铵盐共贮混运。运输中防止雨淋或受潮。固体不宜雨天运输。

3. 碳酸氢钠

1）理化性质

碳酸氢钠别名小苏打、重碳酸钠、酸式碳酸钠、重碱。分子式 $NaHCO_3$，相对分子质量 84.01。为白色粉末或不透明单斜晶系微细结晶，无臭，味咸。熔点 270℃，相对密度 2.159，常温密度 2.20 g/cm^3 左右，在热空气中会慢慢失去部分 CO_2，270℃下全部失去 CO_2。微溶于乙醇，可溶于水，其水溶液因水解呈微碱性。易被弱酸分解。不溶于乙醇。受热易分解放出二氧化碳。

2）用途

可用于调节钻井液的 pH 值，降低钙镁离子含量（处理水泥侵，pH 值不升高）。主要用于钻水泥塞时对钻井液进行预处理和处理水泥污染。也可以作为配浆材料，提高钙膨润土的水化造浆能力。用作处理剂检验用基浆的配制。

3）危险性

在常温下是接近中性的极微弱的碱，如将其固体或水溶液加热 50℃以上时，可转变为碳酸钠，低毒，具有刺激性和腐蚀性，对眼睛、皮肤及呼吸道黏膜有刺激性，引起炎症。

4）应急处理措施

（1）急救。皮肤接触：脱掉污染的衣着，用大量流动清水冲洗；眼睛接触：提起眼睑，用流动清水或生理盐水冲洗；吸入：脱离现场至空气新鲜处，如呼吸困难，给输氧，严重时就医；误食：饮足量温水，催吐，严重时就医。

（2）消防。喷水保持火场容器冷却，直至灭火结束。

（3）泄漏。隔离泄漏污染区，限制出入。避免扬尘，小心扫起，使用无尘布或普通抹布收集。

5）操作与防护

密闭操作，加强通风。避免与酸类接触。搬运时要轻装轻卸，防止包装及容器损坏。避免与皮肤、眼睛接触，操作人员佩戴防尘面具（全面罩），穿一般作业防护服，戴一般作业防护手套。注意个人清洁卫生。

6）毒性与生态学数据

急性毒性 LD_{50} 为 4220mg/kg（大鼠经口）；LD_{50} 为 3360mg/kg（小鼠经口）；生殖毒性，大鼠腹腔 TDL_0 为 40mg/kg；吸入毒性，大鼠 LD>900mg/m^3。

7）储存与运输

用内衬聚乙烯吹塑薄膜袋的塑料编织袋双层包装，或者采用塑料复合编织袋单层包装，每袋净重 25kg。储存于阴凉、干燥、通风良好的库房。远离火种、热源。保持容器密封。应与氧化剂、酸类分开存放，切忌混储。

不可与酸碱类物品共储混运，注意防潮。运输过程中要防止受潮和雨淋，防日晒和受热。

4. 碱式碳酸锌

1）理化性质

白色微细无定形粉末，无臭、无味。分子式 $Zn_2CO_3 \cdot 2Zn(OH)_2 \cdot H_2O$，相对分子质量 549.1。熔点 300℃，密度 4.39g/cm^3（25℃），相对密度 4.42~4.45。在水中 pH 值为 9.0~11.5 时溶解度较小，pH 值小于 9.0 或大于 11.5 时，不溶于水、乙醇、丙酮，微溶于氨中，能溶于稀酸和氢氧化钠中。常温常压下稳定。150℃开始分解，300℃即释出 CO_2 而成氧化锌。在 250~500℃，按不同时间加热冷却至室温时，可发生荧光现象。与 30% 过氧化氢作用，释出二氧化碳，形成过氧化物。

2）用途

在钻井液中主要用作除硫剂。

3）危险性

低毒。粉尘对皮肤和眼睛有刺激。

4）应急处理措施

（1）急救。皮肤接触：脱掉污染的衣服，用大量流动清水冲洗；眼睛接触：提起眼睑，用流动清水或生理盐水冲洗，严重时就医；吸入：脱离现场至空气新鲜处，如呼吸困难，给输氧，严重时就医；误食：饮足量温水，催吐，严重时就医。

（2）消防。失火时可用水浇救。砂土、灭火器扑救。

（3）泄漏。隔离泄漏污染区，限制出入。应急处理人员戴防尘面具（全面罩），穿防毒服。避免扬尘，小心扫起，使用无尘布或普通抹布收集。

5）操作与防护

工作场所加强通风，避免与皮肤、眼睛接触。操作人员应戴防尘口罩、化学护目镜和橡胶手套。避免产生粉尘。搬运时要轻装轻卸，防止包装及容器损坏。

6）毒性与生态学数据

通常对水是没有危害的。若无政府许可，勿将材料排入周围环境。

7）储存与运输

采用内衬塑料袋、外用塑料编织袋或防潮牛皮纸袋包装，每袋净重 40kg 或 50kg。储存于阴凉、通风、干燥的库房中。不可与酸碱类物品共储混运。

运输过程中要防止雨淋或受潮，防止日晒和受热。

三、卤化物

1. 氯化钠

1）理化性质

氯化钠别名食盐，分子式 NaCl，相对分子质量 55.44。白色立方晶体或细小结晶粉末。密度 2.165g/cm^3，熔点 801℃。纯品不潮解，含 $MgCl_2$、$CaCl_2$ 等吸湿性杂质易吸潮。溶于水和甘油，水溶液呈中性，水中室温溶解度为 35.9g/100mL，水中的溶解度受温度的影响不大。微溶于乙醇、丙醇、丁烷，在和丁烷互溶后变为等离子体，不溶于浓盐酸和乙醚。不纯的氯化钠在空气中有潮解性。NaCl 分散在酒精中可以形成胶体。

2）用途

用于配制盐水和饱和盐水钻井液。用作无固相清洁盐水钻井液加重剂。适当粒度的盐粒可以作为保护油气层的暂堵剂。还可以用作天然气水合物抑制剂。

3）危险性

无化学毒性，但摄入过多会引起细胞脱水，严重者会导致死亡。在浓度特别低的情况下，和某些气体混合，可能出现爆炸、燃烧等特殊而剧烈的化学变化，从而造成危险。

4）应急处理措施

（1）急救。皮肤接触：脱掉被污染的衣物，用大量流动清水冲洗皮肤至少 15min；眼睛接触：用大量的水冲洗至少 15min，冲洗眼睛，并不时提起上下眼睑；吸入：立即从现场转移至新鲜空气处，如没有呼吸，进行人工呼吸，如呼吸困难，给输氧；食入：如食用过量，应当多喝水（如糖水、盐开水）或者使用其他措施（注射生理盐水，即质量分数为 0.9% 的氯化钠溶液）来维持体内的水分，若感不适，立即就医。

（2）消防。用水喷雾、化学干粉、二氧化碳或适当的泡沫扑灭。防止进入地表水和地下水。

（3）泄漏。未经处理不允许向环境排放。清理泄漏，使用防护设备，采用安全的方法将泄漏物收集回收或运至废物处理场所进一步处置。清理污染区，洗液排入废水处理池。

5）操作与防护

提供安全淋浴和洗眼设备。一般不需要特殊防护。戴适当的手套和护目镜或面具。工作现场禁止吸烟、进食和饮水。工作完毕，彻底清洗。注意个人清洁卫生。

6）毒性与生态学数据

急性毒性 LD_{50} 为 3000mg/kg（小鼠经口）；LD_{50}>10000mg/kg（兔经皮）。

7）储存与运输

采用内衬塑料袋、外用塑料编织袋包装，每袋净重 25 或 50kg。储存于阴凉、干燥、通风处，远离不相容物质，防潮和防水浸。运输中防止包装破损，防止受潮和雨淋。

2. 氯化钾

1）理化性质

氯化钾分子式 KCl，相对分子质量 74.55。无色立方晶体或白色结晶，外观如同食盐，无臭、味咸。相对密度 1.984，熔点 770℃，沸点 1420℃，折射率 1.334。易溶于水，水溶解性 340g/L（20℃）。稍溶于甘油，微溶于乙醇，但不溶于无水乙醇，不溶于乙醚、丙酮。有吸湿性，易结块。与强氧化剂不相容。在水中的溶解度随温度的升高而迅速增加。与钠盐常起复分解作用而生成新的钾盐。

2）用途

在钻井液中是一种常用的无机盐页岩抑制剂。还可以与有机化合物配合用作天然气水合物抑制剂。

3）危险性

不属于危险品，口服过量氯化钾有毒。

4）应急处理措施

（1）急救。皮肤接触：立即脱掉污染的衣着，用大量流动清水冲洗至少 15min；眼睛接触：立即提起眼睑，用大量流动清水或生理盐水彻底冲洗至少 15min；吸入：迅速脱离现场至空气新鲜处。保持呼吸道通畅。如呼吸困难，给输氧。如呼吸停止，立即进行人工呼吸；误食：用水漱口，给饮牛奶或蛋清，严重时就医

（2）消防。用水喷雾、化学干粉、二氧化碳或适当的泡沫扑灭。

（3）泄漏。未经处理不允许向环境排放。清理泄漏时，采用安全的方法将泄漏物收集于袋中或运至废物处理场所进一步处置。清理污染区，洗液排入废水处理池。防止泄漏物进入地表水和地下水。

5）操作与防护

提供安全淋浴和洗眼设备。一般不需要特殊防护。戴适当的手套和护目镜或面具。工作现场禁止吸烟、进食和饮水。工作完毕，彻底清洗。注意个人清洁卫生。

6）毒性与生态学数据

急性毒性 LD_{50} 约为 2600mg/kg（大鼠经口）。小心合理使用，不会产生生态问题。

7）储存与运输

采用内衬塑料袋、外用塑料编织袋包装，每袋净重 25kg。储存在阴凉、通风、干燥库房。远离火种、热源。应与氧化剂分开存放，切忌混储。

运输中防止受潮和雨淋。

3. 氯化钙

1）理化性质

无水氯化钙为白色立方结晶颗粒或粉末、块状、片状。分子式 $CaCl_2$，相对分子质量 110.99。无臭、味微苦，有强吸湿性，暴露于空气中极易潮解。熔点 782℃，沸点 1600℃，密度 2.152g/cm^3（25℃）。易溶于水，溶解度 740g/L（20℃），同时放出大量的热。溶于醇、丙酮、醋酸。水溶液冰点低，质量分数为 32% 的 $CaCl_2$ 溶液冰点为 −28.61℃。不燃。遇水或水蒸气反应放热并产生有腐蚀性气体。对很多金属尤其是潮湿空气下有腐蚀性。

2）用途

在水基钻井液中，氯化钙主要用作配制防塌性能强的高钙钻井液，氯化钙也用于增加无固相盐水钻井液的密度。还可以用于配制氯化钙钻井液完井液等。清除碳酸根，将亲水的脂肪酸钠皂变成亲油的脂肪酸钙皂。

氯化钙还广泛用于活度平衡的油包水乳化钻井液中，作为水相可以有效地避免在页

岩地层钻进时出现的各种复杂问题，使井壁稳定。实际上，在目前使用的绝大多数油基钻井液水相中，氯化钙含量都较高，即普遍地考虑了活度平衡问题。

3）危险性

对黏膜、上呼吸道、眼睛和皮肤有强烈的刺激性。吸入后，可因喉及支气管的痉挛、炎症、水肿、化学性肺炎或肺水肿而致死，刺激鼻腔、口、喉，还可引起鼻出血和破坏鼻组织。皮肤接触后引起烧灼感、咳嗽、喘息、喉炎、气短、头痛、恶心、呕吐等。大量食入后，肠胃道不适。

4）应急处理措施

（1）急救。皮肤接触：脱掉污染的衣着，用大量流动清水冲洗；眼睛接触：提起眼睑，用流动清水或生理盐水冲洗，严重时就医；吸入：脱离现场至空气新鲜处，如呼吸困难，给输氧，严重时就医；误食：饮足量温水，催吐，严重时就医。

（2）消防。用水喷雾、化学干粉、二氧化碳或适当的泡沫扑灭。消防人员必须穿全身防火防毒服，在上风向灭火。灭火时尽可能将容器从火场移至空旷处。

（3）泄漏。未经处理严禁向环境排放。防止泄漏物进入地表水和地下水。隔离泄漏污染区，限制出入。避免扬尘，小心扫起，采用安全的方法将泄漏物收集回收或运至废物处理场处理，采用液体吸收残留物。清理污染区，洗液排入废水处理池。

5）操作与防护

密闭操作，加强通风。搬运时要轻装轻卸，防止包装及容器损坏。避免产生粉尘。

使用时空气中粉尘浓度超标时，必须佩戴自吸过滤式防尘口罩。紧急事态抢救或撤离时，应该佩戴空气呼吸器，穿防护工作服，戴橡胶手套。工作完毕后洗手，淋浴更衣，抹护肤霜。及时换洗工作服，保持良好的卫生习惯。

6）毒性与生态学数据

急性毒性 LD_{50} 为 1mg/kg（大鼠经口），1940mg/kg（小鼠经口）；中等毒性 LD_{50} 为 1000mg/kg（大鼠经口）。生态毒性 LC_{50} 为 8.4mg/L/24h（鱼类）。

7）储存与运输

采用有塑料内衬的塑料编织袋、纤维板桶或铁桶包装，每袋或桶净重 25kg。避免接触潮湿空气，包装上应有“防潮”标志。储存于阴凉、通风、干燥的库房。与酸类、醇类、强氧化剂、酸酐、卤素等物品分开堆放。

起运时包装要完整，装载应稳妥。严禁与潮解物、禁配物等混装混运。运输中防暴晒，防止受潮和雨淋。运输完毕应进行彻底清扫。

4. 氯化铁

1）理化性质

氯化铁分子式 $FeCl_3$，相对分子质量 162.5。无水氯化铁为六角形暗色片状结构，有金属光泽，在透色光下显红色，折射光下显绿色，有时呈浅褐色至黑色。熔点 306℃，并开始升华，沸点 315℃，相对密度 2.90（25℃）。吸水性强，能吸收空气里的水分而潮解生成二水物和六水物。$FeCl_3$ 从水溶液析出时带六个结晶水为 $FeCl_3 \cdot 6H_2O$，呈黄褐色晶体，易潮解，常为湿而松的结晶物，熔点37℃，具强烈苦味。易溶于水、乙醇、甘油、丙酮，微溶于液体二氧化硫、乙胺、苯胺。不溶于乙酸乙酯。水溶液呈酸性。

2）用途

在钻井液中 $FeCl_3$ 水解生成的凝胶体，可抑制泥页岩水化膨胀，提高钻井液的黏度和切力，絮凝钻屑。可以降低钻井液 pH 值。与硅酸钠等配合用作堵漏剂，亦用作钻井废水絮凝剂，废钻井液脱水剂等。还可以除去钻井液中的 H_2S。

3）危险性

吸入粉尘对整个呼吸道有强烈刺激腐蚀性，损害黏膜组织，引起化学性肺炎等。对眼睛有强烈腐蚀性，重者可导致失明。皮肤接触可致化学性灼伤。口服灼伤口腔和消化道，出现剧烈腹痛、呕吐和虚脱。长期摄入有可能引起肝肾损害。

受高热分解产生有毒的腐蚀性气体氯化氢，燃烧（分解）产物为氯化物。

4）应急处理措施

（1）急救。皮肤接触：脱掉污染的衣着，用大量流动清水冲洗至少15min，严重时就医；眼睛接触：提起眼睑，用流动清水或生理盐水冲洗，严重时就医；吸入：应迅速脱离现场至空气新鲜处，保持呼吸道通畅，如呼吸困难给输氧，严重时就医；误食：饮足量温水，给饮牛奶或蛋清，严重时就医。

（2）消防。失火时，可用水、泡沫、二氧化碳灭火器扑救。当高浓度产品靠近火源，可能产生易爆粉尘－空气混合物，产品遇水后表面会变得极为光滑，注意防滑。在灭火过程中，避免灰尘。如在封闭或者有限的空间灭火时，消防人员必须使用自供氧气设备，消防服穿戴齐全进行灭火。

（3）泄漏。隔离泄漏污染区，周围设警告标志，限制出入。建议应急处理人员戴防尘面具（全面罩），穿防毒服。不要直接接触泄漏物，避免扬尘。小量泄漏：用洁净的铲子收集于干燥、洁净、有盖的容器中，也可以用大量水冲洗，洗液稀释后放入废水系统。大量泄漏：用塑料布、帆布覆盖，然后收集回收或运至废物处理场所处置。

5）操作与防护

密闭操作，局部排风。操作人员必须经过专门培训，严格遵守操作规程。避免产生粉尘，避免与氧化剂、活性金属粉末接触。搬运时要轻装轻卸，防止包装及容器损坏。配备泄漏应急处理设备。防止倒空的容器残留有害物。

建议操作人员佩戴头罩型电动送风过滤式防尘呼吸器，穿胶布防毒衣，戴橡胶手套。紧急事态抢救或撤离时，应该佩戴空气呼吸器，穿防毒物渗透工作服，戴橡胶手套。工作完毕，淋浴更衣。注意个人清洁卫生。

6）毒性与生态学数据

急性毒性 LD_{50} 为1872mg/kg（大鼠经口）。对水体、土壤和环境可造成影响。

7）储存与运输

采用有塑料内衬的塑料编织袋、纤维板桶或铁桶包装，净重25kg或50kg。包装上应有“防潮”标志。存储在阴凉、通风、干燥的仓库中。

起运时包装要完整，装载应稳妥。运输过程中要确保包装不泄漏、不倒塌、不坠落、不损坏。严禁与氧化剂、活性金属粉末、食用化学品等混装混运。运输车辆应配备泄漏应急处理设备。运输途中防暴晒、雨淋，防高温。

5. 溴化钠

1）理化性质

溴化钠别名钠臭，化学式 NaBr，相对分子质量 102.89。无色立方晶系晶体或白色颗粒状粉末。无臭，味咸而微苦。熔点 755℃，沸点 1393℃（常压），折射率 1.6412，闪点 1390℃，密度 3.203g/cm^3（25℃），在空气中易吸收水分而结块，但不潮解。易溶于水（20℃时溶解度为 90.5g/100mL 水，100℃时溶解度为 121g/100mL 水），水溶液呈中性，有导电性。微溶于醇，可溶于乙腈，乙酸。51℃时溶液中析出无水溴化钠结晶，低于 51℃则生成二水物。其溴离子可被氟、氯所取代，可与稀硫酸反应生成溴化氢。在酸性条件下，溴化钠能被氧化，游离出溴。

2）用途

用于配制高密度无固相钻井液完井液和射孔液等。

3）危险性

有一定刺激性，对眼睛、呼吸系统和皮肤有刺激性。如果摄入、吸入，会发生晕眩、恶心、混乱、呕吐、痉挛（昏迷）。

几乎不燃。如果燃烧可产生有毒气体。有害燃烧产物为溴化氢。

4）应急处理措施

（1）急救。皮肤接触：脱掉被污染的衣着，用清水彻底冲洗，严重时就医；眼睛接触：立即提起眼睑，用大量流动清水冲洗至少 20min，严重时就医；吸入：迅速脱离现场至空气新鲜处，严重时就医；误食：饮足量水，催吐，严重时就医。

（2）消防。失火时，可用砂土、二氧化碳灭火器扑救。喷水降低蒸气危害，防止化学品进入地表水和地下水。

（3）泄漏。采用安全的方法将泄漏物收集回收或运至废物处理场所处理。清理污染区，洗液排入废水处理池。泄漏物未经处理不允许向环境排放。

5）操作与防护

密闭操作，局部排风。提供安全淋浴和洗眼设备。防止摄入、吸入，防止眼睛、皮肤与之接触。避免产生和吸入其粉尘。

当空气中粉尘浓度过高时，建议佩戴过滤式防尘呼吸器。必要时，佩戴空气呼吸器，穿防化学品工作服，戴防化学品手套。工作现场禁止吸烟、进食和饮水；工作完毕，淋浴更衣，抹护肤霜。

6）毒性与生态学数据

急性毒性 LD_{50} 为 3500mg/kg（大鼠经口）；>2000mg/kg（兔经皮）。

生态毒性，对鱼毒性 LC_{50} 为 16000mg/96h；对水蚤毒性（magna）EC_{50} 为 5800mg/48h。

在有机体内不会集聚。对水是有轻微危害的，不可让未稀释或大量的产品进入地下水、水道或者污水系统。

7）储存与运输

用内衬聚乙烯塑料袋的纤维板桶包装，每桶净重 50kg。储存在阴凉、干燥、通风良好的地方，防止暴晒，与火种和热源隔离，不得与氨、氧、磷、锑粉和碱类共储混运。应远离木屑、刨花、稻草等，以防燃烧。

运输时要防雨淋和日晒。装卸时要轻拿轻放，防止包装破损。

6. 溴化钾

1）理化性质

溴化钾分子式 KBr，相对分子质量 119.01。无色结晶或白色粉末，无臭，有强烈咸味，微苦。见光色变黄。稍有吸湿性。溶于水（0℃时溶解度为 53.5g/100mL 水，100℃时溶解度为 102g/100mL 水）和甘油，微溶于乙醇和乙醚，水溶液呈中性。相对密度为 2.75（25℃），熔点 734℃，沸点 1435℃。有刺激性。

2）用途

用于配制高密度无固相钻井液、完井液和射孔液等。

3）危险性

吸入对呼吸道、眼睛、皮肤有刺激性。食入后引起头痛、头晕、恶心、呕吐、胃肠道刺激症状。本品不燃，有刺激性。受高热分解产生有毒的溴化物气体。

4）应急处理措施

（1）急救。皮肤接触：立即脱掉污染的衣着，用大量流动清水冲洗至少 15min，严重时就医；眼睛接触：如溅入眼中，立即翻开上下眼睑，用流动清水或生理盐水冲洗至少 15min，严重时就医；吸入：如吸入会出现呕吐，应立即移到新鲜空气处，呼吸困难时给输氧，严重时就医；误食：给饮足量温水，催吐，严重时就医。

（2）消防。失火时，可用砂土和各种灭火器扑救。消防人员必须全身穿防火防毒服，在上风向灭火，并尽可能将容器从火场移至空旷处。

（3）泄漏。隔离泄漏污染区，限制出入。建议应急处理人员戴防尘面具（全面罩），穿防毒服。避免扬尘，小心扫起，置于袋中转移至安全场所。也可以用大量水冲洗，洗液稀释后放入废水系统。若大量泄漏，用塑料布、帆布覆盖。收集回收或运至废物处理场所处置。

5）操作与防护

密闭操作，加强通风。操作人员必须严格遵守操作规程。避免食入或吸入，避免与眼睛、皮肤接触。避免产生粉尘。避免与氧化剂、酸类、金属盐类接触。搬运时要轻装轻卸，防止包装及容器损坏。配备泄漏应急处理设备。防止倒空的容器残留有害物。

建议操作人员佩戴自吸过滤式防尘口罩，戴化学安全防护眼镜，穿防毒物渗透工作服，戴橡胶手套。空气中粉尘浓度超标时，必须佩戴自吸过滤式防尘口罩。紧急事态抢救或撤离时，应该佩戴空气呼吸器，穿防毒物渗透工作服，戴橡胶手套。工作完毕，淋浴更衣。保持良好的卫生习惯。

6）毒性与生态学数据

LD_{50}（口服）>2000mg/kg（老鼠）；轻度的水危害。

7）储存与运输

用两层纸袋内衬聚乙烯塑料袋包装，包装应完整，注意防潮避光。每袋净重25kg。储存在通风、干燥的库房中，远离火种、热源。应与强氧化剂、强酸、金属盐类分开存放，切忌混储。储存区应备有合适的材料收容泄漏物。

运输时要防雨淋和日晒。装卸时要轻拿轻放，防止包装破损。

7. 溴化钙

1）理化性质

溴化钙分子式 $CaBr_2$，相对分子质量199.89。无色斜方针状结晶或晶块，无臭，味咸而苦。相对密度3.353（25℃），熔点730℃（微分解），沸点806~812℃。极易溶于水，水溶液显中性。溶于乙醇、丙酮和酸，微溶于甲醇、液氨，不溶于乙醚或氯仿。可与碱金属卤化物形成复盐。有很强的吸湿性。

2）用途

由于其水溶液密度较高，可作为钻井液液体加重剂，主要用作海洋石油钻井完井液、压井液、修井液。

3）危险性

刺激性物品，对眼睛、皮肤有刺激性。切勿吸入粉尘。避免与皮肤和眼睛接触。本品不燃。受高热分解产生有毒的溴化物气体。

4）应急处理措施

（1）急救。皮肤接触：立即脱掉污染的衣着，用大量流动清水冲水至少15min，严重时就医；眼睛接触：如溅入眼睛，立即翻开上下眼睑，用流动清水或生理盐水冲洗至少15min，严重时就医；吸入：会出现呕吐，应立即移到新鲜空气处，呼吸困难时给输氧，严重时就医；误食：给饮足量温水，催吐，严重时就医。

（2）消防。失火时，可用砂土和水、泡沫、二氧化碳、干粉扑救。消防人员必须全身穿防火防毒服，在上风向灭火，并尽可能将容器从火场移至空旷处。

（3）泄漏。隔离泄漏污染区，限制出入。应急处理人员应戴防尘面具（全面罩），穿防毒服。避免扬尘，小心扫起，置于袋中转移至安全场所。也可以用大量水冲洗，洗液稀释后放入废水系统。若大量泄漏，则用塑料布、帆布覆盖。收集回收或运至废物处理场所处置。

5）操作与防护

密闭操作，加强通风。操作人员必须严格遵守操作规程。避免食入或吸入，避免与眼睛、皮肤接触。操作时应佩戴防尘口罩，戴化学安全防护眼镜，穿防毒衣，防止包装及容器损坏。配备泄漏应急处理设备。防止倒空的容器残留有害物。

空气中粉尘浓度超标时，必须佩戴自吸过滤式防尘口罩。紧急事态抢救或撤离时，应该佩戴空气呼吸器，穿防毒物渗透工作服，戴橡胶手套。工作完毕，淋浴更衣。保持良好的卫生习惯。

6）毒性与生态学数据

中毒。口服 – 大鼠 LD_{50} 4100mg/kg；腹腔 – 小鼠 LD_{50} 740mg/kg。对水有一定危害。

7）储存与运输

采用内衬塑料袋、外用塑料编织袋或防潮牛皮纸袋包装，包装应完整，注意防潮避光。每袋净重 25kg。储存在低温、通风、干燥的库房中，远离火种、热源。应与强氧化剂、强酸、金属盐类分开存放，切忌混储。储存区应备有合适的材料收容泄漏物。

运输时要防雨淋和日晒。装卸时要轻拿轻放，防止包装破损。

8. 溴化锌

1）理化性质

溴化锌分子式 $ZnBr_2$，相对分子质量 225.21。无色或白色晶体，易吸水。熔点 394℃，沸点 697℃，密度 4.201g/cm^3（20℃），4.22g/cm^3（25℃），易溶于水，溶于乙醇、乙醚、丙酮、四氢呋喃和氨水，微溶于液氨。不溶于乙醚。水溶解性：31.1g/100mL（0℃）、44.7g/100mL（20℃）、53.8g/100mL（100℃）。水溶液显酸性，6mol/L 溶液的 pH 值为 0.3。溴化锌的性质与氯化锌相似，而且熔体比固体具有更高的电导性。具有很强的吸水性，遇水或空气易变坏。

2）用途

用作海洋钻井的完井液、射孔液等。

3）危险性

有毒，属于二级无机化学有毒品。极少量溴化锌即可作催眠药，很容易导致死亡。如不慎摄入溴化物，会发生晕眩、恶心，出现呕吐，应立即移到新鲜空气处并请医生诊治。

对眼睛、皮肤有刺激性，能灼伤皮肤。吸入刺激口腔、鼻和喉，造成咳嗽、食入刺激口、喉、食道。大量食入则造成呕吐、胃剧痛、腹泻、虚脱、喉和胃形成创伤、结疤。长期暴露刺激肾，可致死。重复暴露中毒症状为压抑、胃口不佳、错乱。

4）应急处理措施

（1）急救。皮肤接触：用大量流动清水冲水至少 10min，严重时就医；眼睛接触：如接触眼睛，立即翻开上下眼睑，用流动清水冲洗至少 15min，严重时就医；吸入：将患者移到新鲜空气处，试行人工呼吸或输氧，严重时就医；误食：给饮大量水或牛奶，严重时就医。

（2）消防。失火时，可用砂土和各种灭火器扑救。消防人员必须全身穿防火防毒服，在上风向灭火，并尽可能将容器从火场移至空旷处。

（3）泄漏。隔离泄漏污染区，限制出入。应急处理人员应戴防尘面具（全面罩），穿防毒服。避免扬尘，小心扫起，置于袋中转移至安全场所。收集回收或运至废物处理场所处置。切勿倒入下水道，防止随水流入河流等。

5）操作与防护

密闭操作，加强通风。操作人员必须严格遵守操作规程。避免食入或吸入，避免眼睛、皮肤与之接触。操作人员应佩戴防尘口罩，戴化学安全防护眼镜，穿防毒物渗透工作服，戴橡胶手套。避免产生粉尘。避免与氧化剂、酸类、金属盐类接触。搬运时要轻装轻卸，防止包装及容器损坏。配备泄漏应急处理设备。防止倒空的容器残留有害物。

空气中粉尘浓度超标时，必须佩戴自吸过滤式防尘口罩。紧急事态抢救或撤离时，应该佩戴空气呼吸器，穿防毒物渗透工作服，戴橡胶手套。工作完毕，淋浴更衣。保持良好的卫生习惯。

6）毒性与生态学数据

腐蚀物品，对水生生物有极高毒性。对水是有危害的，若无政府许可，勿将材料排入周围环境。

7）储存与运输

采用内衬塑料袋、外用塑料编织袋或防潮牛皮纸袋包装，每袋净重25kg。储存在通风、干燥的库房中，远离火种、热源。应与强氧化剂、强酸、金属盐类分开存放，切忌混储。储存区应备有合适的材料收容泄漏物。

运输时要防雨淋和日晒。装卸时要轻拿轻放，防止包装破损。

四、铬酸盐

1. 重铬酸钠

1）理化性质

重铬酸钠别名红矾钠，橙红色单斜菱晶或细针状结晶。分子式 $Na_2Cr_2O_7 \cdot 2H_2O$，相对分子质量298.00。略有吸湿性。加热到84.6℃时失去结晶水形成铜褐色无水物，100℃时失去结晶水，约400℃时开始分解为铬酸钠和三氧化铬。易溶于水，不溶于乙醇，水溶液呈酸性。1% 水溶液的pH值为4，10% 水溶液的pH值为3.5。相对密度2.348。熔点356.7℃。易潮解、粉化。为强氧化剂。与有机物接触摩擦、撞击能引起燃烧。

2）用途

用作钻井液处理剂。常与有机处理剂起复杂的氧化还原反应。铬酸盐起氧化作用生成的 Cr^{3+} 能强吸附在黏土表面起钝化作用，又能与多官能团有机处理剂形成络合物，提高处理剂的高温稳定性。可用于配制铁铬木质素磺酸盐和铬腐殖酸，解除钻井液老化，提高某些降滤失剂和稀释剂的热稳定性能。在抗高温深井钻井液中，常加入少量重铬酸盐以提高钻井液的热稳定性，有时也用作防腐剂。但铬酸盐有毒，因而限制了它的广泛使用。

3）危险性

该品助燃，具强腐蚀性、刺激性，可致人体灼伤。有极毒，经流行病学调查表明，对人有强致癌危险性。吸入后可引起急性呼吸道刺激症状、鼻出血、声音嘶哑、鼻黏膜萎缩，有时出现哮喘和紫绀。重者可发生化学性肺炎。口服可刺激和腐蚀消化道，引起恶心、呕吐、腹痛、血便等；重者出现呼吸困难、紫绀、休克、肝损害及急性肾功能衰竭等。慢性影响有接触性皮炎、铬溃疡、鼻炎、鼻中隔穿孔及呼吸道炎症等。

强氧化剂。遇强酸或高温时能释出氧气，促使有机物燃烧。与硝酸盐、氯酸盐接触剧烈反应。有水时与硫化钠混合能引起自燃。与有机物、还原剂、易燃物如硫、磷等接触或混合时有引起燃烧爆炸的危险。燃烧时可能产生毒性烟雾。

4）应急处理措施

（1）急救。皮肤接触：应立即脱掉污染的衣着，用肥皂水和清水彻底冲洗皮肤，严重时就医；眼睛接触：应立即提起眼睑，用流动清水或生理盐水冲洗，就医；吸入：迅速脱离现场至空气新鲜处。保持呼吸道通畅，如呼吸困难，给输氧，如呼吸停止，立即进行人工呼吸，严重时就医；食入：立即用水漱口，用清水或 1% 硫代硫酸钠溶液洗胃，给饮牛奶或蛋清，严重时就医。

（2）消防。灭火可采用雾状水、砂土灭火。消防人员必须全身穿防火防毒服，在上风向灭火，并尽可能将容器从火场移至空旷处。

（3）泄漏。隔离泄漏污染区，限制出入，周围设警告标志。应急处理人员应戴自给正压式呼吸器，穿防毒服。不要直接接触泄漏物，勿使泄漏物与有机物、还原剂、易燃物（木材、纸、油等）或金属粉末接触。小量泄漏时，用洁净的铲子收集于干燥、洁净、有盖的容器中。也可以用大量水冲洗，洗液稀释后放入废水系统。大量泄漏时，收集回收或运至废物处理场所处置。收集物加入水中（3%），用硫酸调节 pH 值至 2，再逐渐加入过量的亚硫酸氢钠，待反应完后废弃。也可以用大量水冲洗，经稀释的洗水放入废水系统。严禁清洗废水流入下水道。

5）操作与防护

密闭操作，加强通风。操作人员必须经过专门培训，严格遵守操作规程。操作人员应佩戴头罩型电动送风过滤式防尘呼吸器，穿聚乙烯防毒服，戴橡胶手套。远离火种、热源，工作场所严禁吸烟。避免产生粉尘。避免与还原剂、醇类接触。配备相应品种和数量的消防器材及泄漏应急处理设备。防止倒空的容器残留有害物。

空气中粉尘浓度超标时，必须佩戴自吸过滤式防尘口罩。紧急事态抢救或撤离时，应该佩戴空气呼吸器，穿防毒物渗透工作服，戴橡胶手套。工作完毕，淋浴更衣。注意个人清洁卫生。

6）毒性与生态学数据

急性毒性 LD_{50} 为 50mg/kg（大鼠经口），剧毒，强氧化剂急性毒性，半数致死量 LD_{50} 为 50mg/kg（无水品）（大鼠经口）；微生物致突变：鼠伤寒沙门菌 50μg/ 皿。DNA 损伤：大鼠肝 10μmol/L。姐妹染色单体交换：仓鼠肺 140μg/L；致癌性：IARC 致癌性评论，对人类是致癌物；大鼠腹腔注射最低中毒剂量（TDL_0）为 20mg/kg（染毒 8 周，雄性），影响精子生成。

生态毒性：LC_{50} 为 18~133mg/L（96h）（鱼），IC_{50} 为 0.58mg/L（72h）（藻类）。

7）储存与运输

用内衬塑料袋的铁桶密封包装，每桶净重 25kg。储存于阴凉、通风、干燥的库房中。密封、防潮。远离热源和火种，避免与还原剂、醇类接触，不得与有机物、易燃物、过氧化物、强酸共储混运。库温不超过 35℃，相对湿度不超过 75%。储存区应备有合适的材料收容泄漏物。

搬运时要轻装轻卸，防止包装及容器损坏。装卸时要小心轻放，严防铁桶碰撞。运输时应有遮盖物，要防雨淋和烈日暴晒。公路运输时要按规定路线行驶。

2. 重铬酸钾

1）理化性质

重铬酸钾别名红矾钾，分子式 $K_2Cr_2O_7$，相对分子质量 294.18，是一种有毒且有致癌性的强氧化剂。室温下为橙红色三斜晶体或粉末，常温密度 2.676g/cm^3，相对密度 2.676（25℃）。加热到 241.6℃时三斜晶系转变为单斜晶系，熔点 398℃，加热到 500℃时则分解放出氧。微溶于冷水，易溶于热水，其水溶液呈酸性，不溶于醇。

遇浓硫酸有红色针状晶体铬酸酐析出，对其加热则分解放出氧气，生成硫酸铬，使溶液的颜色由橙色变成绿色。在盐酸中冷时不起作用，热时则产生氯气，为强氧化剂。与有机物接触摩擦、撞击能引起燃烧。与还原剂反应生成三价铬离子。

2）用途

用作钻井液处理剂，具有与重铬酸钠相似的作用和用途，有利于提高钻井液和一些处理剂的高温稳定性。

3）危险性

有毒，对皮肤有强烈刺激性。对人有潜在致癌危险性。吸入后可引起急性呼吸道刺激症状、鼻出血、声音嘶哑、鼻黏膜萎缩，有时出现过敏性哮喘和紫绀。重者可发生化学性肺炎。误服可刺激和腐蚀消化道，引起恶心、呕吐、腹痛、血便等；重者出现呼吸困难、紫绀、休克、肝损害及急性肾功能衰竭等；慢性影响有接触性皮炎、铬溃疡、鼻炎、鼻中隔穿孔及呼吸道炎症等。

具有强氧化性。与还原剂、有机物、易燃物如硫、磷或金属粉末等混合可形成爆炸性混合物。经摩擦、震动或撞击可引起燃烧或爆炸。有水时与硫化钠混合能引起自燃。与硝酸盐、氯酸盐接触起剧烈反应。具有较强的腐蚀性。燃烧时可能产生毒性烟雾。

4）应急处理措施

同重铬酸钠。

5）操作与防护

同重铬酸钠。

6）毒性与生态学数据

急性毒性 LD_{50} 为 190mg/kg（小鼠经口）；最小致死量（兔，皮下）10mg/kg。微生物致突变：鼠伤寒沙门氏菌 100μg/皿，大肠杆菌 1600μmol/L，啤酒酵母菌 60mg/L；微核实验：小鼠腹腔注射 50mg/kg；姊染色单体交换：小鼠淋巴细胞 1μmol/L；生殖毒性：

小鼠经口最低中毒剂量（TDL_0）为 1710 mg/kg（孕 19d），致胚胎发育迟缓，面部发育异常。

对环境可能有危害，对水体应给予特别注意。

7）储存与运输

用内衬塑料袋的铁桶包装，每桶净重 25kg，或用衬有两层聚乙烯塑料袋的编织袋包装，每袋净重 20kg。包装上要有明显的“氧化剂”和“有毒品”标志。属二级无机氧化剂，储存在阴凉、通风、干燥的库房中。保持容器密封。远离火种、热源。应与易燃、可燃物，还原剂、硫、磷、酸类等分开存放。

运输过程中要确保容器不泄漏、不倒塌、不坠落、不损坏。运输时单独装运，运输车辆应配备相应品种和数量的消防器材。严禁与酸类、易燃物、有机物、还原剂、自燃物品、遇湿易燃物品等并车混运。车速不宜过快，不得强行超车。运输车辆在装卸前后，均应彻底清扫、洗净，严禁混入有机物、易燃物等杂质。

五、硫酸盐

1. 硫酸钾

1）理化性质

硫酸钾分子式 K_2SO_4，相对分子质量 174.24。通常状况下为无色或白色结晶、颗粒或粉末。无气味，味苦，质硬。化学性质不活泼，在空气中稳定。密度 2.66g/cm^3，熔点 1069℃。易溶于水，水溶液呈中性，常温下 pH 值约为 7，1g 硫酸钾溶于 8.3mL 水、4mL 沸水、75mL 甘油，不溶于乙醇、丙酮、二硫化碳。氯化钾、硫酸铵可以增加其在水中的溶解度，但几乎不溶于硫酸铵的饱和溶液。可与可溶性钡盐溶液反应生成硫酸钡沉淀。

2）用途

在钻井液中用于提供钾离子，可抑制泥页岩水化膨胀，提高钻井液的黏度和切力，用于清除钻井液中的钙镁离子。

3）危险性

有刺激性。吸入粉尘会刺激鼻、咽及肺；皮肤长期接触会刺激皮层；粉尘或雾滴会刺激眼睛。无毒。不燃。受高温分解产生有毒的硫化物烟气。

4）应急处理措施

（1）急救。皮肤接触：脱掉污染的衣着，用大量流动清水冲洗；眼睛接触：提起眼睑，用流动清水或生理盐水冲洗；吸入：脱离现场至空气新鲜处，如呼吸困难，给输氧，严重时就医；误食：饮足量温水，漱口并催吐，或饮用牛奶或蛋清，严重时就医。

（2）消防。采用特殊二氧化碳泡沫剂喷洒。灭火时消防人员必须穿全身防火防毒服，在上风向灭火，并尽可能将容器从火场移至空旷处。

（3）泄漏。隔离泄漏污染区，限制出入。建议应急处理人员戴防尘口罩，穿防毒服。避免扬尘，小心铲起干燥的化学品，以便再使用或废弃。扫起时要降低粉尘量，尽量回收使用。

5）操作与防护

密闭操作，加强通风。操作人员须佩戴防尘口罩和化学安全防护眼镜，穿防毒物渗透工作服，戴橡胶手套。避免产生粉尘。避免与酸类接触。空气中粉尘浓度超标时，必须佩戴自吸过滤式防尘口罩。工作现场禁止吸烟、进食和饮水。工作完毕，淋浴更衣。保持良好的卫生习惯。

6）毒性与生态学数据

急性毒性 LD_{50} 为 6600mg/kg（大鼠经口）。对环境可能有害，对大气可造成污染，对水体应给予特别注意。

7）储存与运输

采用内衬聚乙烯塑料袋、外用塑料编织袋包装，每袋净重 25kg 或 50kg，储存于阴凉、通风、干燥的库房内。远离火种、热源。

搬运时轻装轻卸，防止包装破损。起运时包装要完整，装载应稳妥。运输途中防潮、防暴晒、防雨淋、防高温。

2. 硫酸钙

1）理化性质

硫酸钙分子式 $CaSO_4$，相对分子质量 136.14。白色单斜结晶或结晶性粉末。无气味。有吸湿性。溶于酸、硫代硫酸钠和铵盐溶液，在热水中溶解较少，极慢溶于甘油，不溶于乙醇和多数有机溶剂。相对密度 2.32。有刺激性。通常含有 2 个结晶水，自然界中以石膏矿形式存在，别名硬石膏，天然无水硫酸钙属斜方晶系的硫酸盐类矿物。无水硫酸钙晶体无色透明，密度 2.9g/cm^3，莫氏硬度 3.0～3.5。$CaSO_4$ 溶解度不大，其溶解度呈特殊的先升高后降低状况。如 10℃溶解度为 0.1928 g/100g 水，40℃溶解度为 0.2097g/100g 水，100℃溶解度为 0.1619g/100g 水。

2）用途

在钻井液中可提供钙离子，用于配制石膏或钙处理钻井液，其作用与石灰相似，都用于提供适量的钙离子。也可以用作凝胶堵漏的成分。

3）危险性

对眼睛和呼吸道黏膜有刺激作用，长期接触会引起打喷嚏，流泪。吸入可能致癌。

4）应急处理措施

（1）急救。皮肤接触：用肥皂水或大量清水冲洗 5min；眼睛接触：用清水冲洗 15min；呼吸：将患者移到新鲜空气处，如果停止呼吸，要立即进行人工呼吸；误食：大量饮水，严重时就医。

（2）消防。消防人员须佩戴自给式呼吸器去救火。用水雾、耐醇泡沫、干粉或二氧化碳灭火。

（3）泄漏。要防止粉尘的生成，防止吸入蒸气、气雾或气体。不要让产品进入地下水道。将溢出物扫掉或铲掉，存放在合适的密闭处理容器内。操作人员须穿戴防护用品。

5）操作与防护

密闭容器，加强通风。在有粉尘生成的地方，提供合适的排风设备。避免与皮肤和眼睛接触。使用时佩戴自吸过滤式防尘口罩，戴化学安全防护眼镜，穿防渗透工作服，戴橡胶手套。工作完毕，淋浴更衣。注意个人清洁卫生。

6）毒性与生态学数据

对水体是稍微有害的，不可将未稀释或大量产品排放到地下水、下水道或污水系统。未经政府许可勿将产品排入周围环境。

7）储存与运输

用聚乙烯塑料袋、草袋、或塑料编织袋包装，每袋净重 50kg 或 80kg。储存于阴凉、通风、干燥的库房中。避光，密封保存。

运输中防止受潮和雨淋。

3. 硫酸铝

1）理化性质

硫酸铝分子式 $Al_2(SO_4)_3$，相对分子质量 342.20。灰白色片状、粒状或块状，因含低铁盐带淡绿色，又因低价铁盐被氧化而使表面发黄。粗品为灰白色细晶结构多孔状物。有无水物和十八水合物。无水物为无色斜方晶系晶体，自然状况下，硫酸铝几乎不以无水盐形式存在。溶于水，水溶液显酸性，微溶于乙醇。在水中的溶解度随温度的上升而增加。十八水合物［$Al_2(SO_4)_3 \cdot 18H_2O$］为无色单斜晶体，溶于水，不溶于乙醇，水溶液因水解而呈酸性；在碱性水溶液中则反应生成 $Al(OH)_3$ 胶状沉淀。

2）用途

用于废钻井液脱水及钻井废水絮凝剂。还可以提高钻井液的黏度和切力，改善钻井液的剪切稀释能力，增强触变性。清水快钻中用作絮凝剂，与 PAM 配伍效果更好。

3）危险性

不燃，具刺激性。无毒，粉尘刺激眼睛。对眼睛、黏膜有一定的刺激作用。误服大量硫酸铝对口腔和胃产生刺激作用。无特殊的燃烧爆炸特性。受高热分解产生有毒的硫化物烟气。

4）应急处理措施

（1）急救。皮肤接触：脱掉污染的衣着，用流动清水冲洗；眼睛接触：立即提起眼睑，用流动清水或生理盐水冲洗；吸入：脱离现场至空气新鲜处，严重时就医；误食：饮足量温水，催吐，严重时就医。

（2）消防。消防人员必须穿全身防火防毒服，在上风向灭火。灭火时尽可能将容器从火场移至空旷处。

（3）泄漏。隔离泄漏污染区，限制出入。建议应急处理人员戴防尘面具（全面罩），穿防毒服。用洁净的铲子收集于干燥、洁净、有盖的容器中，转移至安全场所。若大量泄漏，收集回收或运至废物处理场所处置。

5）操作与防护

密闭操作，局部排风。建议操作人员佩戴自吸过滤式防尘口罩，戴化学安全防护眼镜，穿防渗透工作服，戴橡胶手套。避免产生粉尘。配备泄漏应急处理设备。防止倒空的容器残留有害物。

紧急事态抢救或撤离时，应该佩戴空气呼吸器，穿防毒物渗透工作服，戴橡胶手套。注意个人清洁卫生。

6）毒性与生态学数据

急性毒性 LD_{50} 为（980 ± 90）mg/kg（小鼠经口）。对水体稍微有害。

7）储存与运输

采用内衬塑料袋、外用聚丙烯塑料编织袋包装，每袋净重 50kg。储存于阴凉、通风、干燥的库房。远离火种、热源。储存区应备有合适的材料收容泄漏物。

起运时包装要完整，装载应稳妥。搬运时轻装轻卸，防止包装破损。运输中应防暴晒、雨淋，防高温。

4. 硫酸亚铁

1）理化性质

硫酸亚铁别名为绿矾、铁矾，为蓝绿色单斜晶系结晶或颗粒，无臭味。分子式 $FeSO_4 \cdot 7H_2O$，相对分子质量 278.01。相对密度 1.895（15℃），熔点 64℃。溶于水（50℃时 48.6g/100mL 水），和无水甲醇。不溶于乙醇。10% 水溶液对石蕊呈酸性（pH 值约 3.7）。加热至 70～73℃失去 3 分子水；加热至 80～123℃失去 6 分子水；加热至 156℃以上转变成碱式硫酸铁；加热到 300℃时失去全部结晶水而成白色粉末无水物。温度至 480℃时开始分解。常温密度约 1.90g/cm^3，在湿空气中易被氧化变成棕黄色碱式硫酸铁，在干燥空气中会风化变成白色粉末，加水可再现蓝绿色。无水硫酸亚铁是白色粉末，溶于水，水溶液为浅绿色。

2）用途

在钻井液中的作用机理与氯化铁相近。用作钻井废水或废钻井液絮凝剂。也可以用作清除 CO_3^{2-} 和 HCO_3^-，调整钻井液 pH 值。

3）危险性

不燃，具刺激性。吞食有毒。对呼吸道有刺激性，吸入可引起咳嗽和气短。对眼睛、皮肤和黏膜及人体消化系统有刺激性，过量服用可导致生命危险。误服引起虚弱、腹痛、恶心、便血、肺及肝受损、休克、昏迷等，严重者可致死。食物中长期超量使用可能会引起腹痛、恶心等副作用。

受高热分解放出有毒气体。有害燃烧产物为氧化硫。

4）应急处理措施

（1）急救。皮肤接触：脱掉污染的衣着，用流动清水冲洗，就医；眼睛接触：立即提起眼睑，用流动清水或生理盐水冲洗，严重时就医；吸入：脱离现场至空气新鲜处，必要时进行人工呼吸，若呼吸困难，给输氧，严重时就医；误食：立即用水漱口，严重时就医。

（2）消防。采用抗溶性泡沫、干粉、二氧化碳、砂土等作为灭火剂。消防人员须穿全身耐酸碱防火防毒服，在上风向灭火。灭火时尽可能将容器从火场移至空旷处。

（3）泄漏。隔离泄漏污染区，限制出入。建议应急处理人员戴防尘口罩，穿一般作业工作服。不要直接接触泄漏物。小量泄漏时，避免扬尘，小心扫起，收集于干燥、洁净、有盖的容器中。大量泄漏时应收集回收或运至废物处理场所处置。

5）操作与防护

密闭操作，要进行充分的局部排风和全面通风。提供安全淋浴和洗眼设备。操作人员必须严格遵守操作规程。建议操作人员佩戴自吸过滤式防尘口罩，戴化学安全防护眼镜，穿橡胶耐酸碱服，戴橡胶耐酸碱手套。避免释放至环境中产生粉尘。避免与氧化剂、碱类接触。配备泄漏应急处理设备。

空气中粉尘浓度超标时，必须佩戴自吸过滤式防尘口罩。紧急事态抢救或撤离时，应该佩戴空气呼吸器，穿耐酸碱工作服，戴橡胶手套。工作现场禁止吸烟、进食和饮水。工作完毕，淋浴更衣。

6）毒性与生态学数据

急性毒性 LD_{50} 为 1520mg/kg（小鼠，经口）。对环境有危害，对水体可造成污染。

7）储存与运输

采用内衬塑料袋、外用塑料编织袋包装，包装必须密封，切勿受潮，不可与空气接触。每袋净重 25kg。储存于阴凉、通风、干燥的库房中，避光，远离火种、热源。与氧化剂、碱类等分开存放，切忌混储。储存区应备有合适的材料收容泄漏物。久存会变黄（被空气氧化成正铁）。

搬运时要轻装轻卸，防止包装及容器损坏。起运时包装要完整，装载应稳妥。运输过程中要确保不泄漏、不倒塌、不坠落、不损坏。严禁与氧化剂、碱类、食用化学品等混运。运输途中应防止受潮，防暴晒、雨淋，防高温。车辆运输完毕应进行彻底清扫。

5. 亚硫酸氢钠

1）理化性质

亚硫酸氢钠分子式 $NaHSO_3$，相对分子质量 104.06，为白色块状单斜晶系结晶或粉末，有二氧化硫不愉快气味。相对密度 1.48。易溶于水，水溶液呈酸性，微溶于乙醇。其水溶液的 pH 值为 4.0~5.5。受热易分解，呈强还原性，暴露在空气中极易失去部分二氧化硫，同时氧化生成硫酸盐，与强无机酸分解产生二氧化硫。

2）用途

在钻井液中作除氧剂，提高处理剂的热稳定性，减缓溶解氧对钻具的腐蚀等。

3）危害性

不燃，具有腐蚀性和刺激性，低毒，可致人体灼伤。吞食有害。具有强还原性，接触酸或酸气能产生有毒气体。对皮肤、眼睛、呼吸道有刺激性，可引起过敏反应和哮喘。引起角膜损害，导致失明。大量口服引起恶心、腹痛、腹泻、循环衰竭、中枢神经抑制。

受高热分解放出有毒气体。有害燃烧产物为氧化硫、氧化钠。

4）应急处理措施

（1）急救。皮肤接触：脱掉污染的衣着，用大量流动清水冲洗；眼睛接触：提起眼睑，用大量流动清水或生理盐水彻底冲洗至少 15min，严重时就医；吸入：迅速脱离现场至空气新鲜处，保持呼吸道通畅，如呼吸困难，给输氧，如呼吸停止，立即进行人工呼吸，并及时就医；误食：饮足量温水，催吐，严重时就医。

（2）消防。消防人员必须穿全身耐酸碱消防服。灭火时尽可能将容器从火场移至空旷处。喷水以降低蒸气危害，防止化学品进入表层水和地层水。

（3）泄漏。隔离泄漏污染区，限制出入。建议应急处理人员戴防尘口罩，穿防酸服。不要直接接触泄漏物。小量泄漏时，避免扬尘，小心扫起，收集于干燥、洁净、有盖的容器中。大量泄漏时，收集回收或运至废物处理场所处置。

5）操作与防护

密闭操作，局部排风。防止粉尘和挥发性物质释放到操作场所空气中。建议操作人员佩戴自吸过滤式防尘口罩，戴化学安全防护眼镜，穿橡胶耐酸碱服，戴橡胶耐酸碱手套。避免与氧化剂、酸类、碱类接触。配备泄漏应急处理设备。防止倒空的容器残留有害物。

空气中粉尘及刺激性气体浓度超标时，必须佩戴自吸过滤式防尘口罩。紧急事态抢救或撤离时，应该佩戴空气呼吸器，穿橡胶耐酸碱服，戴橡胶耐酸碱手套。工作场所禁止吸烟、进食和饮水。工作完毕，淋浴更衣。

6）毒性与生态学数据

急性毒性 LD_{50} 为 2000mg/kg（大鼠，经口）。对环境有危害，对水体可造成污染。

7）储存与运输

采用内衬塑料袋、外用塑料编织袋或牛皮纸袋包装，每袋净重 25kg。储存于阴凉、通风、干燥的库房中。远离火种、热源。防止阳光直射。包装密封，应与氧化剂、酸类、碱类分开存放。防止被空气氧化或受潮变质。不宜久存，以免变质。储存区应备有合适的材料收容泄漏物。

起运时包装要完整，装载应稳妥。运输过程中要确保不泄漏、不坠落、不损坏。严禁与氧化剂、酸类、碱类、食用化学品等混运。运输车辆应配备泄漏应急处理设备。运输途中应防暴晒、雨淋，防高温。

6. 无水亚硫酸钠

1）理化性质

无水亚硫酸钠别名硫氧，分子式 Na_2SO_3，相对分子质量 126.04，为白色粉末或六方菱柱形结晶。无臭无味。相对密度 2.633，在水中易溶（0℃时，12.54g/100mL 水；80℃时 28.3g/100mL 水），水溶液呈碱性，pH 值为 9~9.5。在乙醇中极微溶解，在乙醚中几乎不溶，不溶于液氯、氨。在空气中易被氧化成硫酸钠，遇高温则分解成硫化钠。为强还原剂，与二氧化硫作用生成亚硫酸氢钠，与强酸反应生成相应盐并放出二氧化硫。

2）用途

在钻井液中直接用作除氧剂，提高处理剂及钻井液的热稳定性，减缓溶解氧对钻具的腐蚀等。

3）危险性

不燃，具有刺激性。对眼睛、皮肤、黏膜有刺激作用。

4）应急处理措施

（1）急救。皮肤接触：立即脱掉污染的衣着，用大量流动清水冲洗至少15min，严重时就医；眼睛接触：立即提起眼睑，用大量流动清水或生理盐水彻底冲洗至少15min，严重时就医；吸入：脱离现场至空气新鲜处，如呼吸困难，给输氧，严重时就医；误食：用水漱口，给饮牛奶或蛋清，催吐，严重时就医。

（2）消防。不能用水灭火。没有配备化学防护衣和供氧设备不能待在危险区。喷水以降低蒸气危害，防止化学品进入表层水和地层水。

（3）泄漏。未经处理不允许向环境排放，应采用安全的方法将泄漏物收集回收或运至废物处理场所处理。用液体吸收残留物，可根据化学品性质进一步处理。清理污染区，洗液排入废水处理池。

5）操作与防护

密闭操作，局部排风。防止粉尘和挥发性物质释放到操作场所空气中。操作人员必须经过专门培训，严格遵守操作规程。建议操作人员佩戴自吸过滤式防尘口罩，戴化学安全防护眼镜，穿橡胶耐酸碱服，戴橡胶耐酸碱手套。避免与氧化剂、酸类、碱类接触。配备泄漏应急处理设备。

空气中粉尘及刺激性气体浓度超标时，必须佩戴自吸过滤式防尘口罩。紧急事态抢救或撤离时，应佩戴空气呼吸器，穿橡胶耐酸碱服，戴橡胶耐酸碱手套。工作场所禁止吸烟、进食和饮水。工作完毕，淋浴更衣。

6）毒性与生态学数据

急性毒性：LD_{50}为2610mg/kg（大鼠经口）。

生态毒性：LC_{50}为220~460mg/L/96h（鱼类）；水蚤毒性EC_{50}为273mg/L/48h（水蚤）；细菌毒性EC_{50}为770mg/L/17h；其他生态数据COD为0.125g/g；TOD为0.154g/g。对环境有危害，对水体可造成污染。未经处理不允许进入水域和土壤环境中。

7）储存与运输

用内衬聚乙烯塑料袋、中间为双层牛皮纸的塑料编织袋或胶袋包装。内袋扎口或热合，外袋牢固缝口，每袋净重25kg。储存于阴凉、干燥、通风良好的库房中。远离火种、热源。与氧化剂、酸类、食用化学品分开存放，切忌混储。本品有潮解性，不宜久存，以免变质。储存区应备有合适的材料收容泄漏物。

起运时包装要完整，装载应稳妥。运输过程中要确保不泄漏、不倒塌、不坠落、不损坏。严禁与氧化剂、酸类、食用化学品等混运。运输途中应防暴晒、雨淋，防高温。车辆运输完毕应进行彻底清扫。

六、磷酸盐

1. 六偏磷酸钠

1）理化性质

六偏磷酸钠，别名玻璃状偏磷酸钠，分子式$(NaPO_3)_6$，相对分子质量611.17，为透明玻璃片状或白色粉状结晶体。熔点616℃，沸点1500℃。相对密度2.484（20℃），吸湿性较强，露置于空气中能逐渐吸收水分而呈黏胶状物。易溶于水，在温水、酸或碱溶液中易水解为正磷酸盐。不溶于有机溶剂。能与钙、镁等金属离子生成可溶性络合物。溶解度随温度升高而增大，10%$(NaPO_3)_6$水溶液的pH值为6.8。

2）用途

用作钻井液处理剂，具有分散、除钙等作用。因为其既能除去Ca^{2+}，又能使钻井液的pH值适度降低，所以对消除水泥和石灰造成的污染有很好的效果。

3）危险性

粉尘对眼睛、鼻腔、口腔、呼吸道黏膜有刺激作用。吸入可引起气管炎及支气管炎。溅入眼内可引起结膜炎。误服后可造成消化道灼伤、黏膜糜烂、出血等严重中毒现象，甚至死亡。最常见的中毒症状有休克、心律不齐、心跳过缓等。一旦中毒，应尽快到医院医治。

4）应急处理措施

（1）急救。皮肤接触：脱掉污染的衣着，用大量流动清水冲洗；眼睛接触：提起眼睑，用流动清水或生理盐水冲洗；吸入：脱离现场至空气新鲜处。如呼吸困难，给输氧；误食：用水漱口，给饮牛奶或蛋清，催吐，严重时就医。

（2）消防。用水、砂土、泡沫灭火。消防人员必须穿全身防火防毒服，在上风向灭火。灭火时尽可能将容器从火场移至空旷处。

（3）泄漏。隔离泄漏污染区，限制出入。建议应急处理人员戴防尘口罩，穿防毒服。穿上适当的防护服前严禁接触破裂的容器和泄漏物。尽可能切断泄漏源。用塑料布覆盖泄漏物，减少飞散。勿使水进入包装容器内。用洁净的铲子收集泄漏物，置于干净、干燥、盖子较松的容器中，将容器移离泄漏区。

5）操作与防护

密闭操作，加强通风。建议操作人员佩戴防尘口罩，戴防护眼镜，穿工作服，戴橡胶手套。搬运时要轻装轻卸，防止包装及容器损坏。

空气中粉尘浓度超标时，必须佩戴过滤式防尘呼吸器。紧急事态抢救或撤离时，应佩戴空气呼吸器，穿防毒物渗透工作服，戴橡胶手套。工作完毕及时换洗工作服。

6）毒性与生态学数据

急性毒性：LD_{50}为6200mg/kg（大鼠腹腔）；LC_{50}为4320mg/kg（小鼠经口）；LC_{50}为1300mg/kg（小鼠皮下）；LC_{50}为870mg/kg（小鼠腹腔）；LC_{50}为62mg/kg（小鼠注射）；

注射 LDL_0 为 140mg/kg（兔子）。

通常对水体是稍微有害的，不要将未稀释或大量产品排放到地下水，水道或污水系统，未经政府许可勿将材料排入周围环境。

7）储存与运输

用内衬聚乙烯塑料袋的胶合板桶包装，每桶净重 25kg，或用内衬双层聚乙烯塑料袋、外套复合塑料编织袋包装，每袋净重 25kg。储存于阴凉、通风、干燥的库房中。

起运时包装要完整，装载应稳妥。运输过程中要确保容器不泄漏、不损坏。严禁与氧化剂、食用化学品等混运。运输途中应防暴晒、雨淋，防高温。

2. 焦磷酸钾

1）理化性质

焦磷酸钾，别名焦磷酸四钾，分子式 $K_4O_7P_2$，相对分子质量 330.337，为白色粉末或块状固体。相对密度 2.534，熔点 1109℃。在空气中有很强的吸湿性，极易溶于水，溶解度 187g/100g 水（25℃）。水溶液呈碱性，1% 水溶液 pH 值 10.2，但不溶于乙醇。性质类似于其他多磷酸盐。

在酸或碱溶液中水解成磷酸钾，与水混合形成黏性浆状体。焦磷酸钾具有其他聚合磷酸盐的所有性质，与焦磷酸钠相似，但溶解度较大，能与碱土金属和重金属离子发生螯合作用。与硬水中的 Ca^{2+}、Mg^{2+} 形成稳定的络合物从而软化硬水，提高洗涤能力，清除污垢。还能在铁、铅、锌、铝等金属表面形成一层保护膜。焦磷酸根离子（$P_2O_7^{4-}$）对于微细分散的固体具有很强的分散能力，能促进细微、微量物质的均一混合。高纯低铁型焦磷酸钾具有稳定的 pH 值缓冲能力，能长期保持溶液的 pH 值稳定。

2）用途

用于配制高密度无土相或无固相压井液、完井液、射孔液、修井液等。由于焦磷酸钾不稳定，在一定条件下水解成溶解度小的磷酸氢二钾或磷酸钾。因此，不适用于使用时间长的作业流体，在水基钻井液中可用于提供钾离子，提高钻井液的抑制性，也可以用于清除钻井液中的 Ca^{2+}、Mg^{2+} 离子。

3）危险性

吸入的粉尘可能引起黏膜和呼吸道刺激，产生迟发性肺水肿。也能引起眼睛和皮肤刺激，可能会引起化学性结膜炎。食入可能引起胃肠道刺激症状，恶心，呕吐和腹泻。

发生火灾时，刺激性和剧毒气体可能会产生热分解或燃烧。

4）应急处理措施

（1）急救。皮肤接触：脱掉污染的衣着，用大量流动清水冲洗；眼睛接触：提起眼睑，用流动清水或生理盐水冲洗，严重时就医；吸入：脱离现场至空气新鲜处，如呼吸困难，给输氧，严重时就医；误食：用牛奶和水给其漱口，严重时就医。

（2）消防。用水、砂土扑救，但须防止物品遇水产生飞溅，造成灼伤。消防人员必须穿全身防火防毒服，在上风向灭火。

（3）泄漏。隔离泄漏污染区，限制出入。建议应急处理人员戴自给式呼吸器，穿防酸碱工作服。不要直接接触泄漏物。小量泄漏时避免扬尘，用洁净的铲子收集于干燥、洁净、有盖的容器中，也可以用大量水冲洗，洗水稀释后放入废水系统。大量泄漏时应收集回收或运至废物处理场所处置。

5）操作与防护

在操作过程中，戴防尘口罩、手套、护目镜和其他设备以保证操作人员的舒适和安全。在操作时，无须特殊小心、防范。

但当空气中粉尘浓度超标时，必须佩戴过滤式防尘呼吸器。紧急事态抢救或撤离时，应该佩戴空气呼吸器，穿防渗透工作服，戴橡胶手套。工作完毕及时换洗工作服。

6）毒性与生态学数据

$LD_{50}>4640$mg/kg（兔子经皮）；对环境有危害，对水体可造成污染。

7）储存与运输

用内衬塑料的编织袋包装，每袋净重25kg。储存于阴凉、通风、干燥的库房中。注意防潮和雨淋。应与易燃或可燃物及酸类分开存放。分装和搬运作业时要注意个人防护。搬运时要轻装轻卸，防止包装损坏。雨天不宜运输。运输中应防暴晒、雨淋，防高温。

七、硅酸盐和铝酸盐

1. 硅酸钠

1）理化性质

硅酸钠，别名泡花碱，分子式 $Na_2O \cdot nSiO_2 \cdot xH_2O$，相对分子质量122.054（$Na_2SiO_3$），是一种水溶性硅酸盐，其水溶液俗称水玻璃，无色、淡黄色或青灰色透明的黏稠液体。溶于水呈碱性。遇酸分解（空气中的二氧化碳也能引起分解）而析出硅酸的胶质沉淀。无水物为无定形，天蓝色或黄绿色，为玻璃状。其相对密度随模数的降低而增大，无固定熔点。

水玻璃通常分为固体水玻璃、水合水玻璃和液体水玻璃三种。固体水玻璃与少量水或蒸气发生水合作用而生成水合水玻璃。水合水玻璃易溶解于水变为液体水玻璃。液体水玻璃一般为黏稠的半透明液体，随所含杂质不同可以呈无色、棕黄色或青绿色等。

2）用途

作为钻井液处理剂具有良好的防塌、封堵和固壁作用，同时也可用于堵漏，除去钻井液中的钙、镁离子。采用硅酸钠可以配制硅酸盐钻井液，该钻井液是最重要的防塌钻井液体系之一。

3）危险性

不燃，具有腐蚀性、强刺激性，可致人体灼伤。吸入蒸汽或雾对呼吸道黏膜有刺激和腐蚀性，可引起化学性肺炎。液体或雾对眼睛有强烈刺激性，可致结膜和角膜溃疡。皮肤接触液体可引起皮炎或灼伤。食入液体可腐蚀消化道，出现恶心、呕吐、头痛、虚弱及肾损害。无特殊的燃烧爆炸特性。有害燃烧产物为氧化硅。

4）应急处理措施

（1）急救。皮肤接触：脱掉污染的衣着，用大量流动清水冲洗至少 15min；眼睛接触：提起眼睑，用大量流动清水或生理盐水彻底冲洗至少 15min，严重时就医；吸入：脱离现场至空气新鲜处，保持呼吸道通畅，严重时就医；误食：立即用水漱口，给饮牛奶或蛋清，严重时就医。

（2）消防。消防人员必须佩戴过滤式防毒面具（全面罩）或隔离式呼吸器、穿全身防火防毒服，在上风向灭火。喷水保持火场容器冷却，直至灭火结束。

（3）泄漏。发生泄漏时，尽可能切断泄漏源。在确保安全的前提下，采取措施防止进一步的泄漏或溢出。不要让本品进入下水道。若是液体小量泄漏，用大量水冲洗，洗液稀释后放入废水系统。大量泄漏，构筑围堤或挖坑收容。用泵转移至槽车或专用收集器内，回收或运至废物处理场所处置。若是固体，用洁净的铲子收集于干燥、洁净、有盖的容器中。若大量泄漏，收集回收或运至废物处理场所处置。

5）操作与防护

密闭操作，加强通风。建议操作人员佩戴防护眼镜，穿连衣式胶布防毒衣，戴橡胶手套。搬运时要轻装轻卸，防止包装及容器损坏。配备泄漏应急处理设备。使用时避免皮肤、眼睛接触本品。

紧急事态时，应该佩戴空气呼吸器或戴化学安全防护眼镜，穿防护工作服，戴橡胶手套。工作完毕及时换洗工作服。保持良好的卫生习惯。

6）毒性与生态学数据

急性毒性 LD_{50} 为 1280mg/kg（大鼠经口）。通常对水体有一定危害。

7）储存与运输

液体产品用清洁的小口铁桶或塑料桶包装，桶用内衬以胶垫的螺丝扣盖子盖严。每桶净重 200 kg或 250kg。也可自备容器散装。固体产品用内衬塑料袋的麻袋或编织袋包装，每袋净重 80kg。储存于阴凉、通风的库房，也可用槽罐储存。容器必须密封，远离热源。应与酸类分开存放，切忌混储。储存区应备有泄漏应急处理设备和合适的收容材料。

运输前应先检查包装容器是否完整、密封，运输过程中要确保容器不泄漏、不损坏。严禁与氧化剂、酸类、食用化学品等混运。运输中防止日晒、受潮和雨淋。

2. 硅酸钾

1）理化性质

硅酸钾别名钾水玻璃，无水硅酸钾，分子式 K_2SiO_3，相对分子质量 154.28，为无色或微黄色半透明至透明玻璃状物。熔点 976℃，有吸湿性。有强碱性反应。在酸中分解而析出二氧化硅。慢溶于冷水或几乎不溶于水，不溶于乙醇。稳定状态时为透明质黏稠状液体，呈蓝绿色。易溶于水和酸，并析出胶状硅酸，钾含量越高则越易溶。不溶于醇。

2）用途

作为钻井液处理剂除具有硅酸钠相同的性能外，还可以提供钾离子，提高钻井液的防塌抑制能力。

其危险性、操作与防护、储存与运输等与硅酸钠相同。急性毒性 LD_{50} 为 1280 mg/kg（大鼠经口）。

3. 铝酸钠

1）理化性质

铝酸钠别名偏铝酸钠，化学式 $Na_2Al_2O_4$ 或 $NaAlO_2$，相对分子质量 163.94（$Na_2Al_2O_4$）、81.97（$NaAlO_2$），为白色、无臭、无味，呈强碱性的固体。熔点 1650℃。高温熔融产物为白色粉末，溶于水，不溶于乙醇，在空气中易吸收水分和二氧化碳，水中溶解后易析出氢氧化铝沉淀，氢氧化铝溶于氢氧化钠溶液也生成偏铝酸钠溶液。

偏铝酸钠遇弱酸和少量的强酸生成白色的氢氧化铝沉淀（现象是有大量的白色沉淀生成，且最终沉淀的量不变）。而遇到过量的强酸生成对应的铝盐（现象是先有白色沉淀生成，过一段时间后，白色沉淀的质量逐渐减小，最后消失）。偏铝酸钠和碱不起反应。

2）用途

在钻井液中可以直接用作抑制剂、堵漏剂，可以与其他材料反应制备钻井液防塌剂和井壁稳定剂等，具有较强的封堵和固壁作用，也可以调节水基钻井液的 pH 值。

3）危险性

具有腐蚀性、强刺激性、不燃的特性，可致人体灼伤。皮肤、眼睛接触会受严重刺激、灼伤。吸入粉尘后会刺激呼吸道，引起咳嗽（有痰），甚至呼吸短促。

4）应急处理措施

（1）急救。皮肤接触：脱掉污染的衣着，用大量流动清水冲洗至少 30min，严重时就医；如果溅入眼睛，提起眼睑，用大量流动清水或生理盐水彻底冲洗至少 30min，严重时就医；吸入：脱离现场至空气新鲜处，保持呼吸道通畅，如呼吸困难，立刻就医；误食：立即用水漱口，给饮牛奶或蛋清，严重时就医。

（2）消防。消防人员佩戴过滤式防毒面具（全面罩）或隔离式呼吸器、穿全身防火防毒服，在上风向灭火。

（3）泄漏。须穿戴防护用具进入现场。用蛭石、干砂、泥土或类似物质吸收泄漏液于密闭容器内。用简便安全的方法收集泄漏粉末于密闭容器内。

5）操作与防护

密闭操作，加强通风。操作时操作人员应佩戴防尘面具（全面罩），穿连衣式胶布防毒衣，戴橡胶手套。搬运时要轻装轻卸，防止包装及容器损坏。使用时避免与皮肤、眼睛接触。

紧急事态时，应该佩戴空气呼吸器或戴化学安全防护眼镜，穿防护工作服，戴橡胶手套。工作完毕及时换洗工作服。

6）毒性与生态学数据

铝具有慢性毒性，在人体内长期积蓄，最终会导致老年痴呆。对水稍微有危害性，不要让未稀释或大量的本品排入地下水、水道或者污水系统，若无政府许可，勿排入周围环境。

7）储存与运输

采用内衬塑料袋、外用塑料编织袋或防潮牛皮纸袋包装，每袋净重 25kg。储存于阴凉、通风、干燥处。运输中防止受潮和雨淋。包装袋上须贴“腐蚀”标签，航空、铁路限量运输。

运输前应先检查包装容器是否完整、密封，运输过程中要确保不泄漏、不损坏，并防止日晒、受潮和雨淋。

第三节　有机化合物处理剂

有机化合物处理剂是用量最大的钻井液处理剂，主要包括基本有机化合物、合成聚合物、合成树脂，以及天然材料改性产品，除基本有机化合物外，其他类型处理剂的危害主要来源于处理剂生产中的原料残余、固体产品使用中产生的粉尘、液体产品中的油类和碱性刺激等，由于同一类型处理剂的毒性具有共同性，故对其危害及防护等按照类型进行统一介绍。

一、基本有机化合物

1. 甲酸钠

1）理化性质

别称蚁酸钠，分子式 HCOONa，相对分子质量 68.01，常温下是白色或淡黄色结晶固体。略有潮解性，微有甲酸气味，有吸湿性。高温时分解成草酸钠和氢气，接着生成碳酸钠。溶于水和甘油，微溶于乙醇、辛醇，不溶于乙醚。具有较低的结晶点，属于强碱弱酸盐，饱和溶液质量分数为 45%，最高密度为 1.338g/cm^3，结晶点为 –23℃，其水溶液呈弱碱性，pH 值为 9.4。溶解性 820g/L（40℃），相对密度 1.92，熔点 255℃，沸点 360℃，闪点 210℃。有毒，但毒性小。有刺激性。商品常含 2 分子结晶水。

2）用途

作为液体加重剂用于钻井液、固井液、压井液、修井液。

3）危险性

对人体无毒。无腐蚀性、不易燃。有刺激性，刺激眼睛、呼吸系统和皮肤。防止吸入蒸气、气雾或气体。

4）应急处理措施

（1）急救。皮肤接触：脱掉被污染的衣服和鞋子，用大量的肥皂水冲洗皮肤至少15min；溅入眼睛：用大量的水冲洗至少15min，并不时提起上下眼睑；吸入：立即从现场移至空气新鲜处，如果没有呼吸，进行人工呼吸，如呼吸困难，给输氧；误食：给饮牛奶或水，严重时立即就医。

（2）消防。用水雾、泡沫、干粉或二氧化碳灭火器灭火。必要时，戴自给式呼吸器灭火。

（3）泄漏。围堵溢出，用防电真空清洁器或湿刷子将溢出物收集起来，并放置到容器中，并根据当地规定加以处理。避免产生和吸入其粉尘。当粉尘浓度过高时，应急处理人员须穿戴安全防护用具进入现场。若大量泄漏，则收集回收或运至废物处理场所处置。

5）操作与防护

操作时注意通风。提供安全淋浴和洗眼设备。戴适当的手套和护目镜或面具。有粉尘生成的地方，提供合适的排风设备。采取一般性的防火保护措施即可。

当空气中粉尘浓度过高时，建议佩戴过滤式防尘呼吸器。必要时，佩戴空气呼吸器，穿防化学品工作服，戴防化学品手套。工作现场禁止吸烟、进食和饮水。工作完毕，淋浴更衣。抹护肤霜。

6）毒性与生态学数据

急性毒性：LD_{50} 为 11200mg/kg（小鼠经口）；LD_{50} 为 670mg/m^3（大鼠，吸入，4h）。对环境可能有危害，对水体应给予特别注意。

7）储存与运输

储存在干燥、阴凉、通风的库房中，保持容器紧闭，注意防潮。吸潮结块时并不改变产品性质，粉碎后可正常使用。

运输过程中要确保包装不泄漏、不损坏。严禁与氧化剂等混装混运。运输中防暴晒、雨淋，防高温。

2. 甲酸钾

1）理化性质

甲酸钾分子式 HCOOK，相对分子质量 84.11。纯白色细小结晶，具有较低的结晶点，属于强碱弱酸盐，饱和溶液质量分数为 76%，最高密度为 1.58g/cm^3，结晶点为 -40℃，其水溶液呈弱碱性，pH 值为 10.6。相对密度 1.92（20℃），熔点 253℃，沸点 360℃。有刺激性。极易吸潮，具有还原性，能与强氧化剂反应，易溶于水，无毒无腐蚀。

2）用途

作为液体加重剂，主要用于钻井液、完井液、修井液、压井液等。

3）危险性

有刺激性。刺激眼睛、呼吸系统和皮肤。有害燃烧产物：一氧化碳、二氧化碳。在发生火灾时，有刺激性和剧毒气体产生，可能会热分解或燃烧。

4）应急处理措施

同甲酸钠。

5）操作与防护

同甲酸钠。

6）毒性与生态学数据

急性毒性：口腔 LD_{50} 为 5500mg/kg（小鼠）。对环境可能有危害，对水体应给予特别注意。

7）储存与运输

74% 液体产品：200L 塑料桶包装，净重 320kg 或 1000L IBC 桶包装，净重 1600kg；96.0% 固体产品：包装为内塑外编袋包装，净重 25kg。储存在密闭的容器中。储存于阴凉、干燥、通风良好的地方，远离不相容物质。

运输车辆应配备相应品种和数量的消防器材及泄漏应急处理设备。运输过程中要确保包装不泄漏、不倒塌、不坠落、不损坏。严禁与氧化剂等混装混运。运输途中应防暴晒、雨淋，防高温。

3. 甲酸铯

1）理化性质

甲酸铯分子式 HCOOCs，相对分子质量 177.92。是一种极易溶于水的白色粉末，其溶液呈碱性。甲酸铯存在一水合物和无水物。极易潮解，其水溶液无色透明，浓的溶液密度很大，可达 2.23 g/cm^3（24.5℃），相对黏度（24℃）3.1mPa·s（水的黏度 0.9111mPa·s，24℃），沸点 123℃，凝固点 −5℃，pH 值 6.0 ± 0.5。甲酸铯溶液中 HCOOCs 含量不低于 80%。具有较低的结晶点，属于强碱弱酸盐，饱和溶液质量分数为 83%，最高密度为 2.367g/cm^3，结晶点为 −57℃，其水溶液呈弱碱性，pH 值为 12.9。有毒。有刺激性。

2）用途

由于甲酸铯在水中溶解度大，溶液密度大，溶液黏度比相同密度的其他溶液小得多，固相含量低，被用作无固相高密度钻井液和完井液。

3）危险性

有毒。有刺激性。刺激眼睛、呼吸系统和皮肤。有害燃烧产物：一氧化碳、二氧化碳。在发生火灾时，有刺激性和剧毒气体产生，可能会热分解或燃烧。

4）应急处理措施

（1）急救。皮肤接触：脱掉被污染的衣服和鞋子，用大量的肥皂水冲洗皮肤至少 15min，严重时就医；溅入眼睛：用大量的水冲洗至少 15min，并不时提起上下眼睑，严重时就医；吸入：立即从现场移至空气新鲜处，如果没有呼吸，进行人工呼吸，严重时就医；误食：给饮牛奶或水，严重时立即就医。

（2）消防。消防时需佩戴自给式呼吸器设备，穿全身防护服。用水喷雾、化学干粉、二氧化碳或适当的泡沫扑灭。

（3）泄漏。清理时，要使用适当的防护设备，将清扫或吸收的材料放入合适的清洁、干燥、密闭的容器中处理。避免产生粉尘，保持良好的通风。

5）操作与防护

操作中戴适当的手套和护目镜或面具。在足够的通风条件下使用。避免与眼睛、皮肤和衣物接触。保持容器密闭。避免食入和吸入。

一般不需要特殊防护。必要时佩戴防毒口罩、合适的防护眼镜或化学安全护目镜，穿适当的防毒防渗服，戴适当的防护手套，以防止皮肤接触。工作现场禁止吸烟。工作完毕，彻底清洗。

6）毒性与生态学数据

LD_{50} 为 200～2000mg/kg（白鼠）。吞咽有害。造成严重眼睛刺激。长期或反复接触可能对器官造成伤害。该物质对环境可能有危害，对水体应给予特别注意。

7）储存与运输

采用塑料桶包装，净重 20kg 或 25kg。储存于阴凉、干燥、通风良好的地方，远离不相容物质，防潮。

运输过程中要确保容器不泄漏、不倒塌、不坠落、不损坏。严禁与氧化剂等混装混运。防暴晒、雨淋，防高温。

4. 醋酸钾

1）理化性质

醋酸钾，别名乙酸钾，分子式 CH_3COOK，相对分子质量 98.14。为白色结晶粉末，无臭或略带有醋酸气味，有咸味，易吸潮。可燃。熔点 292℃，密度为 1.570g/cm^3（25℃），溶解度 2694g/L（25℃）。溶液对石蕊显碱性，对酚酞不显碱性。极易溶于水、甲醇和乙醇，不溶于乙醚。属于重要的钻井液完井液用有机盐之一。

2）用途

在钻井液中可以用作黏土和页岩水化抑制剂；用于配制钾基钻井液，即醋酸钾钻井液体系；也可以用于配制无固相有机盐钻井液完井液。

3）危险性

低毒。可燃。避免粉尘生成。避免吸入蒸气、气雾或气体、粉尘。

4）应急处理措施

（1）急救。皮肤接触：脱掉污染衣着，用大量流动清水冲洗皮肤至少 15min；溅入眼睛：用大量的清水冲洗至少 15min，冲洗中不时提起上下眼睑；吸入：从现场移至空气新鲜处，如果没有呼吸，进行人工呼吸，严重时就医；误食：如果患者清醒和警觉，给饮牛奶或水，严重时立即就医。

（2）消防。采用水雾、耐醇泡沫、干粉或二氧化碳灭火。消防人员必须佩戴空气呼吸器，穿全身防火防毒服，在上风向灭火；并尽可能将容器从火场移至空旷处。

（3）泄漏。收集和处置时防止产生粉尘。扫掉和铲掉后放入合适的封闭容器中待处理，避免形成粉尘和气溶胶。在有粉尘生成的地方，提供合适的排风设备。

5）操作与防护

严禁任何皮肤部位与本品接触。使用后请将被污染过的手套清洗并吹干。不需要保护呼吸。如需防护粉尘损害，可使用N95型（US）或P1型（EN143）防尘面具。使用经过测试并通过标准的呼吸器及零件。

6）毒性与生态学数据

急性毒性：LD_{50}为3250mg/kg（大鼠经口）。

生态毒性：鱼类LC_{50}为992mg/L、96h（斑马鱼）。水溞和其他水生无脊椎动物EC_{50}为919mg/L、48h（水溞）。藻类EC_{50}为1000mg/L、72h（中肋骨条藻）。可快速生物降解，在有机体内不积累。

7）储存与运输

采用内衬塑料袋、外用木桶或硬纸桶包装，每桶净重25kg。储存在阴凉、通风、干燥的库房中，防止受潮。远离热源、火源、自燃物体及强氧化剂。

运输车辆应配备相应品种和数量的消防器材及泄漏应急处理设备。运输过程中要确保包装不泄漏、不损坏。严禁与氧化剂等混装混运。运输途中防暴晒、雨淋，防高温。

5. 甲醛

1）理化性质

甲醛俗名福尔马林，又称蚁醛，分子式HCHO，相对分子质量30.03。无色气体，有特殊的刺激气味。凝固点-92℃，沸点-19.5℃，着火温度300℃，气体相对密度1.067（空气为1），液体相对密度0.815（-20℃），临界温度137℃，临界压力65.6MPa，临界体积0.266g/mL。易溶于水和乙醚。水溶液的含量最高可达55%。工业品通常是40%（含8%甲醇）的水溶液，无色透明，具有窒息性臭味，呈中性及弱酸性反应。能燃烧。蒸气与空气形成爆炸混合物，爆炸极限为7%~73%（体积分数）。

2）用途

可以直接用作钻井液杀菌剂、防腐剂等。

3）危险性

甲醛的主要危害表现为对皮肤黏膜的刺激作用。甲醛是原浆毒物质，能与蛋白质结合、高浓度吸入时出现呼吸道严重的刺激和水肿、眼睛刺激、头痛。皮肤直接接触甲醛可引起过敏性皮炎、色斑、坏死，吸入高浓度甲醛时可诱发支气管哮喘。高浓度甲醛还是一种基因毒性物质。甲醛浓度过高会引起急性中毒，表现为咽喉烧灼痛、呼吸困难、肺水肿、过敏性紫癜、过敏性皮炎、肝转氨酶升高、黄疸等。

其蒸气与空气形成爆炸性混合物，遇明火、高热能引起燃烧爆炸。若遇高热，容器内压增大，有开裂和爆炸的危险。能燃烧，其燃烧（分解）产物为一氧化碳、二氧化碳。甲醛在室内达到一定浓度时，人就有不适感。大于0.08mg/m³的甲醛浓度可引起眼红、眼痒、咽喉不适或疼痛、声音嘶哑、喷嚏、胸闷、气喘、皮炎等。

当甲醛浓度达到0.06~0.07mg/m³时，儿童就会发生轻微气喘；当室内空气中甲醛达到0.1mg/m³时，就有异味和不适感；甲醛达到0.5mg/m³时，可刺激眼睛，引起流泪；甲

醛达到 0.6mg/m³，可引起咽喉不适或疼痛。浓度更高时，可引起恶心呕吐，咳嗽胸闷，气喘甚至肺水肿；甲醛达到 30mg/m³ 时，会立即致人死亡。

4）应急处理措施

（1）急救。皮肤接触：立即脱掉污染衣着，用大量流动清水冲洗至少 20~30min，严重时就医；溅入眼睛：立即提起眼睑，用大量流动清水或生理盐水彻底冲洗 15min，严重时就医；吸入：迅速脱离现场至空气新鲜处，保持呼吸道通畅，严重时就医；误食：口服牛奶、醋酸胺水溶液，催吐，用稀氨水溶液洗胃，严重时就医。

（2）消防。采用雾状水、抗溶性泡沫、干粉、二氧化碳、砂土等灭火。着火应急处理：尽可能切断气源，针对不同情况火种可选用不同防护服及呼吸器。消防人员须佩戴防毒面具、穿全身消防服，在上风向灭火。尽可能将容器从火场移至空旷处。喷水保持火场容器冷却，直至灭火结束。处在火场中的容器若已变色或从安全泄压装置中产生声音，必须马上撤离。

（3）泄漏。尽可能切断泄漏源。消除所有点火源。根据液体流动和蒸气扩散的影响区域划定警戒线，无关人员从侧风、上风向撤离至安全区。建议应急处理人员戴正压自给式呼吸器，穿防腐蚀、防毒服，戴橡胶手套。作业时使用的所有设备应接地。穿上适当的防护服前严禁接触破裂的容器和泄漏物。

防止泄漏物进入水体、下水道、地下室或密闭性空间。小量泄漏时用砂土或其他不燃材料吸收。使用洁净的无火花工具收集吸收材料。大量泄漏时构筑围堤或挖坑收容。用抗溶性泡沫覆盖，减少蒸发。喷水雾能减少蒸发，但不能降低泄漏物在限制性空间内的易燃性。用砂土、惰性物质或蛭石吸收大量液体。用亚硫酸氢钠中和。用耐腐蚀泵转移至槽车或专用收集器内。喷雾状水驱散蒸气、稀释液体泄漏物。

5）操作与防护

密闭操作，提供充分的局部排风。操作人员必须经过专门培训，严格遵守操作规程。建议操作人员佩戴自吸过滤式防毒面具（全面罩），穿橡胶耐酸碱服，戴橡胶手套。使用防爆型的通风系统和设备。防止蒸气泄漏到工作场所空气中。避免与氧化剂、酸类、碱类接触。搬运时要轻装轻卸，防止包装及容器损坏。配备相应品种和数量的消防器材及泄漏应急处理设备。防止倒空的容器残留有害物。

可能接触其蒸气时，应该佩戴防毒面具。紧急事态抢救或逃生时，佩戴自给式呼吸器，穿橡胶耐酸碱服，戴橡胶手套。工作现场禁止吸烟、进食和饮水。工作后，彻底清洗。注意个人清洁卫生。进行就业前和定期的体检。进入罐、限制性空间或其他高浓度区作业，须有人监护。

6）毒性与生态学数据

急性毒性：LD_{50} 为 800mg/kg（大鼠经口），2700mg/kg（兔经皮）；LC_{50} 为 590mg/m³（大鼠吸入）。人吸入 60~120mg/m³，发生支气管炎、肺部严重损害。人吸入 12~24mg/m³，鼻、咽黏膜严重灼伤、流泪、咳嗽；人经口 10~20mL，致死。

亚急性和慢性毒性：大鼠吸入 50~70mg/m³，1 小时 / 天，3 天 / 周，35 周，发现气管及支气管基底细胞增生及生化改变；人长时间吸入20~70mg/m³，会引起食欲丧失、体重减轻、无力、头痛、失眠；人长期吸入12mg/m³，会引起嗜睡、无力、头痛、手指震颤、视力减退。人对甲醛的嗅觉通常是0.06~0.07mg/m³。但有较大的个体差异性，有人可达2.66mg/m³。长期、低浓度接触甲醛会引起头痛、头晕、乏力、感觉障碍、免疫力降低，并可出现瞌睡、记忆力减退或神经衰弱、精神抑郁；慢性中毒对呼吸系统的危害也是巨大的，长期接触甲醛可引发呼吸功能障碍和肝中毒性病变，表现为肝细胞损伤、肝辐射能异常等。

生殖毒性：大鼠经口最低中毒剂量（TDL_0）为200mg/kg（1d，雄性），对精子生存有影响。大鼠吸入最低中毒浓度（TCL_0）：12μg/m³、24h（孕1~22d），引起新生鼠生化和代谢改变。

生态毒性：EC_{50}为2mg/L、48h（水蚤）；持久性和降解性：好氧生物降解24~168h，厌氧生物降解96~672h。

水中甲醛浓度为<20mg/L时，可以被曝气池中经驯化的微生物降解消化。而含量为100mg/L时，能抑制微生物对有机物的氧化。当水中甲醛含量为500mg/L时，生物耗氧过程全部中止，水中微生物被杀死。

甲醛由于沸点低又易溶于水，所以主要通过大气和水排放进入环境。对环境有危害，对水体可造成污染。

7）储存与运输

采用衬防腐材料的200L铁桶包装，每桶净重200~210kg。储存于阴凉、通风的库房中并远离火种、热源。库温21~25℃为宜，不宜超过30℃。冬季应保持库温不低于10℃，低于10℃极易发生低聚。不易储存过久。包装要求密封，不可与空气接触。应与氧化剂、酸类、碱类分开存放，切忌混储。采用防爆型照明、通风设施。禁止使用易产生火花的机械设备和工具。储存区应备有泄漏应急处理设备和合适的收容材料。

运输车辆应配备相应品种和数量的消防器材及泄漏应急处理设备。起运时包装要完整，装载应稳妥。运输过程中要确保容器不泄漏、不倒塌、不坠落、不损坏。装运本品的车辆排气管须有阻火装置。夏季最好早晚运输。运输时所用的槽（罐）车应有接地链，槽内可设孔隔板以减少震荡产生静电。

严禁与氧化剂、酸类、碱类、食用化学品等混装混运。运输中应防暴晒、雨淋，防高温。远离火种、热源。禁止使用易产生火花的机械设备和工具装卸。车辆运输完毕应进行彻底清扫。铁路运输时要禁止溜放。公路运输时要按规定路线行驶，勿在居民区和人口稠密区停留。

6. 正辛醇

1）理化性质

正辛醇别名1-辛醇、伯辛醇、亚羊脂醇、正辛烷醇，分子式$CH_3(CH_2)_6CH_2OH$，相对分子质量130.23。无色液体，有强烈的芳香气味。密度0.83g/cm³，折射率1.430，熔点-16℃，沸点196℃，闪点81℃。饱和蒸气压0.13kPa（54℃），燃烧热5275.2kJ/mol。

不与水混溶，但与乙醇、乙醚、氯仿混溶。

2）用途

在钻井液中作消泡剂和抑泡剂，也可以用作水泥浆消泡剂。

3）危险性

遇明火、高热可燃，有害燃烧产物为一氧化碳、二氧化碳，属低毒类。对眼睛、皮肤、黏膜和上呼吸道有刺激作用。但由于蒸气压低，在一般条件下使用危险性不大。避免与皮肤接触。

4）应急处理措施

（1）急救。皮肤接触：脱掉污染的衣着，用大量流动清水冲洗；溅入眼睛：提起眼睑，用流动清水或生理盐水冲洗；吸入：脱离现场至空气新鲜处，如呼吸困难，给输氧或就医；误食：饮足量温水，催吐，严重时就医。

（2）消防。可用雾状水、泡沫、干粉、二氧化碳、砂土灭火。消防人员须佩戴防毒面具、穿全身消防服，在上风向灭火；并尽可能将容器从火场移至空旷处。喷水保持火场容器冷却，直至灭火结束。处在火场中的容器若已变色或从安全泄压装置中产生声音，必须马上撤离。

（3）泄漏。迅速撤离泄漏污染区人员至安全区，并进行隔离，严格限制出入。切断火源。尽可能切断泄漏源。防止流入下水道、排洪沟等限制性空间。小量泄漏时用砂土、蛭石或其他惰性材料吸收。也可以用不燃性分散剂制成的乳液刷洗，洗液稀释后放入废水系统。大量泄漏时要构筑围堤或挖坑收容。用泵转移至槽车或专用收集器内，回收或运至废物处理场所处置。

5）操作与防护

密闭操作，全面通风。操作人员必须严格遵守操作规程。建议操作人员佩戴自吸过滤式防毒面具（半面罩），戴化学安全防护眼镜，穿防渗透工作服，戴橡胶手套。远离火种、热源，避免与氧化剂、酸类接触。使用防爆型的通风系统和设备。防止蒸气泄漏到工作场所空气中。搬运时要轻装轻卸，防止包装及容器损坏。工作场所禁止吸烟、进食和饮水，饭前要洗手。工作完毕，淋浴更衣。注意个人清洁卫生。

6）毒性与生态学数据

急性毒性 LD_{50}：1790mg/kg（小鼠经口），>3200mg/kg（大鼠经口），>500mg/kg（豚鼠经皮），属低毒类。

7）储存与运输

用 240L 镀锌铁桶包装，储存于阴凉、通风的库房中，远离火种、热源。应与氧化剂、酸类、食用化学品分开存放，切忌混储。配备相应品种和数量的消防器材。储存区应备有泄漏应急处理设备和合适的收容材料。运输中注意防火、防晒。

7. 2- 乙基己醇

1）理化性质

2- 乙基己醇，别名异辛醇，分子式 $C_8H_{18}O$，相对分子质量 130.23。无色有特殊气味的可燃性液体。凝固点 –75℃，沸点 184.7℃，相对密度 0.8344（20℃），折光率 1.4300（20℃），闪点 77℃，黏度（20℃）9.8mPa·s。能与醇、醚及氯仿混溶，20℃时在水中的溶解度为 0.1%，与水形成共沸物，水为 20% 时共沸点为 99.1℃。

2）用途

用作各类水基钻井液的消泡剂，消除各种泡沫。消泡、抑泡能力强。

3）危险性

易燃液体，与空气混合可爆炸。遇明火、高温、强氧化剂可燃；燃烧排放刺激烟雾。

4）应急处理措施

同正辛醇。

5）操作与防护

同正辛醇。

6）毒性与生态学数据

急性毒性：毒性小，LD_{50} 为 3730mg/ kg（口服 – 大鼠）；LD_{50} 为 2500mg/kg（口服 – 小鼠）。刺激数据：皮肤 – 兔子 500mg/ kg、24h，中度；眼 – 兔子 20mg/ kg、24h，中度。

7）包装与储运

采用镀锌铁桶包装，每桶净重 150kg。按易燃品规定，储存于阴凉、通风、干燥的库房中。远离火种、热源。应与氧化剂、酸类等分开存放，切忌混储。配备相应品种和数量的消防器材。储存区应备有泄漏应急处理设备和合适的收容材料。

运输前应先检查包装容器是否完整、密封，运输过程中要确保容器不泄漏、不倒塌、不坠落、不损坏。严禁与氧化剂、酸类、食用化学品等混装混运。运输中注意防火、防晒。

二、表面活性剂

1. 乳化剂 OP−10

1）理化性质

别名壬基酚聚氧乙烯醚 –10，曲拉通 X–100，OP 乳化剂，乳化剂 TX–10，辛基苯酚聚氧乙烯（10）醚，聚乙二醇辛基苯基醚等。无色至淡黄色透明黏稠液体。折光率 1.060。凝固点 –3℃，熔点 44~46℃，沸点 250℃，密度 1.06g/cm^3（20℃），*HLB* 值 14.5。易溶于水、乙醇、乙二醇，可溶于苯、甲苯、二甲苯等，不溶于石油醚。化学性质稳定。浊点 61~67℃。

2）用途

在石油钻井中用作水基钻井液乳化剂和润滑剂，油基钻井液的辅助乳化剂。

3）危险性

无毒、难燃。眼睛或皮肤接触可能引起轻微的短暂刺激。吸入蒸气在正常条件下无毒性伤害。对环境无危害。

4）应急处理措施

（1）急救。皮肤接触：用肥皂和水清洗；眼睛接触：用大量的水冲洗；吸入：可移到室外呼吸新鲜空气；误食：在正常情况下不需要治疗。如果有症状请及时就医。

（2）消防。灭火用干粉，二氧化碳，泡沫或水雾，不要使用喷射水流。

（3）泄漏。发生泄漏时，用砂土、蛭石或其他惰性材料吸收，收集到合适的容器中处理。也可用大量水冲洗，洗液稀释后放入废水系统，但应防止流入下水道、水体等。污染的地板可能湿滑，应注意防滑。用毛巾清理泄漏。用肥皂、水或清洁剂清洗被污染的区域。大量泄漏时，应构筑围堤或挖坑收容。

5）操作与防护

密闭操作，局部排风。建议操作人员佩戴一般的防护口罩，戴化学安全防护眼镜，穿工作服，戴橡胶手套。配备泄漏应急处理设备。

工作场所禁止吸烟、进食和饮水，饭前要洗手。工作完毕，淋浴更衣，保持良好卫生习惯。

6）毒性与生态学数据

LD_{50} 为 1310mg/kg（小鼠食入）；LC_{50} 为 16.4mg/L/48h（孔雀鱼）。对生物有毒性，对水体有一定的危害。

7）储存与运输

本品采用镀锌包装，每桶净重 200kg。可按一般难燃油类化学品规定储存和运输。储存于阴凉、干燥、通风处。储存区应备有合适的材料收容泄漏物。

运输中切忌将桶倒置，注意防火、防暴晒，防雨淋。可按非危险品运输。

2. 乳化剂 TW-80

1）理化性质

别名聚氧乙烯失水山梨醇脂肪酸酯，聚氧乙烯失水山梨醇油酸酯，Tween-80，化学式 $C_{64}H_{124}O_{26}$，相对分子质量 1309.5，为淡黄色至琥珀色油状黏稠液体。密度 1.06～1.10 g/cm^3（20℃），相对蒸气密度（空气=1）1.00±0.05，沸点（常压）>100℃，折射率 1.4756。*HLB* 值 15。无毒无刺激，易溶于水、甲醇、乙醇、异丙醇等多种溶剂，不溶于动物油、矿物油，溶于玉米油、二氧六环、溶纤素、醋酸乙酯、苯胺及甲苯、石油醚、棉籽油、丙酮、四氯化碳。在水、乙醚、乙二醇中呈分散状，具有乳化、扩散、增溶、稳定等性能。

2）用途

可用作钻井液的乳化剂和润滑剂，也可以用作油基钻井液的辅助乳化剂。

3）危险性

吸入、摄入或经皮肤吸收后对身体有害。对眼睛、皮肤有刺激作用。长时间接触能引起头痛、恶心和呕吐。

4）应急处理措施

同 OP-10。

5）操作与防护

同 OP-10。

6）毒性与生态学数据

急性毒性：LC_{50} 为 25g/kg（小鼠经口）。对水体有一定的危害。

7）包装与运输

采用铁桶或塑料桶包装，每桶净重 20kg 或 50kg。储存于阴凉、干燥、通风处的密闭容器中。避免阳光直射。

运输中防止暴晒、雨淋，切忌将桶倒置。

3. 乳化剂 SP-80

1）理化性质

别名斯盘 -80，化学式 $C_{24}H_{44}O_6$，相对分子质量 428.6，为黄色油状液体。密度 0.994g/cm^3（20℃），闪点 >110℃，不溶于水，能分散于温水和乙醇中，溶于丙二醇、液体石蜡、乙醇、甲醇或醋酸乙酯等有机溶剂中，*HLB* 为 4.3，常用作油包水型乳液的乳化剂。

2）用途

在石油钻井中用作钻井液乳化剂和高温稳定剂，也可以用作油基钻井液的乳化剂。

3）危险性

无毒、难燃。避免长时间接触眼睛和皮肤。吸入、摄入或经皮肤吸收后对身体有害。对眼睛、皮肤有刺激作用。长时间接触能引起头痛、恶心和呕吐。

4）应急处理措施

（1）急救。皮肤接触：用大量流动清水冲洗；溅入眼睛：提起眼睑，用流动清水或生理盐水冲洗；吸入：脱离现场至空气新鲜处，如呼吸困难，给输氧或就医；误食：饮足量温水，催吐，严重时就医。

（2）消防。灭火用水喷雾，干粉，二氧化碳，化学泡沫等。

（3）泄漏。用砂土、蛭石或其他惰性材料吸收。也可用大量水冲洗，洗液稀释后放入废水系统。大量泄漏时，则应构筑围堤或挖坑收容。

5）操作与防护

避免吸入粉尘、蒸气、薄雾或气体。避免接触皮肤和眼睛。密闭操作，注意通风。建议操作人员佩戴一般的防护口罩，戴化学安全防护眼镜，穿工作服，戴橡胶手套。配备泄漏应急处理设备。工作完毕，沐浴更衣。保持良好的卫生习惯。

6）毒性与生态学数据

对人体和水生物有毒性，对水体有一定的危害。

7）储存与运输

采用镀锌桶或聚丙烯塑料桶装包装，每桶净重 200kg、50kg、25kg。储存于阴凉、干燥、通风处，密封保存。避免阳光直射。

运输中切忌将桶倒置，避免日晒、雨淋。

4. 十二烷基苯磺酸钠

1）理化性能

十二烷基苯磺酸钠（ABS），分子式 $C_{18}H_{29}NaO_3S$，相对分子质量 348.48，为白色或淡黄色粉状或片状固体。*HLB* 值 10.638，分解温度为 450℃，失重率达 60%，易吸潮结块，临界胶束浓度（CMC 值）1.2mmol/L。难挥发，易溶于水成半透明溶液。对碱、稀酸、硬水化学性质稳定，微毒。是常用的阴离子型表面活性剂。具有良好的去污、润湿、发泡、乳化、分散等性能。

2）用途

在钻井液中可用作起泡剂、润滑剂，以及油包水钻井液辅助乳化剂。

3）危险性

基本无毒。其浓溶液对皮肤有一定的刺激作用。遇明火、高热可燃。与氧化剂可发生反应。受高热分解放出有毒的气体。有害燃烧产物：一氧化碳、二氧化碳、硫化物、氧化钠。

4）应急处理措施

（1）急救。皮肤接触：脱掉污染的衣着，用大量流动清水冲洗；眼睛接触：提起眼睑，用流动清水或生理盐水冲洗；吸入：脱离现场至空气新鲜处，如呼吸困难，给输氧，严重时就医；误食：饮足量温水，催吐，严重时就医。

（2）消防。消防人员须佩戴防毒面具、穿全身消防服，在上风向灭火。灭火剂：雾状水、泡沫、干粉、二氧化碳、砂土。

（3）泄漏。隔离泄漏污染区，限制出入。切断火源。建议应急处理人员戴防尘面具（全面罩），穿防毒服。避免扬尘，小心扫起，置于袋中转移至安全场所。若大量泄漏，则用塑料布、帆布覆盖，收集回收或运至废物处理场所处置。

5）操作与防护

密闭操作，加强通风。建议操作人员佩戴自吸过滤式防尘口罩，戴化学安全防护眼镜，穿防渗透工作服，戴橡胶手套。远离火种、热源，工作场所严禁吸烟。避免产生粉尘。避免与氧化剂接触。搬运时要轻装轻卸，防止包装及容器损坏。

空气中粉尘浓度超标时，必须佩戴自吸过滤式防尘口罩。紧急事态抢救或撤离时，应该佩戴空气呼吸器，穿防毒物渗透工作服，戴橡胶手套。工作结束及时换洗工作服。保持良好的卫生习惯。

6）毒性与生态学数据

急性毒性 LD_{50} 为 1260mg/kg（大鼠经口）。对水体有一定的危害。

7）储存与运输

采用内衬塑料袋、外用塑料编织袋或纸板桶包装，每袋或桶净重 10kg。储存于阴凉、干燥、通风处，密封保存。远离火种、热源。应与氧化剂分开存放，切忌混储。储存区应备有合适的材料收容泄漏物。

起运时包装要完整，装载应稳妥。运输过程中要确保容器不泄漏、不损坏。严禁与氧化剂、食用化学品等混装混运。运输途中应防暴晒、雨淋，防高温。

5. 十二烷基苯磺酸钙

1）理化性质

十二烷基苯磺酸钙分子式（$C_{12}H_{25}C_6H_4SO_3$）$_2Ca$，相对分子质量345.2，为黄至棕黄透明黏稠液体。能溶于甲醇、甲苯、二甲苯等有机溶剂。在钻井液中是一种具有优良乳化性能的油溶性阴离子型表面活性剂。

2）用途

用作水基钻井液乳化剂和润滑剂，也可用作油包水乳化钻井液的乳化剂。

3）危险性

中毒，浓溶液对皮肤有刺激作用。热分解排出有毒硫氧化物烟雾。有害燃烧产物：一氧化碳、二氧化碳、硫化物、氧化钠。

4）应急处理措施

（1）急救。皮肤接触：脱掉污染的衣着，用大量流动清水冲洗；眼睛接触：提起眼睑，用流动清水或生理盐水冲洗；吸入：脱离现场至空气新鲜处，如呼吸困难，给输氧，严重时就医；误食：饮足量温水，催吐，严重时就医。

（2）消防。消防人员须佩戴防毒面具、穿全身消防服，在上风向灭火。灭火剂：水，干粉，二氧化碳，泡沫。

（3）泄漏。用砂土、蛭石或其他惰性材料吸收。也可用大量水冲洗，洗液稀释后放入废水系统。大量泄漏时，则应构筑围堤或挖坑收容。

5）操作与防护

密闭操作，注意通风。避免吸入蒸气，薄雾或气体。避免接触皮肤和眼睛。建议操作人员佩戴一般的防护口罩，戴化学安全防护眼镜，穿工作服，戴橡胶手套。工作场所禁止吸烟、进食和饮水。工作完毕，淋浴更衣，保持良好卫生习惯。

6）毒性与生态学数据

中毒。急性毒性：LD_{50}为4000mg/kg（大鼠口服），LD_{50}为3680mg/kg（小鼠口服）。

7）储存与运输

采用镀锌桶或聚丙烯塑料桶包装，每桶净重200kg或50kg。储存于阴凉、干燥、通风处。远离火种、热源。应与氧化剂分开存放，切忌混储。储存区应备有合适的材料收容泄漏物。

运输中切忌将桶倒置。严禁与氧化剂、食用化学品等混装混运。防暴晒、雨淋，防高温。

6. 十二烷基硫酸钠

1）产品性能

十二烷基硫酸钠（SDS），别名椰油醇（或月桂醇）硫酸钠、K12等，化学式$C_{12}H_{25}OSO_3Na$，相对分子质量288.39，为白色或淡黄色粉状。熔点204~207℃。易溶于热水，溶于热乙醇，微溶于醇，不溶于氯仿、醚。密度1.09g/cm^3，HLB值40.0。对碱和

硬水不敏感。具有去污、乳化和优异的发泡能力，是一种无毒的阴离子表面活性剂。其生物降解度>90%。

2）用途

在钻井液中用作泡沫剂，也可以作为泡沫压裂液起泡剂。

3）危险性

对黏膜和上呼吸道有刺激作用，对眼睛和皮肤有刺激作用。可引起呼吸系统过敏性反应。遇明火、高热可燃。受高热分解放出有毒气体。燃烧分解产物：一氧化碳、二氧化碳、硫化物、氧化钠。

4）应急处理措施

（1）急救。皮肤接触：脱掉污染的衣着，用大量流动清水冲洗；眼睛接触：提起眼睑，用流动清水或生理盐水冲洗；吸入：脱离现场至空气新鲜处，如呼吸困难，给输氧，严重时就医；误食：饮足量温水，催吐，严重时就医。

（2）消防。消防人员须佩戴防毒面具、穿全身消防服，在上风向灭火。灭火剂：雾状水、泡沫、干粉、二氧化碳、砂土。

（3）泄漏。隔离泄漏污染区，限制出入。建议应急处理人员戴防尘面具（全面罩），穿防毒服。避免扬尘，小心扫起，置于袋中转移至安全场所。若大量泄漏，用塑料布、帆布覆盖，收集回收或运至废物处理场所处置。

5）操作与防护

密闭操作，加强通风。操作时操作人员佩戴防尘口罩，戴化学安全防护眼镜，穿防护工作服，戴橡胶手套。远离火种、热源，工作场所严禁吸烟。避免产生粉尘。避免与氧化剂接触。搬运时要轻装轻卸，防止包装及容器损坏。

空气中粉尘浓度超标时，必须佩戴自吸过滤式防尘口罩。紧急事态抢救或撤离时，应该佩戴空气呼吸器，穿防毒物渗透工作服，戴橡胶手套。工作结束及时换洗工作服。保持良好的卫生习惯。

6）毒性与生态学数据

急性毒性 LD_{50}：2000mg/kg（小鼠经口）、1288mg/kg（大鼠经口）。

7）储存与运输

采用内衬塑料的纸板桶或塑料桶包装，每桶净重25kg。储存在阴凉、通风、干燥的库房内。远离火种、热源。应与氧化剂分开存放，切忌混储。配备相应品种和数量的消防器材。储存区应备有合适的材料收容泄漏物。

起运时包装要完整，装载应稳妥。运输过程中要确保容器不泄漏、不损坏。严禁与氧化剂、食用化学品等混装混运。运输途中应防暴晒、雨淋，防高温。

7. 油酸钠

1）理化性能

油酸钠，别名十八烯酸钠，化学式 $C_{17}H_{33}CO_2Na$，相对分子质量304.44，为白色至略带黄色粉末或淡褐黄色粗粉末。熔点232~235℃，闪点200℃。在空气中可缓慢氧化着色，使颜色变暗，并产生腐臭。这是由于油酸因氧化而双键断裂生成腐臭物质，如壬醛。混入高度不饱和酸则促进腐败。为憎水基和亲水基两部分构成的化合物，有优良的乳化力，渗透力和去污力，在热水中有良好溶解性。

2）用途

在钻井液中可用作起泡剂、乳化剂、润湿剂等，但遇高价离子易产生沉淀，不适合在矿化水中应用；还可用作油基钻井液乳化剂。

3）危险性

无毒。对皮肤和黏膜无刺激性。属于不燃化学品。

4）应急处理与措施

（1）急救。皮肤接触：脱掉污染的衣物，用大量流动清水冲洗；眼睛接触：提起眼睑，用流动清水或生理盐水冲洗；吸入：脱离现场至空气新鲜处，如呼吸困难，给输氧；误食：漱口，禁止催吐，严重时立即就医。

（2）消防。消防人员须佩戴携气式呼吸器，穿全身消防服，在上风向灭火。尽可能将容器从火场移至空旷处。隔离事故现场，禁止无关人员进入。收容和处理消防水，防止污染环境。灭火剂：用水雾、干粉、耐醇泡沫或二氧化碳灭火剂灭火。

（3）泄漏。收容泄漏物，避免污染环境。防止泄漏物进入下水道、地表水和地下水。小量泄漏时，避免扬尘，小心扫起，尽可能将泄漏物收集在袋中转移至安全场所。若大量泄漏，则用塑料布、帆布覆盖，收集回收或运至废物处理场所处置。

5）操作与防护

避免吸入粉尘。避免接触皮肤和眼睛。密闭操作，注意通风。操作处置应在具备局部通风或全面通风换气设施的场所进行。远离火种、热源，工作场所严禁吸烟。使用后洗手，禁止在工作场所饮食。

紧急事态抢救或撤离时，应该佩戴空气呼吸器，戴化学安全防护眼镜，穿防毒物渗透工作服或防静电服，戴橡胶手套。工作完毕，沐浴更衣。保持良好的卫生习惯。

6）毒性与生态学数据

急性毒性：LD_{50} 为 152mg/kg（小鼠静脉）。对环境有危害，对水体可造成污染。

7）储存与运输

采用内衬塑料袋、外用塑料编织袋包装，每袋净重 10kg 或 20kg。储存于阴凉、干燥、通风的库房内，库温不宜超过 37℃。应与氧化剂、食用化学品分开存放，切忌混储。

运输中避免日晒、雨淋。

8. 环烷酸酰胺

1）理化性能

环烷酸酰胺，别名 YNC–1，是一种褐色油状液体，系油包水型乳化剂，具有良好的乳化性。密度 0.986~0.988（17℃时），酸值 14~20mgKOH/g。

2）用途

本品系油包水型乳化剂，具有良好的乳化性，与油酸、ABS 等配伍作乳化剂，用其所配制的油包水乳化钻井液性能稳定，抗污染力强，耐温 170℃。用于水基钻井液可以控制钻具腐蚀，也具有防卡、润滑作用，是解卡剂的重要组分。

3）危险性

无毒。对眼睛、呼吸系统和皮肤有刺激作用。可燃。

4）应急处理措施

（1）急救。皮肤接触：脱掉污染的衣物，用大量流动清水冲洗；眼睛接触：提起眼睑，用流动清水或生理盐水冲洗；吸入：脱离现场至空气新鲜处，如呼吸困难，给输氧，严重时就医；误食：饮足量温水，催吐，严重时就医。

（2）消防。用水喷雾，耐醇泡沫，干粉，二氧化碳灭火。

（3）泄漏。用砂土或其他惰性材料吸收，也可用大量水冲洗，洗液稀释后放入废水系统。大量泄漏时，则应构筑围堤或挖坑收容。

5）操作与防护

避免吸入蒸气、薄雾或气体。避免接触皮肤和眼睛。加强通风。操作时戴防毒口罩和护目镜。一般不需要特殊保护。特殊情况下可戴化学安全防护眼镜，穿防毒物防渗透工作服，戴橡胶手套。工作完毕，沐浴更衣。保持良好的卫生习惯。

6）毒性与生态学数据

毒性较小。对环境有危害，对水体可造成污染。

7）储存与运输

用铁桶包装，每桶净重 180kg。储存于阴凉、干燥、通风处的密闭容器中，远离火源和氧化剂。避免阳光直射。按一般化学品规定储运。

运输中避免日晒、雨淋。

9. 渗透剂 T

1）理化性质

渗透剂 T，即顺丁烯二酸二仲辛酯磺酸钠，又称快速渗透剂 T、快 T。分子式 $C_{20}H_{37}O_7SNa$，相对分子质量 444.25，为淡黄色至棕黄色黏稠状液体。易溶于水，水溶液呈乳白色，可显著降低表面张力。1% 的水溶液 pH 值为 6.5~7.0，不耐强酸、强碱、金属盐和还原剂。具有很高的渗透力，渗透性快速均匀，润湿性、乳化性、起泡性均较好。

2）用途

用作钻井液乳化剂，其润滑、乳化和起泡性良好，是配制解卡剂的主要成分。

3）危险性

无毒，对皮肤刺激性小。侵入途径为吸入和吞食。吸入蒸气会刺激鼻子、喉咙和肺部，可能会引起间断性胸闷恶心。

高闪点可燃液体或固体。遇高热可燃。

4）应急处理措施

（1）急救。皮肤接触：用干抹布擦拭干净，用肥皂清洗皮肤；溅入眼睛：立即翻开上下眼睑，用流动清水或生理盐水冲洗至少 15min；吸入：迅速脱离现场至新鲜空气处，保持呼吸道畅通，多饮水，严重时就医；误食：漱口，饮足量温水，催吐，严重时就医。

（2）消防。消防人员须戴好防毒面具，在安全距离以外，站在上风向灭火。用水、干粉灭火器或二氧化碳泡沫灭火器，喷洒着火点，将火源覆盖或冷却阻止继续燃烧。

（3）泄漏。少量泄漏时及时堵塞泄漏处或更换容器，泄漏物可用吸收材料或黏土、砂土吸收后运走掩埋；大量泄漏时，围堤回收、防止扩散，泄漏物和围堤物装于容器中送废物处理场处理，现场用水冲洗至污水处理场所；室内大量泄漏时，及时疏散人员，切断火源，进行通风排气，处理人员应戴自给式呼吸器和防护服、防护手套、防护靴。避免高温、远离火源。

5）操作与防护

生产过程密闭，生产区域严禁烟火，加强通风。穿普通工作服，保持良好的卫生习惯。

6）毒性与生态学数据

无毒，但可造成水体、土壤等污染。

7）储存与运输

采用塑料桶或镀锌铁桶包装，每桶净重 50kg 或 200kg。储存于阴凉、干燥、通风处。运输中避免日晒、雨淋。

10. 月桂酰二乙醇胺

1）理化性质

别名 N，N–二（2–羟乙基）十二烷基酰胺，化学式 $C_{16}H_{33}NO_3$，相对分子质量 287.440，为乳白至淡黄色固体。分散于水，溶于一般的有机溶剂，具有良好的起泡性、稳定性、增稠性、渗透性、防锈性和洗涤性，与其他活性物配伍性好。在水中具有较强的起泡作用，能抗钙，但遇酸会降低性能。

2）用途

用作钻井液乳化剂和泡沫剂，以及提高采收率用驱油剂。

3）危险性

无毒、难燃。对皮肤、眼睛有刺激性。遇明火高热可燃，燃烧产物：一氧化碳、二氧化碳、氧化氮等。

4）应急处理措施

（1）急救。皮肤接触：脱掉污染的衣着，用肥皂水和清水彻底冲洗皮肤；眼睛接触：分开眼睑，用流动清水或生理盐水冲洗；如果吸入，迅速脱离现场到新鲜空气处；误食：漱口，禁止催吐，严重时就医。

（2）消防。消防人员须佩戴携气式呼吸器，穿全身消防服，在上风向灭火。尽可能

将容器从火场移至空旷处。避免使用直流水灭火。根据着火情况选择适当灭火剂灭火。收容和处理消防水，防止污染环境。灭火剂：用水雾、干粉、泡沫或二氧化碳灭火剂灭火。

（3）泄漏。隔离泄漏污染区，限制出入。应急处理人员戴防尘口罩，穿一般作业工作服。不要直接接触泄漏物。小量泄漏时避免扬尘，小心扫起，置于袋中转移至安全场所。大量泄漏时应收集回收或运至废物处理场所处置。

5）操作与防护

密闭操作，局部排风。防止粉尘释放到操作场所空气中。建议操作人员佩戴防尘口罩，戴化学安全防护眼镜，穿工作服，戴橡胶手套。避免产生粉尘。工作场所禁止吸烟、进食和饮水。工作完毕，淋浴更衣。保持良好卫生习惯。

6）毒性与生态学数据

急性毒性：LD_{50}为12.4mL/kg（大鼠口服），LD_{50}>10000mg/kg（小鼠口服），可降解，对皮肤、眼睛有刺激性。

对环境可能有危害，对水体可造成污染。

7）储存与运输

采用内衬塑料袋、外用塑料编织袋或防潮牛皮纸袋包装。储存于阴凉、干燥、通风处。包装密封。远离火种、热源。防止阳光直射。应与酸类物品分开存放，切忌混储。

运输中防止日晒、雨淋。

11. 十二烷基二甲基苄基氯化铵

1）理化性质

别名1227，分子式$C_{21}H_{38}NCl$，相对分子质量339.5，是一种阳离子表面活性剂。属非氧化性杀菌剂，具有广谱、高效的杀菌灭藻能力，和良好的黏泥剥离作用及一定的分散、渗透作用，同时还具有一定的去油、除臭能力、缓蚀作用。微溶于乙醇，易溶于水，水溶液呈弱碱性。摇振时产生大量泡沫。长期暴露于空气中易吸潮。通常工业品是含40%或50%有效成分的水溶液，呈无色或浅黄色黏稠液体，有芳香气味并带苦杏仁味。含有效成分50%的产品相对密度为0.980，黏度为60mPa·s，pH值为6~8。

2）用途

在钻井液中主要用作水基钻井液杀菌剂，兼具黏土稳定剂的作用。也可用作抗高温油包水乳化钻井液的乳化剂。

3）危险性

眼睛接触引起损伤，皮肤接触引起灼伤。吸入有害，对组织、黏膜和上呼吸道破坏力强。对人体有害，误服易致灼伤。对水是极其危害的，即使是少量的产品渗入地下也会对饮用水造成危险，勿排入周围环境。可燃，有害燃烧产物：氮氧化物和氯化物。

4）应急处理措施

（1）急救。皮肤接触：脱掉被污染的衣着，用大量的清水和肥皂水冲洗。被污染的衣服需洗干净后再穿；眼睛接触：立即用流动冷水或生理盐水冲洗至少15min，严重时就医；吸入：转移至新鲜空气处，饮温开水，若停止呼吸，进行人工呼吸，严重时就医；误食：饮大量温开水，严重时就医。

（2）消防。佩戴自给式呼吸器。采用干粉、泡沫、砂土、二氧化碳、雾状水等灭火方式灭火。

（3）泄漏。疏散泄漏污染区人员至安全区，禁止无关人员进入污染区，建议应急处理人员戴自给式呼吸器，穿化学防护服。不要直接接触泄漏物。用砂土、干燥石灰或苏打灰混合，然后收集运至废物处理场所处置。也可以用大量水冲洗，经稀释的洗液排入废水系统。如大量泄漏，则利用围堤收容，然后收集、转移、回收或无害处理后废弃。

5）操作与防护

密闭操作，全面通风。建议操作人员佩戴防毒面具（半面罩），戴化学安全防护眼镜，穿防毒物防渗透工作服，戴橡胶手套。搬运时要轻装轻卸，防止包装及容器损坏。

在可能接触蒸气 / 气雾的场合，佩戴空气净化式呼吸器。必要时，戴化学安全防护眼镜，穿防护工作服，戴橡皮手套。工作场所禁止吸烟、进食和饮水，饭前要洗手。工作完毕彻底清洗，淋浴更衣。

6）毒性与生态学数据

急性毒性：LD_{50}：400mg/ kg（口服 – 大鼠）；LD_{50}：100mg/kg（腹腔 – 小鼠）；对水体可造成污染。

7）储存与运输

采用镀锌铁桶或塑料桶包装，每桶净重 200kg 或 25kg，密闭容器，储存于阴凉、干燥、通风的库房内，环境温度保持在 40℃以下，避免高温和阳光直射，远离火源，远离强氧化剂。

运输中避光、防热、防晒、防雨淋。

12. 十二烷基二甲基苄基溴化铵

1）理化性质

别名新洁尔灭，分子式 $C_{21}H_{38}NBr$，相对分子质量 384.51，为无色或淡黄色固体或胶状液体。相对密度 0.96~0.98（25℃），闪点 >110℃。易溶于水或乙醇，有芳香气，味极苦，具有洁净、杀菌作用。杀菌力为苯酚的 300~400 倍。其水溶液强力震荡时能产生大量泡沫，有良好的分散、剥离黏泥作用。性质稳定，耐光、耐热，无挥发性，可长期储存。

2）用途

在钻井液中主要用作水基钻井液杀菌剂及黏土稳定剂。也可用作抗高温油包水乳化钻井液的乳化剂。

3）危险性

毒性低，毒性低于十二烷基二甲基苄基氯化铵，也远低于氯酚类药剂。对组织无刺激，无累积性毒性。吞咽会中毒，造成皮肤、眼睛、呼吸道刺激。蒸气或雾对鼻、喉和呼吸道有刺激作用。对水是极其危害的，即使是少量的产品渗入地下也会对饮用水造成危险，勿排入周围环境。高温可能引起燃烧。遇明火、高热或与氧化剂接触，有引起燃烧的危险。有害燃烧产物：一氧化碳、二氧化碳（CO，CO_2），氮的氧化物（NO，NO_2…），溴化物。

4）应急处理措施

同十二烷基二甲基苄基氯化铵。

5）操作与防护

同十二烷基二甲基苄基氯化铵。

6）毒性与生态学数据

急性毒性：LD_{50} 为 400mg/kg（大鼠口服），LD_{50} 为 15.0mg/kg（鱼类）。对环境有危害，对水体、土壤和大气可造成污染。

7）储存与运输

塑料桶或内衬塑料的铁桶包装，每桶净重分别为 50kg 或 200kg，储存于阴凉、干燥、通风处。

在运输过程中应按放置方向小心轻放、防撞、防冻，以免损漏。运输中避光、防热、防晒、防雨淋。

13. 十六烷基三甲基氯化铵

1）理化性质

十六烷基三甲基氯化铵，分子式 $C_{19}H_{42}NCl$，相对分子质量 320.001，为白色粉末或白色膏体或固体。密度 0.968g/mL（20℃），0.44 g/mL（30℃），熔点 232~234℃，折射率 1.377，闪点 100℃。可溶于水，易溶于甲醇、乙醇、异丙醇等醇类溶剂。振荡时产生大量泡沫，与阳离子、非离子、两性表面活性剂有良好的配伍性。化学稳定性好，耐热、耐光、耐压、耐强酸强碱。具有优良的渗透、柔化、乳化、抗静电、生物降解性及杀菌等性能。

2）用途

主要用作阳离子表面活性剂，可作为钻井液杀菌剂、黏土稳定剂等，还可以制备有机膨润土。

3）危险性

吞食有害。刺激呼吸系统和皮肤。对眼睛有严重伤害。蒸气或雾对鼻、喉和呼吸道有刺激作用。对环境有危害，对水体、土壤和大气可造成污染。对水生生物有极高毒性，可能对水体环境产生长期不良影响。遇明火、高热或与氧化剂接触，高温有引起燃烧的危险。有害燃烧产物为碳氧化物，氮氧化物，氯化氢气体。

4）应急处理措施

（1）急救。皮肤接触：脱掉被污染的衣着，用大量的清水和肥皂水冲洗，被污染的衣服需洗干净后再用；眼睛接触：立即用流动冷水或生理盐水冲洗至少 15min，严重时就医；吸入：转移至新鲜空气处，饮温开水，若停止呼吸，进行人工呼吸，严重时就医；误食：立即漱口，给饮牛奶或蛋清，严重时立即就医。

（2）消防。佩戴自给式呼吸器去救火，采用干粉、泡沫、砂土、二氧化碳、雾状水等灭火方式灭火。

（3）泄漏。防止粉尘的生成，避免吸入粉尘。防止吸入蒸气、气雾或气体。保证充分的通风。将人员撤离到安全区域。不要让泄漏物进入下水道。少量泄漏时小心扫起，置于袋中转移至安全场所。大量泄漏时应收集回收或运至废物处理场所处置。

5）操作与防护

密闭操作，局部排风。防止粉尘释放到操作场所空气中。建议操作人员佩戴防尘口罩，戴化学安全防护眼镜，穿工作服，戴橡胶手套。避免产生粉尘。

在可能接触高浓度粉尘、蒸气/气雾的场合，须佩戴自吸过滤式防毒面具（全面罩）或隔离式呼吸器。必要时，戴化学安全防护眼镜，穿防毒物渗透工作服，戴橡胶手套。工作场所禁止吸烟、进食和饮水。工作完毕彻底清洗，淋浴更衣。保持良好卫生习惯。

6）毒性与生态学数据

急性毒性：LD_{50} 为 400mg/kg（小鼠经口）；LD_{50} 为 4300mg/kg（大鼠皮肤）。对环境有危害，对水体、土壤和大气可造成污染。

7）储存与运输

采用塑料桶包装，每桶净重 50kg。保持容器密封，储存于阴凉、通风、干燥的库房内，远离火种、热源。应与氧化剂、酸类物品分开存放，切忌混储。

运输中避光，防止暴晒和雨淋。

14. 十八烷基三甲基氯化铵

1）理化性质

别名硬脂基三甲基氯化铵，氯化十八烷基三甲基铵，三甲基十八烷基氯化铵，1831，分子式 $C_{21}H_{46}NCl$，相对分子质量 348.13，为白色或黄色固体或膏状体。*HLB* 值 15.7，闪点（开杯）180℃，表面张力（0.1% 溶液）34×10^{-3} N/m。易溶于异丙醇，可溶于水。1% 水溶液的 pH 值为 6~8。振荡时产生大量泡沫。化学稳定性好，耐热、耐光、耐压、耐强碱强酸。具有优良的稳定性、渗透、柔化、抗静电及杀菌性能。

2）用途

作为阳离子表面活性剂，在钻井液中主要用作抗高温油包水乳化钻井液的乳化剂，也可用作水基钻井液黏土稳定剂、杀菌剂，用作制备有机膨润土的原料。

3）危险性

刺激眼睛、呼吸系统和皮肤。使用时避免吸入及与眼睛、皮肤接触。蒸气或雾对鼻、喉和呼吸道有刺激作用。遇明火、高热或与氧化剂接触，有可能引起燃烧。有害燃烧产物为碳氧化物，氮氧化物，氯化氢气体。

4）应急处理措施

同十六烷基三甲基氯化铵。

5）操作与防护

同十六烷基三甲基氯化铵。

6）毒性与生态学数据

急性毒性：LD_{50} 为 536mg/kg（小鼠－经口）；LD_{50} 为 1600mg/kg（小鼠－经皮）。对环境有危害，对水体、土壤和大气可造成污染。

7）储存与运输

塑料桶包装，每桶净重 50kg。保持容器密封，储存于阴凉、通风、干燥的库房内。避免与氧化物接触。远离火种、热源。防止阳光直射。与氧化剂、酸类物品分开存放，切忌混储。

运输中防止阳光直射，保持包装密封。应与氧化剂、酸类物品分开运输。

三、合成聚合物处理剂

（一）常用聚合物处理剂

该类聚合物产品主要包括：聚丙烯酰胺、聚丙烯酸钠和丙烯酸、丙烯酰胺、AMPS 等单体的共聚物，由于相对分子质量和基团组成的不同可以分别用作絮凝剂、增黏剂、包被剂、降滤失剂、防塌剂、降黏剂等。

1. 聚丙烯酰胺

聚丙烯酰胺（PAM）是一种水溶性的高分子材料，易溶于水，可以溶于醋酸、丙烯酸、乙二醇、丙三醇、甲酰胺和少数强极性有机溶剂，而不溶于甲醇、乙醇、丙酮、乙醚、脂肪烃和芳香烃。用作钻井液处理剂，具有絮凝、抗污染、抗剪切、剪切稀释性能好等特点，可有效地调节钻井液流型，亦可用作钻井液增稠剂，适用于各种类型的水基钻井液体系，也可以用于钻井作业废水絮凝剂。

2. 水解聚丙烯酰胺钾盐

水解聚丙烯酰胺钾盐（K–HPAM），俗称大钾，灰白色粉末，易溶于水，水溶液为黏稠状透明体，呈弱碱性。高温下会进一步发生水解和降解。分子中含有酰胺基和羧酸钾基团，相对分子质量为 300×10^4~500×10^4，由于其具有足够长的分子链，较多的吸附基和相当数量的钾离子，用作钻井液处理剂，能防止强水敏性页岩和黏土的水化膨胀分散，控制地层造浆。与阴离子和两性离子型处理剂有良好的配伍性，适用于各种类型的水基钻井液体系。

3. 水解聚丙烯腈铵盐

水解聚丙烯腈铵盐（NH_4–HPAN）为黄褐色粉末，可溶于水，水溶液呈中性。相对分子质量为 2×10^4~11×10^4，水解度为 60% 左右。用于不分散钻井液，具有抑制能力强、不提黏、耐高温（大于 200℃）等特点。其抗盐能力强，而抗钙能力弱，对于中等钙离子浓度的钙基钻井液可以使用，但遇到高浓度 $CaCl_2$ 时会产生絮状沉淀。不仅具有良好的抑制性和降滤失能力，同时还有一定的降黏能力，可用于阴离子型和两性离子型水基钻井液体系。使用时钻井液体系的 pH 值不宜过高。

4. 复合离子型聚丙烯酸盐 PAC 系列

PAC 系列产品是指不同相对分子质量和基团分布的复合离子型丙烯酸多元共聚物，通过在高分子链节上引入不同含量的羧基、羧钠基、羧铵基、酰胺基、腈基、磺酸基和羟基等基团而得到。该系列产品主要用于聚合物钻井液体系。由于各种官能团的协同作用，在各种复杂地层和不同的矿化度及温度条件下均能发挥其作用。通过调整聚合物分子链节中各官能团的种类、数量、比例、聚合度及分子构型，可制备出一系列的处理剂，可以满足增黏、降黏或降滤失要求，目前应用较多的是 PAC-141、PAC-142 和 PAC-143 三种产品，三种产品通常配伍使用。其中：

PAC-141 以增黏包被为主，兼具降滤失作用。相对分子质量在 300×10^4 以上，抗温 180℃，抗盐至饱和，同时还具有一定的抗高价金属离子污染的能力。主要用作低固相不分散水基钻井液的增黏降滤失剂，有较好的胶体稳定性和耐温抗盐能力，还有较好的包被、抑制和剪切稀释特性。

PAC-142 是一种低相对分子质量的聚合物，相对分子质量在 150×10^4 以内。作为钻井液降滤失剂，在降滤失的同时，其增黏幅度比 PAC141 小，可以明显降低现场井浆的黏度、切力和滤失量。主要用作低固相不分散水基钻井液的降滤失剂，兼有降黏作用，同时具有抗温抗盐和抗高价金属离子的能力。

PAC-143 是一种增黏降滤失剂，相对分子质量 150×10^4~200×10^4，分子链中含有羧基、羧钠基、羧钙基、酰胺基等多种官能团。其特点与 PAC-141 相近。主要用作低固相不分散水基钻井液的降滤失剂，兼有增黏作用，还有较好的包被、抑制和剪切稀释特性。

5. 两性复合离子型聚合物包被剂 FA-367

FA-367 为白色或微黄色粉末，是分子中含有阳离子、阴离子、非离子等多种官能团的水溶性聚合物，属于 PAC-141 的改进产品。由于分子链节中引入了阳离子基团，使其与黏土的吸附由单一氢键吸附变为氢键吸附和静电吸附，增加了对黏土的吸附强度和吸附量，对钻屑的包被作用和抑制分散作用也大大增强；分子中大侧基有一定的憎水性，提高了其降滤失的效果，增强了剪切稀释的能力和抗剪切降解的能力；由于聚合物分子中阴离子基团是用钾、铵等阳离子中和的，解离出 K^+、NH_4^+ 等离子，有利于防塌。主要用作低固相不分散水基钻井液的增黏降滤失剂，既可用于阴离子型钻井液、两性离子型钻井液，也可用于阳离子型钻井液。

6. 抗温抗盐增黏剂 PAMS603

PAMS603 是一种含酰胺基、羧基和磺酸基团的阴离子型聚合物，具有很强的抗温、抗盐和抗钙能力。抗温 200℃，抗盐至饱和。其适用范围和主体作用与 PAC-141 相同，不同的是由于分子中引入 AMPS 结构单元，抗温抗盐能力进一步提高。用作钻井液增黏剂，具有较好的降滤失、絮凝和改善钻井液剪切稀释的能力，能有效地控制地层造浆、抑制黏土和钻屑分散，与常用处理剂有良好的配伍性，可用于各种类型的水基钻井液体系，也可用于无固相或无土相完井液增黏剂。

7. 两性离子丙烯酸盐多元共聚物 JT-888

JT-888 是一种低相对分子质量的水溶性两性离子型丙烯酸多元共聚物，相对分子质量 10×10^4~30×10^4。作为降滤失剂，具有黏度效应低、对钻屑抑制作用强，抗钙、镁至 1500×10^{-6}，抗盐达饱和，抗温大于 150℃，能够改善钻井液的稳定性，改善泥饼质量，同时具有加量小、配伍性好，使用方便，对环境无污染的特点。主要用作低固相不分散水基钻井液的不增黏降滤失剂，有一定的剪切稀释作用。适用于多种水基钻井液体系。

8. 高温降滤失剂 PAMS601

PAMS601 是一种含磺酸基团的阴离子型聚合物，相对分子质量为 200×10^4~300×10^4，易溶于水，在含钙的钻井液中不产生沉淀。由于分子中引入了磺酸基团，使其具有较强的抗温抗盐能力，特别是抗钙镁污染的能力。作为降滤失剂，具有较好的抑制、絮凝和包被作用。可用于各种类型的水基钻井液体系。以其为主剂形成的磺酸盐聚合物钻井液适用于海洋钻井，也可用于盐膏层井段和深井、超深井，以及地热井钻井。

9. 两性离子磺酸盐聚合物 CPS-2000

CPS-2000 是一种含有磺酸基的两性离子共聚物，可溶于水。由于分子中含有羧酸基、磺酸基、酰胺基和阳离子基团，在淡水钻井液、盐水钻井液、饱和盐水钻井液和高矿化度盐水钻井液中具有较强的降滤失作用和提黏切能力，同时还表现出较强的包被、抑制和防塌能力。优良的抗盐、抗温能力，可有效控制泥页岩的水化分散，有利于钻井液清洁、井壁稳定和油气层的保护。主要用作钻井液防塌降滤失剂，适用于各种水基钻井液体系。

10. P（AM-AA）反相乳液聚合物

P（AM-AA）反相乳液聚合物为乳白色黏稠液体，可以迅速分散于水或钻井液中，与组成相同的粉状产品的用途相同，可直接加入钻井液，同时乳液中的油相及表面活性剂对钻井液具有润滑作用。用作水基钻井液处理剂，根据其相对分子质量和基团组成不同，可以分别用作包被抑制剂、增黏剂、絮凝剂和降滤失剂等。低黏产品主要用作降滤失剂，高黏产品不仅具有降滤失作用，还具有较强的提黏、包被和絮凝作用。用作钻井液处理剂，能够有效地絮凝包被钻屑，抑制黏土和钻屑水化分散，控制钻井液滤失量，改善钻井液流变性和润滑性。

11. P（AM-AMPS）反相乳液聚合物

P（AM-AMPS）反相乳液聚合物与组成相同的粉状产品性能相同，唯一不同的地方是前者在钻井液中分散速度快，可以直接加入钻井液，同时乳液中的油相及表面活性剂对钻井液具有润滑作用。用作水基钻井液处理剂，根据其相对分子质量和基团组成不同，可以分别用作包被抑制剂、增黏剂、絮凝剂和降滤失剂等。相对于粉状产品，反相乳液聚合物效果更优，且用量明显降低。用作钻井液包被抑制剂、增黏剂、絮凝剂和降滤失剂等，能够有效地絮凝包被钻屑、抑制黏土水化分散，控制钻井液滤失量，改善钻井液流变性和润滑性。适用于深井高温钻井液和盐水、饱和盐水钻井液，以及高钙钻井液。

12. P（AM-AMPS-DAC）两性离子反相乳液聚合物

P（AM-AMPS-DAC）两性离子反相乳液聚合物与组成相同的粉状产品性能相同，不仅在钻井液中分散速度快，可以直接加入钻井液，同时乳液中的油相及表面活性剂对钻井液具有润滑作用。由于分子中含有磺酸基、酰胺基和季铵基，用作钻井液降滤失包被抑制剂、增黏剂、絮凝剂等，能够有效地絮凝包被钻屑、抑制黏土水化分散，控制钻井液滤失量，改善钻井液流变性和润滑性。适用于深井高温钻井液和盐水、饱和盐水钻井液，以及高钙钻井液体系。

13. 聚丙烯酸钠

聚丙烯酸钠（PAA-Na）是一种低相对分子质量的阴离子型聚电解质，极易吸潮，可溶于水。典型的商品代表是X-A40，是最早应用的聚合物降黏剂之一。其平均相对分子质量为5000左右，具有一定的抗温抗盐能力。在钻井液中加量为0.3%时，可抗0.2% $CaSO_4$ 和1% NaCl，可抗150℃的高温。主要用作不分散聚合物钻井液的降黏剂。

14. 两性离子降黏剂XY-27

XY-27是一种相对分子质量较小（10000以内）的两性离子型线性聚电解质，白色或灰白色粉末，极易吸潮，易溶于水，水溶液近中性。由于分子链中同时具有阳离子基团和阴离子基团，与阴离子型聚合物降黏剂相比，在降黏的同时，具有较强的抑制作用。与分散型降黏剂相比，在加量较少的情况下（通常为0.1%~0.3%）就能获得较好的降黏效果，同时还有一定的抑制黏土水化膨胀的能力。XY-27与FA-367及JT-888等配合使用，构成目前国内广泛使用的两性复合离子聚合物钻井液体系。适用于各种水基钻井液，可用于高温深井的钻探中。

15. P（AMPS-AA）共聚物降黏剂

P（AMPS-AA）共聚物降黏剂，国外同类产品CPD（为50%水溶液），是一种低相对分子质量的阴离子型聚合物，易吸潮，可溶于水，水溶液呈弱碱性。相对分子质量1500~5000，抗温大于260℃，抗钙能力强，钙离子高达 1800×10^{-6} 时，它所处理的钻井液仍然保持良好的流变性。对不同NaCl含量的褐煤-FCLS钻井液具有较好的稀释效果，能很好地稳定井壁，有效控制高温下静止老化后钻井液的稠化。适用于各种水基钻井液及高温深井的钻探中。

16. 水解聚丙烯酰胺颗粒堵漏剂

本品为丙烯酰胺、丙烯酸交联聚合物和膨润土复合物，为土黄色或浅红色固体颗粒，不溶于水，遇水膨胀。可直接或与其他材料配伍用作复杂漏失地层堵漏作业，用量根据漏失情况确定。适用地层温度不超过120℃。也可以用于调剖堵水、调驱等。细颗粒粉状产品可用作钻井液随钻封堵剂和降滤失剂。

17. 两性离子交联聚合物堵漏剂

本品为丙烯酸、丙烯酰胺、二甲基二烯基氯化铵和N，N-亚甲基双丙烯酰胺的交联共聚物和膨润土复合物。为土灰色颗粒，具有不溶于水，但遇水膨胀的特点。由于含有阳离子基团，吸附后颗粒外层阳离子可以与地层或其他材料表面相吸附，提高堵漏效

果。可以直接或与其他材料配伍用于堵漏作业。

(二)聚合物处理剂安全与防护

该类聚合物无毒，但有些产物中有残余的碱性物质、残余单体或原料等，可能会产生一定的危害性，尤其是粉尘污染。溶液高温下可水解产生氨气，会产生环境污染。粉末产品吸水后发黏，避免与皮肤和眼睛接触。若不慎进入眼睛，立即用大量清水冲洗。使用时穿防滑胶鞋，戴防尘口罩、防护眼镜和橡胶手套，以防止粉尘接触和吸入。生产原料丙烯酰胺、丙烯酸、AMPS 等有毒，生产过程中保证车间通风良好，防火、防爆。

1. 危险性

该类聚合物呈弱碱性，主要侵入途径是吸入，与眼睛及皮肤接触。接触加工或使用过程中所形成的粉尘，可引起头痛、嗜睡、周身无力、呼吸道黏膜刺激症状、喘息性支气管炎和皮肤病，还可发生肾脏损害。残余的丙烯酰胺类单体会对人体造成危害。使用时易产生粉尘，无环境危害，低毒或无毒，无刺激性，常温常压条件下稳定，遇明火、高热能燃烧。受高热分解放出氨气。有害燃烧产物：一氧化碳、二氧化碳等。含磺酸基聚合物燃烧产物中还含有二氧化硫，两性离子聚合物燃烧产物中还含有氯化物和氮氧化物等。

粉体与空气可形成爆炸性混合物，当达到一定浓度时，遇火星会发生爆炸。

2. 应急处理措施

(1)急救。皮肤接触：脱掉污染的衣着，用肥皂水、食醋和清水彻底冲洗皮肤；眼睛接触：提起眼睑，用流动清水或生理盐水冲洗；吸入：迅速脱离现场至空气新鲜处，保持呼吸道通畅，如呼吸困难，给输氧，严重时就医；误食：催吐，如大量入肚确感不适，须就医。通过动物实验证明该类产品食入后不会中毒。

(2)消防。消防人员必须穿全身耐酸碱消防服。灭火剂：雾状水、泡沫、二氧化碳、干粉、砂土等。

(3)泄漏。隔离泄漏污染区，限制出入。建议应急处理人员戴防尘面具(全面罩)，穿防护服，穿防滑胶鞋。避免扬尘，小心扫起，置于袋中转移至安全场所。若大量泄漏，则用塑料布、帆布覆盖。收集回收或运至废物处理场所处置。不宜用水冲洗，如果遇水发黏，可以洒砂土后清扫收集运至废弃物处理场所进行处置。

3. 操作与防护

使用时穿防滑胶鞋，戴防尘口罩、防护眼镜和橡胶手套，防止泄漏和吸入，避免粉尘与皮肤、眼睛接触。保持良好通风。

一般不需要特殊防护，空气中粉尘浓度超标时，可佩戴自吸过滤式防尘口罩。必要时，戴化学安全防护眼镜，穿防静电工作服，戴一般作业防护手套。工作现场严禁吸烟。提供安全淋浴和洗眼设备。保持良好的卫生习惯。

4. 毒性与生态学数据

实际无害，EC_{50}>10000mg/L(发光菌法)。粉尘有危害。部分产品原料残余会造成一定危害，危害程度与残余物性质有关。对水体和大气可能会造成一定影响。

5. 储存与运输

该类聚合物极易吸潮，包装采用内衬塑料袋热压封口、外用防潮牛皮纸袋包装，粉末产品每袋净重25kg。乳液产品采用塑料桶包装，每桶净重50kg。储存于阴凉、通风、干燥处。储存区域温度不可高于52℃，且储存区域应远离易燃材料。

粉末产品运输中防止受潮和雨淋，如遇到产品因受潮结块，则可烘干、粉碎后使用，不影响使用效果。乳液产品运输中防止暴晒、防冻、防火。

四、合成树脂磺酸盐类处理剂

合成树脂磺酸盐类处理剂主要包括磺甲基酚醛树脂、磺化木质素磺化酚醛树脂、磺化栲胶磺化酚醛树脂和两性离子磺化酚醛树脂。

（一）常用的合成树脂磺酸盐类处理剂

1. 磺甲基酚醛树脂

磺甲基酚醛树脂（SMP），别名磺化酚醛树脂，是一种阴离子水溶性聚电解质，具有很强的耐温抗盐能力，产品为棕红色粉末，易溶于水，水溶液呈弱碱性，可抗180~200℃的高温。因引入磺酸基的数量不同，抗无机电解质的能力会有所差别。目前使用量很大的SMP-Ⅰ型产品可用于矿化度小于1×10^5mg/L的钻井液，而SMP-Ⅱ型产品可抗盐至饱和，同时具有一定的抗钙能力，用作饱和盐水钻井液降滤失剂。SMP-Ⅲ型产品进一步改善了抗温抗盐能力，用作耐温抗盐的钻井液降滤失剂，可以有效地降低钻井液的高温高压滤失量，由其组成的钻井液是理想的高温深井钻井液体系之一。

2. 磺化木质素磺化酚醛树脂

磺化木质素磺化酚醛树脂（SLSP）为水溶性阴离子聚电解质，是一种抗温抗盐抗钙的钻井液降滤失剂，为棕褐色粉末，易溶于水，水溶液呈弱碱性。与磺甲基酚醛树脂有相似的性能，由于木质素磺酸盐的引入，使产品在降低钻井液滤失量的同时，还有优良的稀释特性。其缺点是在钻井液中比较容易起泡，需配合加入消泡剂。适用于高温深井钻井液体系。

3. 磺化栲胶磺化酚醛树脂

磺化栲胶磺化酚醛树脂（SKSP）是一种阴离子水溶性聚电解质，为黑褐色粉末，易溶于水，水溶液呈弱碱性。产物分子中的单宁结构单元赋予产品一定的降黏作用，与SMP相比，分子中不仅有羟基、磺酸基，还增加了羧酸基、醚键等，同时分子中羟基的数量进一步提高。用作水基钻井液的抗高温抗盐降滤失剂，兼具一定的降黏作用，适用于各种水基钻井液体系。

4. 两性离子磺化酚醛树脂

两性离子磺化酚醛树脂（CSMP）是在磺化酚醛树脂的基础上，通过引入阳离子基团而制得的分子中既含阴离子基团，又含阳离子基团的改性磺化酚醛树脂。分子中的阳离子基团，增加了产品的抑制防塌作用，改善了产品的降滤失能力，适合用作高温深井钻井液处理剂。CSMP 为棕红色至褐色粉末，易溶于水，水溶液呈弱碱性。其降滤失性能优于磺化酚醛树脂，并具有较强的抗盐、抗温及抑制页岩水化分散的能力。主要用作各种水基钻井液体系的抑制型降滤失剂，它在明显降低钻井液高温高压滤失量的同时，兼有一定的抑制黏土分散和控制地层造浆等作用。

（二）合成树脂磺酸盐类处理剂安全及防护

该类处理剂基本无毒，但有些产物中有残余的苯酚或其他原料等，可能会造成一定的危害，尤其是粉尘污染。生产原料苯酚、甲醛、亚硫酸盐等有毒，生产中保证车间通风良好，防火、防爆。

1. 危险性

合成树脂磺酸盐类处理剂呈弱碱性，主要侵入途径是吸入、与眼睛及皮肤接触。

接触加工或使用过程中所形成的粉尘，可引起头痛、嗜睡、周身无力、呼吸道黏膜刺激症状、喘息性支气管炎和皮肤病，还可发生肾脏损害。在缩聚过程中，可发生甲醛、酚、一氧化碳中毒。具刺激性。易燃，遇明火、高热能燃烧。受高热分解放出有毒的气体。粉体与空气可形成爆炸性混合物，当达到一定浓度时，遇火星会发生爆炸。有害燃烧产物：一氧化碳、二氧化碳、硫的氧化物等。

2. 应急处理措施

（1）急救。皮肤接触：脱掉污染的衣着，用肥皂水和清水彻底冲洗皮肤；眼睛接触：提起眼睑，用流动清水或生理盐水冲洗；吸入：迅速脱离现场至空气新鲜处。保持呼吸道通畅，如呼吸困难，给输氧，严重时就医；误食：饮足量温水，催吐，严重时就医。

（2）消防。消防人员必须穿全身耐酸碱消防服。灭火剂：雾状水、泡沫、二氧化碳、干粉、砂土等。

（3）泄漏。隔离泄漏污染区，限制出入。应急处理人员应戴防尘面具（全面罩），穿防护服，穿防滑胶鞋。避免扬尘，小心扫起，置于袋中转移至安全场所。若大量泄漏，则用塑料布、帆布覆盖。收集回收或运至废物处理场所处置。不宜用水冲洗，如果遇水发黏，可以洒砂土后清扫。严禁泄漏物接触地下水或排入下水道和污水系统。

3. 操作与防护

密闭操作，提供良好的自然通风条件。生产合成树脂磺酸盐类处理剂的主要原料苯酚、甲醛、阳离子单体均有腐蚀性，应避免溅至皮肤上，在生产操作中注意安全防护，车间内应保持良好的通风状态，同时还要注意防火。

建议操作人员佩戴自吸过滤式防尘口罩，戴化学安全防护眼镜，穿防静电工作服。防止粉尘吸入及与皮肤、眼睛接触。使用防爆型的通风系统和设备。搬运时要轻装轻卸，防止包装及容器损坏。配备相应品种和数量的消防器材及泄漏应急处理设备。

使用时，一般不需要特殊防护，粉尘浓度高时可佩戴自吸过滤式防尘口罩，戴化学安全防护眼镜，穿防静电工作服，戴一般作业防护手套。工作现场严禁吸烟。保持良好的卫生习惯。

4. 毒性与生态学数据

微毒，EC_{50}>6000mg/L（发光菌法）。粉尘有危害。部分产品原料残余会造成一定危害，危害程度与残余物性质有关。对水体、土壤和大气可能会造成污染。

5. 储存与运输

粉状产品易吸潮，采用内衬塑料袋、外用防潮牛皮纸袋包装，每袋净重 25kg。液体产品采用内衬塑料桶包装，每桶净重 25kg 或 50kg。储存于阴凉、通风的库房内，保持容器密封，远离火种、热源。与氧化剂分开存放，切忌混储。配备相应品种和数量的消防器材。储存区应备有泄漏应急处理设备和合适的收容材料。

运输中防止受潮和雨淋，防暴晒。

五、聚醚、聚醚胺和聚铵

（一）聚醚类

1. 常用聚醚

1）聚乙二醇

聚乙二醇（PEO），别名乙二醇聚氧乙烯醚、聚氧化乙烯等，为环氧乙烷水解产物的聚合物，平均相对分子质量大约为 200~20000。相对分子质量不同而性质不同，从无色无臭黏稠液体至蜡状固体。相对分子质量 200~600 的 PEO 常温下是液体；相对分子质量在 600 以上的 PEO 逐渐变为半固体状。由于平均相对分子质量的不同，在钻井液中的主导作用也不同。溶于水、乙醇和许多其他有机溶剂；不溶于大多数脂肪烃类和乙醚。无毒，无刺激。

聚乙二醇在钻井液中具有较强的抑制、封堵、润滑和降滤失作用。无机盐与聚乙二醇具有协同作用，能够提高钻井液滤液的黏度，并通过降低钻井液中水的活度来减小压力渗透，起到稳定页岩，防止井壁失稳的作用。它是聚合醇钻井液的主要成分，也可以单独用作抑制剂和封堵剂。急性毒性 LD_{50} 为 33~35g/kg（小鼠经口）；LD_{50} 为 10~13g/kg（小鼠腹膜）。

2）聚丙二醇

聚丙二醇，别名丙二醇聚氧乙烯醚、聚氧化丙烯、丙二醇聚醚等，代号 PPG，为无色到淡黄色的黏性液体。不挥发，无腐蚀性。一般商品的相对分子质量为 400~2050。较低相对分子质量的聚丙二醇能溶于水，较高相对分子质量的聚丙二醇仅微溶于水，溶于油类、许多烃以及脂肪族醇、酮、酯等。闪点 230℃。其在钻井液中的作用与聚乙二醇相同。可用作抑制剂、封堵剂和润滑剂，是聚合醇钻井液的重要组分之一。急性毒性

LD_{50}>10g/kg（小鼠，经口）。LD_{50} 为4190mg/kg（大鼠，经口）、1.4mL/kg（人经口，致死）。

3）聚氧乙烯聚氧丙烯醚

本品是一种非离子表面活性剂，为低碳醇与环氧乙烷、环氧丙烷的低聚物，钻井液行业习惯称聚合醇，常温下为黏稠状淡黄色液体，溶于水。其水溶性受温度影响很大，当温度升到聚合醇的浊点温度时，聚合醇从水中析出；当温度低于聚合醇的浊点温度时，聚合醇又能溶于水。用作水基钻井液处理剂，能有效抑制页岩水化，封堵岩石孔隙和微裂缝，防止水分渗入地层，从而稳定井壁，同时还具有良好的润滑、乳化、降低滤失量和高温稳定等作用，降低钻具扭矩和摩阻，防止钻头泥包，有效保护油气层，是组成聚合醇钻井液的主要成分。

2. 安全及防护

1）危险性

该类产品无危害或危害较小，当储存及操作正确时几乎不会产生危险分解产物。正常使用不会造成危害，不刺激眼睛，不会引起皮肤的刺激和过敏。有害燃烧产物为一氧化碳、二氧化碳等。不允许排入水、废水及土壤中。

2）应急处理措施

（1）急救。皮肤接触：用肥皂及清水冲洗皮肤 15min；眼睛接触：提起眼睑，用流动清水或生理盐水冲洗；吸入：移到新鲜空气处；误食：饮足量温水，催吐，严重时立即就医。

（2）消防。用水雾、干粉、泡沫或二氧化碳灭火剂灭火。消防人员须佩戴携气式呼吸器，穿全身消防服，在上风向灭火；并尽可能将容器从火场移至空旷处。根据着火情况选择适当灭火剂灭火。避免使用直流水灭火，以防导致可燃性液体的飞溅，使火势扩散。注意收容和处理消防水，防止污染环境。

（3）泄漏。隔离区域，禁止不必要及未佩戴防护设备的人员进入。用砂、土或任何合适的吸附剂将溢出物吸收，将其转移到容器中加以处理，用水对溢出地带进行冲洗，避免外溢物流入下水道及公用水管道，并防止进入土地、污水管和水流中。建议应急处理人员戴防护口罩，穿一般作业工作服，不要直接接触泄漏物。少量泄漏时，用砂土、蛭石、活性炭等惰性材料吸收，然后小心扫起，置于袋中转移至安全场所。大量泄漏时应收集回收或运至废物处理场所处置。

3）操作与防护

密闭操作，局部排风。建议操作人员佩戴防护口罩，戴化学安全防护眼镜，穿工作服，戴橡胶手套。工作场所禁止吸烟、进食和饮水，饭前要洗手。工作完毕，淋浴更衣。保持良好卫生习惯。

4）毒性与生态学数据

低毒，可降解，对皮肤、眼睛有刺激性。一般对环境稍有危害，对水体可造成污染。

5）储存与运输

采用镀锌铁桶或塑料桶包装，每桶净重 25kg 或 50kg。储存在阴凉、通风、干燥处，避免与强酸性接触。严禁暴晒、雨淋。运输中防止受潮和雨淋。

(二)聚醚胺和聚铵

1. 常用聚醚胺和聚铵

1)胺基聚醚

端氨基聚醚(PEA),别名多醚胺、聚醚胺、聚醚多胺,胺基聚醇,是一类主链为聚醚结构,末端活性官能团为胺基的聚合物。溶于乙醇、乙二醇醚、酮类、脂肪烃类、芳香烃类等有机溶剂。结构和相对分子质量不同时,其性能略有差别。相对分子质量为230的溶于水,相对分子质量为400的部分溶于水,相对分子质量为2000的不溶于水。相对分子质量越高,胺基含量越低,相对分子质量为400以内的适用作钻井液处理剂。用作抑制剂和井壁稳定剂,是高性能胺基抑制钻井液的主要处理剂。胺基抑制型钻井液具有抑制性强、提高钻速、高温稳定、保护储层和环境等特点。

急性毒性 LD_{50}:1660mg/kg(D–230)、500mg/kg(D–400)、450mg/kg(D–2000)、230mg/kg(T–403)。

2)环氧氯丙烷 – 二甲胺缩聚物

本品也叫聚季铵、聚2–羟丙基–1,1–N–二甲基氯化铵,是一种阳离子型聚电解质,产品常以水溶液出售,外观为微黄色至橘红色黏稠液体,不分层,无凝聚物,密度为1.18~1.20g/cm^3。分子中含有羟基、叔胺基和季铵基,在黏土颗粒表面具有强吸附作用,抑制性好,絮凝能力强,同时具有长效性。低毒,有一定刺激性。

3)环氧氯丙烷 – 多乙烯多胺缩合物

本品为多乙烯多胺与环氧氯丙烷经缩聚而得的分子主链含有胺基的线性聚合物,为淡黄色或红棕色黏稠液体,溶于水,主要用作钻井液的抑制剂和防塌剂。在钻井液方面习惯称为聚胺,采用不同类型的多乙烯多胺时,产品性能有所差别。其抑制能力优于聚醚胺,适用于阳离子、两性离子和阴离子型聚合物钻井液,但加量大时会使钻井液产生絮凝,使胶体稳定性变差,滤失量增加。毒性大于聚醚胺,不适用于环保要求高的地区。用作钻井液抑制剂,适用于各种水基钻井液,具有较强的抑制防塌作用。为了保证本品在钻井液中的有效含量,在钻进或维护处理时要及时补充,保证钻井液的抑制性。

2. 安全及防护

1)危险性

产品泄漏时无危害或危害较小,当储存及操作正确时几乎不会产生危险分解产物。对健康危害小,对皮肤有潜在刺激性。不允许排入水、废水及土壤中。有害燃烧产物:一氧化碳、二氧化碳、氮氧化物等。

2)应急处理措施

(1)急救。皮肤接触:脱掉污染的衣着,用肥皂水及清水冲洗皮肤15min;眼睛接触:提起眼睑,用流动清水或生理盐水冲洗;误食:饮足量温水,催吐,严重时立即就医。

(2)消防。消防人员须佩戴携气式呼吸器,穿全身消防服,在上风向灭火,并尽

可能将容器从火场移至空旷处。根据着火情况选择适当灭火剂灭火。避免使用直流水灭火，以防可燃性液体的飞溅，使火势扩散。收容和处理消防水，防止污染环境。采用水、雾状水、抗溶性泡沫、干粉、二氧化碳、砂土等灭火方式灭火。

（3）泄漏。隔离区域，禁止不必要及未佩戴防护设备的人员进入。用砂、土或任何合适的吸附剂将溢出物吸收，转移到容器中加以处理，用水对溢出地带进行冲洗，避免外溢物流入下水道及公用水管道，并防止进入土地、污水管和水流中。建议应急处理人员戴防护口罩，穿一般作业工作服。不要直接接触泄漏物。少量泄漏时，用砂土、蛭石、活性炭等惰性材料吸收，然后小心扫起，置于袋中转移至安全场所。大量泄漏时应收集回收或运至废物处理场所处置。

3）操作与防护

遵守常规的化学品防范措施，强化通风。该类处理剂生产所用原料有毒，生产车间要保证良好的通风状态，并注意防护。操作人员必须经过专门培训，严格遵守操作规程。建议操作人员佩戴防护口罩，戴化学安全防护眼镜，穿工作服，戴橡胶手套。工作场所禁止吸烟、进食和饮水，饭前要洗手。工作完毕，淋浴更衣。保持良好卫生习惯。

4）毒性与生态学数据

低毒。对皮肤、眼睛有刺激性。对环境、土壤和水体可造成污染。

5）储存与运输

用镀锌铁桶或塑料桶包装，每桶净重 25kg 或 50kg。储存在阴凉、通风、干燥处，常温密封保存，避免与强酸性接触。运输中防止受潮和雨淋，防暴晒、防冻。

第四节　天然及改性处理剂

作为绿色环保化学品，水溶性天然或天然材料改性处理剂因材料来源丰富，价格低廉，对环境污染小，在石油工业中有广泛的用途。这类材料作为钻井液处理剂，可以起到降滤失、增黏、降黏、稳定井壁和防塌等作用，在钻井液处理剂中占有较大的分量，是用于维护钻井液良好性能的重要油田化学品。天然材料改性处理剂主要有淀粉类、纤维素类、栲胶类、木质素类、腐殖酸类和植物胶类等改性产品。

一、淀粉改性产物

（一）常用淀粉改性产品

1. 羧甲基淀粉

羧甲基淀粉（CMS）是一种阴离子型淀粉醚。工业用羧甲基淀粉的取代度一般在 0.9 以下，取代度大于 0.1 的产品可溶于冷水，得到透明的黏稠溶液。在水溶液中，盐含量的提高，可使 CMS 的黏度大大降低。通常使用的是它的钠盐，又称 CMS-Na，为白色或黄色粉末，无臭、无味、无毒，易吸潮，溶于水形成胶体状溶液，对光、热稳定。不溶于乙醇、乙醚、氯仿等有机溶剂。水溶液在碱中较稳定，在酸中较差，生成不溶于水的游离酸，黏度降低。在淡水钻井液中使用时易发酵。CMS 作为钻井液处理剂，具有降低滤失量、提高钻井液中黏土颗粒聚结稳定性的作用。特别适用于饱和盐水钻井液。使用温度不能超过 130℃，故不宜用在深井中。但在饱和盐水钻井液中，使用温度可达到 140℃。可以加入适量的防腐剂或杀菌剂提高其稳定性。急性毒性 LD_{50}>1g/kg（小鼠经口），无毒。

2. 羟丙基淀粉

羟丙基淀粉（HPS）是一种非离子型淀粉醚，羟丙基取代度为 0.1 以上时可溶于冷水。由于其分子链节上引入了羟基，其水溶性、增黏能力和抗微生物作用的能力都得到了显著的改善。对酸、碱稳定，对高价阳离子不敏感，抗盐、抗钙污染能力很强。在处理 Ca^{2+} 污染的钻井液时，比 CMC 和 CMS 效果更好。用作钻井液处理剂，其抗盐能力，尤其是抗高价金属离子污染的能力优于羧甲基淀粉，抗温能力亦稍优于羧甲基淀粉，是理想的饱和盐水钻井液降滤失剂。也可用作阳离子聚合物钻井液的降滤失剂。

3. 两性离子淀粉

两性离子淀粉是一种含羧甲基和季铵基团的两性离子型淀粉衍生物，水溶液为半透明黏稠状。对酸、碱稳定，在钻井液中具有良好的溶解性、抗盐抗温能力。由于分子中引入了适量的阳离子基团，与 CMS 相比，阳离子度适当的两性离子淀粉醚具有更好的抑制、防塌和抗钙镁能力，同时也表现出一定的絮凝能力。用作钻井液处理剂，在保持 CMS 抗盐，抗高价金属离子污染能力的情况下，不仅增加了抑制防塌功能，且抗温能力进一步提高。可用于阴离子聚合物钻井液，也可用作阳离子聚合物钻井液降滤失剂。使用温度不能超过 130℃，在饱和盐水钻井液中可使用至 140℃。阳离子度高的产品可以用作防塌抑制剂和钻井废水的絮凝剂。低毒，避免与皮肤和眼睛接触。

4. 阳离子化羟丙基淀粉

阳离子化羟丙基淀粉，为白色或淡黄色的颗粒，分子链节上同时含有阳离子基团和非离子基团，而不含阴离子基团。季铵基的存在一定程度上提高了产品的抗菌能力。抗温性能较好，在 4% 盐水钻井液、饱和盐水钻井液中可以稳定到 140℃，并且几乎可与所有水基钻井液体系和处理剂配伍。可用于降低淡水、盐水和饱和盐水钻井液的滤失量及改善泥饼质量，提高钻井液胶体稳定性。低毒。避免与皮肤和眼睛接触。

5. 淀粉 /AM-AMPS 接枝共聚物

本品由淀粉与 AM、AMPS 接枝共聚得到，可溶于水，水溶液为黏稠乳白色胶体。既具有淀粉类产品的抗盐性，又具有聚合物类产品的耐温性。分子中含有羟基、酰胺基和磺酸基及少量的羧基（聚合和干燥中酰胺基水解产生），可用作钻井液处理剂。在淡水、盐水和饱和盐水钻井液中均具有较好的护胶能力和较强的抗钙能力，可以有效地降低滤失量，且具有增黏、包被和抑制作用。适用于多种类型的水基钻井液体系，是一种抗高温和抗钙的淀粉改性产品。无毒、有碱性。

6. 甲基葡萄糖苷

甲基葡萄糖苷（MEG），又叫甲甙、甲基葡萄糖甙，是一种非还原性的葡萄糖衍生物，具有独特环状结构的四羟基多元醇，有优良的化学性能。熔点 169~171℃，沸点 200℃，比旋光度 158.9。易溶于水，水中溶解度 108g/100mL（20℃），密度 1.46g/cm^3，表面张力 68.3mN/m。抗温 140℃。作为一种绿色环保钻井液的主要成分，MEG 具有降低水活度、改变页岩孔隙流体流动状态的作用，是构成烷基糖苷钻井液的主要成分，以其为主剂配制的烷基糖苷钻井液有着与油基钻井液相似的作用机理。无毒，避免与皮肤和眼睛接触。

7. 阳离子烷基葡萄糖苷

阳离子烷基葡萄糖苷（CAPG）是一类带有烷基和季铵基的糖苷衍生物。阳离子烷基糖苷是通过对非离子烷基糖苷进行季铵化改性得到，不仅保持了烷基糖苷原有的优良性能，同时兼具阳离子表面活性剂的特殊性能，具有绿色、天然、低毒、低刺激、易生物降解等特点。用于钻井液处理剂，具有很强的抑制性能，在加量很小的情况下，即能有效地抑制泥页岩和黏土的水化膨胀分散。可以单独作为抑制剂使用，也可以单独或与 MEG 配伍用于配制烷基糖苷类钻井液体系。无毒。对皮肤、眼睛有很低的刺激性。

（二）安全与防护

淀粉衍生物属于低毒或无毒产物，但产物中的残余碱、NaCl 以及羟基乙酸钠等副产物可能会对健康和环境产生一定影响，但一般认为是安全的。吸入粉尘可能刺激呼吸系统，粉末可能刺激皮肤；进入眼睛的颗粒或粉末可能导致发炎和刺疼。

1. 危险性

该类产品呈弱碱性，主要侵入途径是吸入、与眼睛及皮肤接触。该类产品基本无毒，但大量口服有害。甲基葡萄糖苷、阳离子烷基葡萄糖苷、聚醚胺基烷基葡萄糖苷等对皮肤、眼睛有很低的刺激性，避免与皮肤和眼睛接触；大量或长时间接触可引起皮肤过敏。吸入可引起恶心、呕吐和腹泻。

可燃，粉尘可能与空气形成爆炸性混合物。有害燃烧产物：二氧化碳、一氧化碳和氮氧化物。

2. 应急处理措施

（1）急救。皮肤接触：大量水冲洗皮肤至少 15min；眼睛接触：用大量水冲洗至少 15min；吸入：立即脱离现场至新鲜空气处，如果呼吸困难，立即进行人工呼吸，输氧，如果出现咳嗽或其他症状，应立即就医。误食：如果神志清晰、没有出现呕吐状况，请及时冲洗嘴和咽喉，如严重立刻就医。

（2）消防。消防人员须佩戴携气式呼吸器，穿全身消防服，在上风向灭火，并尽可能将容器从火场移至空旷处。采用喷洒二氧化碳干粉泡沫灭火剂或直接喷洒清水灭火。避免使用直流水灭火，以免造成可燃性液体的飞溅，使火势扩散。收容和处理消防水，防止污染环境。

（3）泄漏。当出现泄漏时，用清扫工具清扫并且放置到适当位置。用水对溢出地带进行冲洗，但要避免外溢物流入下水道及公用水管道，防止进入土地，污水管和水流中。建议应急处理人员戴防护口罩，穿一般作业工作服。不要直接接触泄漏物。少量泄漏时避免扬尘，小心扫起，置于袋中转移至安全场所。大量泄漏时则应收集回收或运至废物处理场所处置。

3. 操作与防护

密闭操作，提供良好的自然通风条件。操作人员应佩戴自吸过滤式防尘口罩，戴化学安全防护眼镜，穿防静电工作服。工作场所严禁吸烟。防止粉尘产生。远离火种、热源。避免与氧化剂接触。搬运时要轻装轻卸，防止包装及容器损坏。

使用时一般不需要做特殊防护，高浓度接触时可佩戴自吸过滤式防尘口罩；必要时，戴化学安全防护眼镜，穿防静电工作服，戴一般作业防护手套，穿防滑雨鞋。严禁吸烟，保持良好的卫生习惯。

4. 毒性与生态学数据

无毒，EC_{50}>40000mg/L（发光菌法）。对皮肤、眼睛有刺激性。对环境、土壤和水体可能造成污染。

5. 储存与运输

粉状产品易吸潮，采用内衬塑料袋、外用防潮牛皮纸袋包装，每袋净重 25kg。液体产品采用塑料桶包装，每桶净重 25kg。储存于阴凉、通风的库房。保持容器密封。远离火种、热源。与氧化剂分开存放，切忌混储。配备相应品种和数量的消防器材。储存区应备有泄漏应急处理设备和合适的收容材料。运输中防止受潮和雨淋。

二、纤维素改性产物

（一）常用纤维素改性产物

1. 羧甲基纤维素

羧甲基纤维素钠（Na–CMC 或 CMC）是由许多葡萄糖单元构成的长链状高分子化合物，为白色或微黄色絮状纤维粉末或白色粉末。无臭无味，无毒，易溶于冷水或热水，水溶液为具有一定黏度的透明溶液，呈中性或微碱性。不溶于乙醇、乙醚、异丙醇、丙酮等有机溶剂，可溶于含水 60% 的乙醇或丙酮溶液。作为钻井液处理剂，可以在井壁上形成薄而韧、渗透性低的滤饼，保持低滤失量，流变性和悬浮稳定性好，抗各种可溶性盐类污染的能力强。高黏度、高取代度的 CMC 适用于低密度钻井液，具有良好的增黏能力，而低黏度、高取代度的 CMC 适用于高密度钻井液，具有良好的降滤失作用。CMC 一般可抗温 130~150℃，若加入抗氧剂可使抗温能力进一步提高，可用于 150℃以上。当与乙烯基磺酸聚合物配伍使用时，可用到 170℃。

急性毒性 LD_{50} 为 27g/kg（小鼠经口），低毒。

2. 聚阴离子纤维素

聚阴离子纤维素（PAC）是一种聚合度高、取代度高、取代基团分布均匀的阴离子型纤维素醚，为白色至淡黄色粉末或颗粒。无味无毒，吸湿性强，易溶于冷水和热水中，与羧甲基纤维素（CMC）分子结构相同。具有热稳定性好、耐酸碱、抗盐、良好的相溶性、溶解性和稳定性等特性。其用量仅相当于羧甲基纤维素（CMC）的30%~60%。在钻井液中具有比 CMC 更优良的提黏切、降滤失、防塌能力和耐盐、耐温特性，适用于淡水、盐水、饱和盐水及海水钻井液体系。用作降滤失剂，与其他纤维素醚配合，在低固相聚合物钻井液中，能够显著降低滤失量并减薄泥饼厚度，提高泥饼质量，同时对页岩水化分散具有较强的抑制作用。与传统的 CMC 相比，PAC 的抗温性能和抗盐、抗钙性能都有明显的提高。

本身无药理作用，对生理无害。

3. 羟乙基纤维素

羟乙基纤维素（HEC）是纤维素分子中羟基上的氢被羟乙基取代的衍生物，为白色至淡黄色纤维状或粉末固体。无毒、无味，密度 0.75g/cm^3（25℃），软化温度 135~140℃，分解温度 205~210℃，燃烧速度较慢。易吸潮，易溶于水和甲酸、甲醛、二甲基亚砜、二甲基甲酰胺、二甲基乙酰胺等溶剂中，不溶于醇。在水中不发生电离，耐酸、耐碱性好，不与重金属反应发生沉淀。在冷水和热水中均可溶解，水溶液对盐不敏感，且无凝胶特性。用作钻井液处理剂，具有较好的降滤失、增稠作用和一定的耐温能力，可用于各种类型的水基钻井液体系，特别适用于盐水钻井液、饱和盐水钻井液。尤其适用于 $CaCl_2$ 钻井液体系。

吸入、皮肤接触及吞食有毒。刺激眼睛、呼吸系统和皮肤。

（二）安全与防护

吸入粉尘可能刺激呼吸系统；粉末可能刺激皮肤；进入眼睛的颗粒或粉末可能导致发炎和刺疼。

1. 危险性

该类产品呈弱碱性，主要侵入途径是吸入、与眼睛及皮肤接触。对眼睛有刺激性。可引起皮肤过敏。吸入可引起恶心、呕吐和腹泻。可燃，粉尘可能与空气形成爆炸性混合物。有害燃烧产物：二氧化碳和一氧化碳。

2. 应急处理措施

（1）急救。皮肤接触：用大量水冲洗皮肤至少 15min；眼睛接触：用大量水冲洗至少 15min；吸入：立即到新鲜空气处。如果呼吸困难，立即进行人工呼吸，输氧，如果出现咳嗽或其他症状，应立即就医；误食：如果神志清晰、没有出现呕吐状况，请及时冲洗嘴和咽喉，严重时就医。

（2）消防。消防人员须佩戴携气式呼吸器，穿全身消防服，在上风向灭火，并尽可能将容器从火场移至空旷处。灭火采用喷洒二氧化碳干粉泡沫灭火剂或直接喷洒清水。

收容和处理消防水，防止污染环境。

（3）泄漏。隔离区域，用清扫工具清扫并放置到适当位置。用水对溢出地带进行冲洗。避免外溢物流入下水道及公用水管道，并防止进入土地、污水管和河流中。应急处理人员应戴防护口罩，穿一般作业工作服和防滑胶鞋，不要直接接触泄漏物。少量泄漏时避免扬尘，小心扫起，置于袋中转移至安全场所。大量泄漏时则应收集回收或运至废物处理场所处置。

3. 操作与防护

提供良好的自然通风条件。操作人员应佩戴防尘口罩，戴防护眼镜，穿防静电工作服。工作场所严禁吸烟。防止产生粉尘。远离火种、热源。避免与氧化剂接触。搬运时要轻装轻卸，防止包装及容器损坏。

使用时一般不需要特殊防护。与高浓度粉尘接触时可佩戴自吸过滤式防尘口罩；必要时，戴化学安全防护眼镜，穿防静电工作服，戴一般作业防护手套，穿防滑雨鞋。严禁吸烟。保持良好的卫生习惯。

4. 毒性与生态学数据

无毒，EC_{50}>35000mg/L（发光菌法）。对皮肤、眼睛有刺激性。对水体可能造成污染。

5. 储存与运输

采用内衬塑料袋、外用防潮牛皮纸袋包装，每袋净重25kg。储存在阴凉、通风、干燥的库房。保持容器密封。远离火种、热源。与氧化剂分开存放，切忌混储。配备相应品种和数量的消防器材。储存区应备有泄漏应急处理设备和合适的收容材料。运输中防止受潮和雨淋。

三、褐煤改性产物

褐煤改性产物是以褐煤为原料通过不同的改性途径得到的能够满足不同需要的产物，如降滤失剂、防塌剂、降黏剂和高温稳定剂等。褐煤改性产物作为一种天然材料改性产物，与合成材料相比具有更好的环保性能。

（一）常用褐煤改性产物

1. 腐殖酸钠

腐殖酸钠，代号NaHm，为自由流动的黑色粉末，无毒，无味，可溶于水，水溶液为弱碱性。抗钙能力可达500~600mg/L，抗NaCl可达4%~5%。腐殖酸钠遇钙会发生可逆反应，生成腐殖酸钙（Ca-Hm）沉淀，故腐殖酸钠在钻井液中有控制Ca^{2+}浓度的作用。热稳定性较强，抗温可达190℃。用作钻井液的降黏剂和降滤失剂，能改善钻井液的高温稳定性，适用于淡水钻井液，也可以用于钙处理钻井液。

2. 腐殖酸钾

腐殖酸钾，代号HmK，是一种高分子非均一的芳香族羟基羧酸盐，外观为黑色颗

粒或粉状固体，易溶于水，水溶液的pH值为9~10。含有羧基、酚羟基等活性基团。其分子结构中的羧基、酚羟基等基团，以及可以离解出的K^+，吸附能力和水化能力强，能够很容易地吸附在黏土颗粒的表面上，有利于在井壁上形成薄且坚韧的泥饼而降低滤失量。抗温190℃。用作淡水钻井液的页岩抑制剂，能有效抑制页岩水化分散，控制地层造浆，保持井壁稳定，同时还具有降黏和降滤失作用，适用于各种水基钻井液。

3. 有机硅腐殖酸钾

有机硅腐殖酸钾，代号GKHm或OSAM–K，是一种黑色粉末，可溶于水，水溶液呈弱碱性。分子中的有机硅结构单元上的吸附基团与黏土颗粒有极强的吸附结合能力，对黏土的水化膨胀具有强的抑制作用，兼有降低钻井液黏度和滤失量的作用。用作淡水钻井液或钾基钻井液的降黏和降滤失剂，能有效地抑制水敏性地层的膨胀、垮塌，保证井眼安全。降低钻井液的黏度和切力，控制钻井液的流变性能。良好的高温稳定性，能改善高温下钻井液的失水造壁性。

4. 硝基腐殖酸钠

硝基腐殖酸钠，为黑褐色粉末，易溶于水，水溶液呈弱碱性。在保持腐殖酸分子中酚羟基、羧酸基、醇羟基、醌基、甲氧基和羰基等的基础上，由于硝酸的氧化和硝化作用，使腐殖酸的平均相对分子质量降低，羧基增多，并将硝基引入分子中。使其抗温、抗盐、抗钙和水化能力进一步改善，抗温可达200℃以上，在含盐20%~30%的情况下仍能有效地控制钻井液的滤失量和黏度。具有良好的降滤失和降黏作用及较强的防塌作用。作为水基钻井液体系的抗高温降滤失剂和降黏剂，适用于高温深井钻井液体系。用氢氧化钾替代氢氧化钠制备的硝基腐殖酸钾可用作防塌剂。

5. 磺化褐煤

磺化褐煤，也称磺甲基褐煤、磺甲基腐殖酸，代号SMC，为黑褐色粉末，易溶于水，水溶液呈弱碱性。具有抗温、抗盐和一定的抗钙能力，用作深井、超深井钻井液，可以有效地控制钻井液的滤失量和流变性，与SMP配伍使用，可以显著降低钻井液的高温高压滤失量。用作水基钻井液体系的抗高温降滤失剂，抗温可达200~220℃，并兼具一定的降黏作用，与常用处理剂配伍性好，适用于高温深井钻井液体系。本品分为含铬和不含铬两种类型，在含铬产品的使用中需要做好相应的防护并控制安全加量。

6. 聚合腐殖酸

聚合腐殖酸，为黑褐色粉末，易溶于水，水溶液呈弱碱性。与腐殖酸相比，相对分子质量高，降滤失效果更强，并具有一定的抗盐抗钙和防塌能力，同时还具有较强的热稳定性，抗温达200℃。用于水基钻井液抗温抗盐降滤失剂和高温稳定剂，适用于高温深井钻井液体系。

7. 高温降滤失剂SPNH

SPNH是一种磺化褐煤、磺化酚醛树脂与水解聚丙烯腈钠盐等的复合型产品，为黑褐色粉末，易溶于水，水溶液呈弱碱性，习惯称之为抗温抗盐降滤失剂和高温稳定剂。分子中含有羟基、亚甲基、羰基、酰胺基、磺酸基、羧基和腈基等多种官能团，在降滤失的同时，还具有一定的降黏作用，较强的抗温和抗盐能力，有广泛的pH值适用范围。用作钻井液高温高压滤失量控制剂，能抗15%盐，抗温达220℃，降滤失效果明显。

8. AM-AMPS/腐殖酸接枝共聚物

本品是一种以腐殖酸为骨架的阴离子型接枝共聚物，可溶于水，水溶液呈黑褐黏稠液体。用作钻井液处理剂，兼具聚合物和腐殖酸双重功能，分子中含有羟基、羰基、酰胺基等吸附基和羧基、磺酸基等水化基团，抗温抗盐能力强。适用于各种类型的水基钻井液，特别适用于高温深井。

9. 硅氟－腐殖酸降黏剂

本品是一种由有机硅氟聚合物与腐殖酸等反应得到的聚硅类处理剂，常用商品代号SF260。具有良好的降黏作用和一定的抑制防塌、润滑和消泡作用。抗温达230℃，适用于深井高温、高固相、高密度钻井液。具有加量少、配伍性好、维护处理期长，无毒、无污染等特点。用于不分散聚合物钻井液、分散钻井液、有机硅钻井液等体系的降黏剂，抗高温能力和高温下稳定钻井液性能的能力优于传统的有机硅处理剂，维护处理简单，维护周期长。

（二）安全与防护

在正常的温度和使用条件下腐殖酸改性产物基本上能保持稳定，吸入粉尘可能会刺激呼吸系统，粉末可能刺激皮肤，进入眼睛的颗粒或粉末可能导致发炎和刺疼。

1. 危险性

该类产品呈弱碱性，主要侵入途径是吸入、与眼睛及皮肤接触。对皮肤、口腔、眼睑有腐蚀性，对眼睛有刺激。吸入可引起恶心，呕吐和腹泻。误服对消化道产生刺激，长期接触可引起皮肤过敏。长期接触粉尘导致尖性支气管炎、肺气肿、尘肺病。可燃，粉尘与空气可能形成爆炸性混合物。有害燃烧产物为二氧化碳、一氧化碳和含硫化合物等。

2. 应急处理措施

（1）急救。皮肤接触：用大量水冲洗皮肤至少15min；眼睛接触：用大量水冲洗至少15min；吸入：立即转移到新鲜空气处，如果呼吸困难，立即进行人工呼吸，输氧，如果出现咳嗽或其他症状，应立即就医；误食：如果神志清晰、没有出现呕吐，请及时冲洗口腔和咽喉，严重时就医。

（2）消防。消防人员须佩戴携气式呼吸器，穿全身消防服，在上风向灭火，并尽可能将容器从火场移至空旷处。根据着火情况选择适当灭火剂灭火，避免使用直流水灭火，以免造成可燃性液体的飞溅，使火势扩散。通常采用喷洒二氧化碳干粉泡沫灭火剂或直接喷洒清水灭火。收容和处理消防水，防止污染环境。

（3）泄漏。用清扫工具清扫并且放置到适当位置。用水对溢出地带进行冲洗，避免外溢物流入下水道及公用水管道，并防止进入土地、污水管和河流中。建议应急处理人员戴防护口罩，穿一般作业工作服，不要直接接触泄漏物。少量泄漏时避免扬尘，小心扫起，置于袋中转移全安全场所。大量泄漏时应收集回收或运至废物处理场所处置。

3. 操作与防护

密闭操作，提供良好的自然通风条件。建议操作人员佩戴防尘口罩，戴防护眼镜，穿防静电工作服。工作场所严禁吸烟，使用防爆型的通风系统和设备。防止粉尘产生。远离火种、热源。避免与氧化剂接触。搬运时要轻装轻卸，防止包装及容器损坏。配备相应品种和数量的消防器材及泄漏应急处理设备。

使用时一般不需要做特殊防护，高浓度粉尘接触时可佩戴自吸过滤式防尘口罩。必要时，戴化学安全防护眼镜，穿防静电工作服，戴一般作业防护手套，工作现场严禁吸烟。保持良好的卫生习惯。

4. 毒性与生态学数据

微毒，EC_{50}>9000mg/L（发光菌法）。对皮肤、眼睛有刺激性。对水体可能造成污染。

5. 储存与运输

采用内衬塑料袋、外用防潮牛皮纸袋包装，每袋净重25kg。储存于阴凉、通风的库房内，保持容器密封。远离火种、热源。与氧化剂分开存放，切忌混储。配备相应品种和数量的消防器材。储存区应备有泄漏应急处理设备和合适的收容材料。运输中防火、防止受潮和雨淋。

四、木质素改性产物

（一）常用木质素改性产物

1. 木质素磺酸钙

木质素磺酸钙，简称木钙，是一种多组分高分子阴离子表面活性剂，为浅黄色至深棕色粉末，略有芳香气味，无毒。相对分子质量一般为800~10000，具有很强的分散性、黏结性、螯合性。溶于水，但不溶于任何普通的有机溶剂。1%水溶液的pH值为3~11。在钻井液中，木质素磺酸钙可以直接用作表面活性剂、降黏剂、起泡剂和降滤失剂。

2. 铁铬木质素磺酸盐

铁铬木质素磺酸盐俗称铁铬盐，代号为FCLS，是由含有大量木质素磺酸盐的纸浆废液制成，易吸潮，可溶于水，水溶液呈弱酸性。FCLS的分子大小不一，但主要部分为高分子化合物，其相对分子质量为20000~100000，可以抗170~180℃的高温。作为钻井液降黏剂，具有较好的降黏、抗盐和抗温能力，兼具一定的降滤失作用，可用于各种水基钻井液。具有弱酸性，加入钻井液时会引起钻井液的pH值降低，因此需配合烧碱使用。一般情况下，应将铁铬盐钻井液体系的pH值控制在9~11内。本品含铬，使用时加强防护，并控制合适的加量。

3. 无铬木质素磺酸盐

本品是木质素磺酸的钛铁络合物，代号 TFLS，属于无铬的钻井液降黏剂，无毒、无污染。易吸潮，可溶于水，水溶液呈弱碱性。其作用机理与 FCLS 相同。用作钻井液降黏剂，具有良好的降黏效果，抗盐达饱和，抗温 150℃，适用于多种水基钻井液体系。使用时，为防止钻井液 pH 值降低，同时配合加入稀氢氧化钠水溶液。适用于高 pH 值的钻井液体系，不适用于不分散低固相抑制性钻井液体系。

4. AMPS/AA- 木质素接枝共聚物

本品是一种接枝共聚物降黏剂，无毒、无污染，易吸潮，可溶于水，水溶液呈弱碱性。分子中含有羧基、磺酸基、酚羟基等基团，兼具木质素磺酸盐和聚合物降黏剂的特点，抗温抗盐能力强，在分散型钻井液和不分散型钻井液中均可使用，具有一定的降滤失作用。在石灰钻井液或钾石灰钻井液中作降黏剂，在高温下可以防止黏土与氢氧根反应，可以提高石灰钻井液的抗温上限，抗温 170℃以上。适用于各种水基钻井液体系，特别适用于高温深井，并兼具一定的降滤失作用。

5. 分散剂 SMS-19

分散剂 SMS-19 为专用的超高密度钻井液分散剂，是由不同原料在高温高压条件下经分子重排、缩合反应而得到，具有良好的抗盐钙稀释分散作用，兼具降滤失作用。分子中含有磺酸基团、胺基及螯环结构的络合物，分子中磺酸基的硫原子与碳原子相连，具有很好的稳定性，高的磺化度使其具有良好的水溶性，且分子链上的胺基可以提高其吸附能力，从而使其在超高密度钻井液中具有良好的分散作用。

（二）安全及防护

该类产品在正常的温度和使用条件下稳定，吸入粉尘可能刺激呼吸系统，粉末可能刺激皮肤。进入眼睛的颗粒或粉末可能导致发炎和刺疼。除 FCLS 外，其他产物均无毒或低毒，能够满足环保要求。

1. 危险性

该类产品呈弱碱性，主要侵入途径是吸入、与眼睛及皮肤接触。对眼睛有刺激性。可引起皮肤过敏。吸入可引起恶心、呕吐和腹泻。对皮肤、口腔、眼睑有腐蚀性，误服对消化道产生刺激。长期接触粉尘会导致尖性支气管炎、肺气肿、尘肺病。对皮肤产生伤害。

可燃，粉尘与空气可能会形成爆炸性混合物。有害燃烧产物：二氧化碳、一氧化碳和氧化硫等。

2. 应急处理措施

（1）急救。皮肤接触：大量水冲洗皮肤至少 15min；眼睛接触：用大量水冲洗至少 15min；吸入：立即转移到新鲜空气处，如果呼吸困难，立即进行人工呼吸，输氧，如果出现咳嗽或其他症状，应立即就医；误食：如果神志清晰，没有出现呕吐，请及时冲洗口腔和咽喉，严重时就医。

（2）消防。消防人员须佩戴携气式呼吸器，穿全身消防服，在上风向灭火，并尽可能将容器从火场移至空旷处。根据着火情况选择适当灭火剂灭火。避免使用直流水灭火，以免造成可燃性液体的飞溅，使火势扩散。可以采用喷洒二氧化碳干粉泡沫灭火剂或直接喷洒清水灭火。注意收容和处理消防水，防止污染环境。

（3）泄漏。隔离区域，禁止不必要及未佩戴防护设备的人员进入。用清扫工具清扫并且放置到适当位置。用水对溢出地带进行冲洗，避免外溢物流入下水道及公用水管道，并防止其进入土地、污水管和河流中。建议应急处理人员戴防护口罩，穿一般作业工作服。不要直接接触泄漏物。少量泄漏时避免扬尘，小心扫起，置于袋中转移至安全场所。大量泄漏时则应收集回收或运至废物处理场所处置。

3. 操作与防护

密闭操作，提供良好的自然通风条件。操作人员应佩戴防尘口罩，戴防护眼镜，穿防静电工作服。工作场所严禁吸烟。使用防爆型的通风系统和设备。远离火种、热源。避免与氧化剂接触。搬运时要轻装轻卸，防止包装及容器损坏。配备相应品种和数量的消防器材及泄漏应急处理设备。

使用时一般不需要做特殊防护，高浓度粉尘或含铬产品接触时可佩戴自吸过滤式防尘口罩；必要时，戴化学安全防护眼镜，穿防静电工作服，戴橡胶防护手套。工作现场严禁吸烟。保持良好的卫生习惯。

4. 毒性与生态学数据

非含铬产品低毒，EC_{50}>9000mg/L（发光菌法），含铬产品有毒。对皮肤、眼睛有刺激性。对水体可能造成污染。

5. 储存与运输

采用内衬塑料袋、外用防潮牛皮纸袋包装，每袋净重25kg。储存于阴凉、通风的库房内，保持容器密封。远离火种、热源。与氧化剂分开存放，切忌混储。配备相应品种和数量的消防器材。储存区应备有泄漏应急处理设备和合适的收容材料。运输中防火、防止受潮和雨淋。

五、栲胶改性产物

（一）常用栲胶改性产物

1. 单宁酸钠

单宁酸钠（NaT），为棕褐色粉末或细粒状，易吸潮结块，易溶于水，水溶液呈碱性。无毒。遇高浓度的NaCl、Na_2SO_4、$CaCl_2$、$MgCl_2$ 等会盐析或生成沉淀（钻井液受饱和盐水及高钙侵污时，单宁酸会失效）。其主要作用是减稠，即降低稠化钻井液的黏度和切力，提高钻井液的流动性，同时也有一定的降滤失作用，可以形成致密的滤饼。对塑性黏度的影响较小。用作钻井液降黏剂，具有一定的降滤失作用，抗温可达

180~200℃。其适用的 pH 值范围为 9~11。抗 Ca^{2+} 可达 1000g/L，而抗盐性较差，当含盐量超过 1% 时稀释效果就明显下降，适用于石灰和石膏钻井液。

2. 磺甲基单宁

磺甲基单宁（SMT），别名磺化单宁，是一种以五倍子单宁酸为原料的天然材料改性产品，易吸潮，可溶于水，水溶液呈弱碱性。与单宁酸钠相比，由于分子链上引入了磺酸基团，且不含糖类，水溶性和抗温抗盐能力进一步提高。其适用的 pH 值范围为 9~11，可以抗钙至 1000×10^{-6}，在盐水、饱和盐水钻井液中保持良好的降黏能力，抗温 180~200℃。用作钻井液降黏剂，具有较好的耐温能力、抗盐能力，适用于各种水基钻井液，可用于高温深井的钻探中。本品包括含铬产物和不含铬产物，不含铬产物无毒。在含铬产物使用时除基本的防护外，还必须高度重视铬的影响。

3. 磺甲基栲胶

磺甲基栲胶，代号 SMK，也叫磺化栲胶，为棕褐色的粉末或细粒状，易吸潮，可溶于水，水溶液呈弱碱性。由于分子中含有对盐不敏感的磺甲基，故耐温抗盐能力强。用作钻井液降黏剂，在各种类型的水基钻井液体系中均有显著的稀释（降黏）能力。能有效地降低钻井液的黏度和切力，改善钻井液的高温稳定性，控制高温下钻井液的流变性能。与其他常用处理剂有很好的配伍性。本品包括含铬产物和不含铬产物，不含铬产物无毒。在含有铬产物使用时除基本的防护外，还必须高度重视铬的影响。

4. AMPS/AA- 栲胶接枝共聚物

本品是一种阴离子型接枝共聚物降黏剂，无污染，易吸潮，可溶于水，水溶液呈弱碱性。低毒，产品兼具单宁和低分子聚合物的性能，抗温抗盐能力强，降黏效果好。用作钻井液降黏剂，具较强的耐温、抗盐和抗钙镁污染的能力，兼具降滤失和防塌作用，适用于各种类型的水基钻井液，特别适用高温深井。

（二）安全及防护

该类产品在正常的温度和使用条件下稳定，吸入粉尘可能刺激呼吸系统。粉末可能刺激皮肤。进入眼睛的颗粒或粉末可能导致发炎和刺疼。

1. 危险性

该类产品呈弱碱性，主要侵入途径是吸入、与眼睛及皮肤接触。对眼睛有刺激性。可引起皮肤过敏。吸入可引起恶心、呕吐和腹泻。对皮肤、口腔、眼睑有腐蚀性，误服对消化道产生刺激，长期接触粉尘导致尖性支气管炎、肺气肿、尘肺病，对皮肤产生伤害。

可燃，粉尘与空气可能形成爆炸性混合物。有害燃烧产物：二氧化碳、一氧化碳和氧化硫等。

2. 应急处理措施

（1）急救。皮肤接触：用大量水冲洗皮肤至少 15min；眼睛接触：用大量水冲洗至少 15min；吸入：立即转移到新鲜空气处；如果呼吸困难，立即进行人工呼吸，输氧，

如果出现咳嗽或其他症状，应立即就医；误食：如果神志清晰，没有出现呕吐，请及时冲洗口腔和咽喉，如严重应就医。

（2）消防。消防人员须佩戴携气式呼吸器，穿全身消防服，在上风向灭火，并尽可能将容器从火场移至空旷处。根据着火情况选择适当灭火剂灭火。避免使用直流水灭火，以免造成可燃性液体的飞溅，使火势扩散。灭火可以喷洒二氧化碳干粉泡沫灭火剂或直接喷洒清水。收容和处理消防水，防止污染环境。

（3）泄漏。隔离区域，禁止不必要及未佩戴防护设备的人员进入。用清扫工具清扫并且放置到适当位置。用水对溢出地带进行冲洗，避免外溢物流入下水道及公用水管道，并防止其进入土地、污水管和河流中。建议应急处理人员戴防护口罩，穿一般作业工作服。不要直接接触泄漏物。少量泄漏时避免扬尘，小心扫起，置于袋中转移至安全场所。大量泄漏时则应收集回收或运至废物处理场所处置。

3. 操作与防护

密闭操作，提供良好的自然通风条件。操作人员应佩戴防尘口罩，戴化学安全防护眼镜，穿防静电工作服。远离火种、热源，工作场所严禁吸烟。使用防爆型的通风系统和设备。防止粉尘积聚在工作场所空气中。避免与氧化剂接触。搬运时要轻装轻卸，防止包装及容器损坏。配备相应品种和数量的消防器材及泄漏应急处理设备。

使用时一般不需要特殊防护，高浓度粉尘或含铬产品接触时可佩戴自吸过滤式防尘口罩；必要时，戴化学安全防护眼镜，穿防静电工作服，戴橡胶防护手套。工作现场严禁吸烟。保持良好的卫生习惯。

4. 毒性与生态学数据

非含铬产品无毒，EC_{50}>50000mg/L（发光菌法）。含铬产品有毒。对皮肤、眼睛有刺激性。对水体可能造成污染。

5. 储存与运输

采用内衬塑料袋、外用防潮牛皮纸袋包装，每袋净重25kg。储存于阴凉、通风的库房内，保持容器密封。远离火种、热源。与氧化剂分开存放，切忌混储。配备相应品种和数量的消防器材。储存区应备有泄漏应急处理设备和合适的收容材料。运输中防火、防潮和雨淋。

六、沥青改性产物

沥青改性产品在钻井液中具有广泛的应用，通常用于井壁稳定、封堵、润滑和控制高温高压滤失量，改性产物以磺化沥青为主。

（一）常用沥青改性产品

1. 磺化沥青

磺化沥青（SAS），是水分散或部分水溶性阴离子型改性沥青产品。为黑色粉末，常用产品代号 FT-1。SAS 的水溶性成分是带负离子的大分子，当吸附到带正电的黏土边缘上时，可阻止页岩颗粒分散。吸附在井壁微裂缝上，能够阻止水渗入页岩孔隙，减少剥蚀掉块。其非水溶性部分能够提供适当大小的颗粒帮助造壁，改善滤饼质量。水不溶物覆盖在页岩表面，可以抑制页岩分散。用作钻井液处理剂，能有效封堵地层微裂缝，防止剥落性页岩坍塌，抑制页岩水化，同时还具有良好的润滑、乳化、封堵、降滤失和高温稳定等作用，可用于水基钻井液和油基钻井液。

2. 改性磺化沥青 FT-342

本品是一种黑色粉末，可溶于水，水溶液呈弱碱性，兼具腐殖酸钾和沥青双重作用。同类产品还有钻井液用页岩抑制剂 KAHm，不同之处是沥青磺化度、沥青和腐殖酸的比例有所差别。FT-342 具有较强的水化、抑制、润滑、防塌、封堵等作用，可改善泥饼质量，提高泥饼的润滑性，起到降低钻具的摩擦阻力、稳定井壁的作用。用作页岩抑制剂，同时具有较好的降低高温高压滤失量和提高钻井液润滑性的作用，与其他处理剂配伍性好，可用于水基钻井液。

3. 氧化沥青粉

本品是一种黑色均匀分散的粉末，难溶于水，多数产品的软化点为 150~160℃。在油基钻井液中，氧化沥青作为分散相，除起降滤失作用外，还有巩固井壁和减阻、悬浮重晶石等作用。由于具有两亲性，也可以用于水基钻井液中，能够增加滤饼润滑性，有防黏卡作用。能堵塞滤饼孔隙和调节滤饼中固相颗粒间的黏结力，有降滤失和防塌作用。用作封堵型页岩抑制剂，在水基钻井液中兼具润滑作用，高软化点沥青也可用于水基钻井液高温高压降滤失剂。在油基钻井液中作增黏剂、降滤失剂和悬浮稳定剂，也是油基解卡剂的重要成分。

4. 中、低软化点沥青粉

本品是一种黑色颗粒或粉末，可在水中均匀分散，具有沥青类产品的特征。根据软化点不同，可适用于不同井段。多软化点复配时，可提高现场适应性。封堵地层微裂缝，防止井壁坍塌，还可以有效地改善滤饼质量，降低钻井液高温高压滤失量，提高润滑性。不同软化点的沥青粉可用作页岩抑制剂和暂堵剂，任意嵌入不规则的地层裂缝，都能控制页岩坍塌，同时具有较好的屏蔽暂堵作用，能较好地保护油气层，润滑和降低钻井液高温高压滤失量的作用，可用于各种水基钻井液体系。

5. 乳化沥青

本品是一种黑色乳状液，可在水中分散，由多种阳离子表面活性剂及一定范围软化点的沥青经高温乳化而成。具有封堵、桥接、防膨、防塌、降失水及保护油气层等作用。可稳定井壁并兼有润滑、降低高温高压滤失量、改善泥饼质量和调整钻井液流型的作用。尤其适用于破碎性地层和煤层的防塌护壁。防塌效果优于粉状沥青。几乎不受油气层渗透率、温度的影响，且对钻井液流变性影响较小。主要用作封堵型防塌剂、页岩抑制剂和暂堵剂，能任意嵌入不规则的井壁裂缝，封堵和黏结破碎性或裂缝性页岩等地层，有效控制页岩坍塌，保护油气层。可用于各种水基钻井液体系，具有降低高温高压

滤失量的作用。缺点是有荧光，低毒。接触易沾污皮肤、衣物，不易清洗。使用时防止与眼睛、皮肤接触。

（二）安全及防护

在正常的温度和使用条件下该类产品比较稳定，吸入粉尘可能会刺激呼吸系统。粉末可能刺激皮肤。进入眼睛的颗粒或粉末可能导致发炎和刺疼。

1. 危险性

该类产品呈弱碱性，主要侵入途径是吸入、与眼睛及皮肤接触。对眼有刺激性。可引起皮肤过敏。吸入可引起恶心、呕吐和腹泻。对皮肤、口腔、眼睑有腐蚀性，误服对消化道产生刺激，长期接触粉尘导致尖性支气管炎、肺气肿、尘肺病，对皮肤产生伤害。

粉尘与空气可能形成爆炸性混合物。遇明火高热可燃，燃烧时放出有毒的刺激性烟雾。

2. 应急处理措施

（1）急救。皮肤接触：用大量水冲洗皮肤至少 15min；眼睛接触：用大量水冲洗至少 15min；吸入：立即转移到新鲜空气处，如果呼吸困难，立即进行人工呼吸，输氧，如果出现咳嗽或其他症状，应立即就医；误食：如果神志清晰，没有出现呕吐，请及时冲洗口腔和咽喉，严重时就医。

（2）消防。消防人员须佩戴携气式呼吸器，穿全身消防服，在上风向灭火，并尽可能将容器从火场移至空旷处。根据着火情况选择适当灭火剂灭火。避免使用直流水灭火，以免造成可燃性液体的飞溅，使火势扩散。一般采用喷洒二氧化碳干粉泡沫灭火剂或直接喷洒清水灭火。收容和处理消防水，防止污染环境。

（3）泄漏。隔离区域，禁止不必要及未佩戴防护设备的人员进入。用清扫工具清扫并且放置到适当位置。用水对溢出地带进行冲洗，避免外溢物流入下水道及公用水管道，并防止其进入土地、污水管和河流中。建议应急处理人员戴防护口罩，穿一般作业工作服。不要直接接触泄漏物。少量泄漏时避免扬尘，小心扫起，置于袋中转移至安全场所。大量泄漏时则应收集回收或运至废物处理场所处置。

3. 操作与防护

密闭操作，提供良好的自然通风条件。操作人员应佩戴防尘口罩，戴防护眼镜，穿防静电工作服。远离火种、热源，工作场所严禁吸烟。使用防爆型的通风系统和设备。防止粉尘、挥发性气体泄漏到工作场所空气中。避免与氧化剂接触。搬运时要轻装轻卸，防止包装及容器损坏。配备相应品种和数量的消防器材及泄漏应急处理设备。

使用时一般不需要做特殊防护。若可能接触高浓度粉尘或挥发性气体时可佩戴自吸过滤式防尘口罩。必要时，戴化学安全防护眼镜，穿防静电工作服，戴橡胶防护手套。工作现场严禁吸烟。保持良好的卫生习惯。

4. 毒性与生态学数据

低毒，EC_{50}>8000mg/L（发光菌法）。对皮肤、眼睛有刺激性。对环境有危害，对大气可造成污染。

5. 储存与运输

粉状产品采用内衬塑料袋、外用防潮牛皮纸袋包装，每袋净重 25kg。液态产品采用塑料桶包装，每桶净重 25kg 或 50kg。储存于阴凉、通风的库房内，保持容器密封。远离火种、热源。与氧化剂分开存放，切忌混储。配备相应品种和数量的消防器材。储存区应备有泄漏应急处理设备和合适的收容材料。运输中防火、防暴晒，防止受潮和雨淋。

第五节　其他材料及复配型处理剂

本节主要介绍一些用于堵漏剂和润滑剂的基本材料，以及经过不同材料复配制备的堵漏剂、润滑剂和解卡剂等。

一、堵漏剂

（一）植物材料

1. 常用植物材料类堵漏剂

1）植物纤维粉

本品的主要成分为植物秸秆、棉纤维、棉籽壳等，属天然植物纤维复合材料，包括纯棉纤维粉、木质纤维粉、草本植物纤维粉、麻纤维粉、混合纤维粉。具有良好的水溶胀桥接封堵功能，黏附性强，可用于封堵漏失层，也可用于保护低压产层（油、气、水等）。加入钻井液后，对各种渗透性漏失可以起到良好的封堵作用。随钻堵漏使用方便，配伍性好，不影响钻井液性能。抗温达 140℃。与处理剂配伍性好，无毒害，有利于环保。作为堵漏剂（随钻堵漏、单向压力封堵剂），具有良好的封堵和降滤失性能，在钻井液中基本不提黏，适用于各种钻井完井液。可单独使用，也可与其他材料复配使用。超细纤维粉还可以作为钻井液降滤失剂和储层保护暂堵剂。

2）木纤维素粉

木纤维素粉是天然木材经过化学处理得到的有机纤维，是一种非常稳定的物质，耐一般的溶剂和酸、碱腐蚀。无毒、无味、无污染，属绿色环保产品。具有良好的韧性、分散性和化学稳定性，吸油、吸水能力强，有非常好的增稠抗裂性能。用于钻井堵漏，其作用与植物纤维相同，是良好的堵漏材料，可单独使用，也可与其他材料配伍使用，也是复合堵漏剂的主要成分。

3）楠木粉

楠木粉为灰白色粉末，易吸潮，可溶于水，不受电解质污染影响，无毒，无害。在

固态时分子链呈卷曲状态，遇水后，水分子进入植物胶分子内。无毒、无害，不污染环境，具有良好的水溶胀桥接封堵功能，黏附性强，不受粒径匹配限制。用作钻井堵漏材料，适用于各种水基钻井液体系，用于封堵漏失层，保护低压产层（油、气、水）等。可单独使用，也可与其他材料配伍使用，也是复合堵漏剂的主要成分，同时具有一定的降滤失作用。

4）果壳粉

果壳粉是不同粒径果壳颗粒和粉末的混合物，为金黄色或褐红色粉末，具有硬度高，耐酸碱，耐浸泡的特性。高温下会发生碳化而降低其性能。能迅速形成具有一定强度的非渗透性屏蔽带，而阻止作业流体中的液、固相侵入储层，使储层免遭损害，屏蔽带通过射孔反排可以解除。细颗粒果壳粉能显著降低钻井液的滤失量，又不影响钻井液的流变性能，耐温性能优良。不受电解质污染影响，无毒，无害。比较适用于堵漏材料的果壳有核桃壳、山杏壳、樱桃壳、大（小）枣壳等果壳。其中以核桃壳应用最多，是石油钻井堵漏中应用面最广，用量最大的桥堵材料之一。因颗粒粒径不同而应用于不同类型地层漏失的堵漏，可单独使用，也可与其他颗粒材料和活性凝胶材料等配合使用。

2. 安全与防护

吸入粉尘可能刺激呼吸系统。粉末可能刺激皮肤。进入眼睛的颗粒或粉末可能导致发炎和刺疼。

1）危险性

该类产品无毒、无刺激。主要是粉尘的吸入、与眼睛及皮肤接触。粉尘可能与空气形成爆炸性混合物。产物遇明火高热可燃。

2）应急处理措施

（1）急救。皮肤接触：用水彻底冲洗皮肤；眼睛接触：提起眼睑用大量清水冲洗，持续冲洗至少 15min；吸入：立即转移至空气新鲜处，严重时就医；误食：漱口和饮用大量水。

（2）消防。消防人员须佩戴携气式呼吸器，穿全身消防服，在上风向灭火。一般采用喷洒二氧化碳干粉泡沫灭火剂或直接喷洒清水灭火。灭火后收容和处理消防水，防止污染环境。

（3）泄漏。用清扫工具清扫并且放置到适当位置。建议应急处理人员戴防护口罩，穿一般作业工作服。少量泄漏时避免扬尘，小心扫起，置于袋中转移至安全场所。大量泄漏时则应收集回收或运至废物处理场所处置。

3. 操作与防护

提供良好的自然通风条件。远离火种、热源，工作场所严禁吸烟。使用防爆型的通风系统和设备。避免与氧化剂接触。

一般不需要做特殊防护。若可能接触高浓度粉尘时可佩戴自吸过滤式防尘口罩。必要时，戴防护眼镜，穿防静电工作服，戴一般作业防护手套。

4. 毒性与生态学数据

无毒，对皮肤、眼睛有刺激性。对水体和大气可造成污染。

5. 储存与运输

采用内衬塑料袋、外用防潮牛皮纸袋包装，每袋净重 25kg。储存于阴凉、通风的库房内，保持容器密封。远离火种、热源。与氧化剂分开存放，切忌混储。配备相应品种和数量的消防器材。

运输中防火、防潮和雨淋。

（二）矿物材料

1. 常用矿物材料

1）蚌壳渣（粉）

蚌壳渣（粉）是以蛤蚌等有壳动物的外壳制成，为不规则畸形碎片。其 95% 的成分是碳酸钙，还有少量氨基酸和多糖物质。在石油钻井中，是应用最早的堵漏材料之一。可与其他纤维和颗粒桥堵材料配伍用于严重漏失地层堵漏，具有不规则碎片状结构，且有尖角，可以嵌入地层，达到快速封堵，有效驻留。其用量一般为 2%~5%，或根据具体情况而定。

2）蛭石

蛭石是一种层状结构含镁的水铝硅酸盐次生变质矿物，原矿外形似云母，主要由黑（金）云母经热液蚀变作用或风化而成，因其受热失水膨胀时呈挠曲状，形态酷似水蛭，故称蛭石。蛭石一般为褐、黄、暗绿色，有油一样的光泽，加热后变成灰色。蛭石片经过高温焙烧其体积可迅速膨胀 6~20 倍，膨胀后的密度为 0.06~0.18g/cm^3，具有良好的隔热性和耐火性。膨胀蛭石不溶于水，pH 值 7~8，无毒、无味，无副作用。抗温能力强，堵漏强度高，承压能力强。在钻井中，可直接用作堵漏剂，也可与其他材料复配制备复合堵漏剂，适用于裂缝和溶洞漏失的封堵。

3）云母片

天然云母片是一种非金属矿物，含有多种成分，其中主要有 SiO_2，含量一般在 49% 左右，Al_2O_3 含量在 30% 左右。天然云母具有良好的弹性、韧性、绝缘性、耐高温、耐酸碱、耐腐蚀、附着力强等特性。片状云母在矿石中的片径为 2~10mm，是最早应用的片状堵漏材料，可以嵌入地层，提高堵漏剂或堵漏浆的驻留能力，防止重复漏失，且承压能力高。用作钻井液堵漏剂，可以直接使用，也可以与其他材料配伍使用。作为桥堵材料，常用于比较严重的裂缝性或缝洞型漏失封堵。

4）矿物纤维

矿物纤维是从纤维状结构的矿物岩石中获得的纤维，主要组成物质为二氧化硅、氧化铝、氧化镁等氧化物，其主要来源为各类石棉，如温石棉，青石棉等。在钻井中可作为堵漏剂或钻井液携砂剂，与其他材料配伍进行复合堵漏，可以有效地提高堵漏成功率。

5）水镁石纤维

水镁石纤维［$Mg(OH)_2$］，是一种纤维状氢氧镁石，具有颜色洁白、易劈分、出绒率高等特点，由于其独特而优异的性能及低廉的价格，且物理性能类似于石棉，是代替石棉的理想材料，可以作为增强、补强材料和添加剂。相对密度2.3~2.6g/cm^3，抗拉强度892.4~1283.7MPa，弹性模量14.1GPa。脱水温度为400~500℃，熔点1960℃，碱失量2.03%，酸失量84.4%。在钻井液中可以用作堵漏材料和携砂剂，以替代有毒的石棉纤维。

6）粉煤灰

粉煤灰，是从煤燃烧后的烟气中收捕下来的细灰，粉煤灰是燃煤电厂排出的主要固体废物。外观类似水泥，颜色在乳白色到灰黑色之间变化。粉煤灰的颜色是一项重要的质量指标，可以反映含碳量的多少和差异。粉煤灰颗粒呈多孔型蜂窝状组织，比表面积较大，具有较高的吸附活性，颗粒粒径为0.5~300μm。珠壁具有多孔结构，孔隙率高达50%~80%，有很强的吸水性。

在钻井液中，可以作为胶凝堵漏剂的主要成分，添加到钻井液中可以将钻井液转化为水泥浆固井或堵漏，即MTC固井与堵漏。

2. 安全与防护

吸入粉尘可能刺激呼吸系统。粉末可能刺激皮肤。进入眼睛的颗粒或粉末可能导致发炎和刺疼。难燃。

1）危险性

无毒。主要是粉尘的吸入、与眼睛及皮肤接触。

2）应急处理措施

（1）急救。皮肤接触：用水彻底冲洗皮肤；眼睛接触：提起眼睑用大量清水冲洗，持续冲洗至少15min；吸入：立即移至空气新鲜处或就医；误食：漱口和饮用大量水。

（2）消防。一般不会燃烧。

（3）泄漏。用清扫工具清扫并且放置到适当位置。用水对溢出地带进行冲洗，但要避免外溢物流入下水道及公用水管道。建议应急处理人员戴防尘口罩，穿一般作业工作服。少量泄漏时避免扬尘，小心扫起，置于袋中转移至安全场所。大量泄漏时则应收集回收或运至废物处理场所处置。

3）操作与防护

提供良好的自然通风条件。避免产生粉尘。搬运时要轻装轻卸，防止包装及容器损坏。

使用时一般不需要做特殊防护。若可能接触高浓度粉尘时可佩戴自吸过滤式防尘口罩。必要时，戴化学安全防护眼镜，穿一般工作服，戴一般作业防护手套。工作现场严禁吸烟。保持良好的卫生习惯。

4）毒性与生态学数据

无毒，粉尘对皮肤、眼睛有刺激性。对大气可造成污染。

5）储存与运输

采用涂塑编织袋或牛皮纸袋包装，每袋净重 25kg。储存在阴凉、通风、干燥的库房中。运输中防止日晒和雨淋。

（三）多组分堵漏材料

1. 常用多组分堵漏剂

1）高失水堵漏剂

本品是由氧化钙或水泥、植物纤维、矿物纤维和其他助剂复合而成。用其所配制的堵漏浆，通过迅速失水沉积，可以快速形成堵塞而封堵大漏失层，堵漏成功率高，是应用最早、用量最大的堵漏剂之一。堵漏剂中的纤维状材料在高失水堵漏浆中既起悬浮作用，又能在形成的堵塞中纵横交错，相互拉扯，起到强有力的拉筋作用，增强堵塞物的强度。主要用于钻井过程中封堵大孔道、多孔隙和裂缝性漏失，是最常用的钻井液堵漏剂之一。

2）狄赛尔堵漏剂

本品是由碎纸屑、硅藻土、石灰等复合而成的一种复合堵漏材料。属于高失水堵漏材料，在漏失层段通过快速失水，形成具有强驻留、耐冲刷的堵塞物，以达到快速堵漏作业的目的。主要用于钻井过程中封堵大孔道、多孔隙和裂缝性漏失，是最常用的钻井液堵漏剂之一，可直接注入漏层。使用方法同高失水堵漏剂。

3）单向压力封堵剂

本品是不同粒径或长度的植物纤维、木质素纤维等的复配物，又称随钻堵漏剂、暂堵剂等，常用代号 DF–1。不溶于水，但可以酸溶。可封堵砂岩、裂缝性地层、断裂的煤夹层和石灰岩地层。主要用于防漏和渗透性漏失地层的暂堵，也可以用于微裂缝性地层漏失的封堵，配合水泥和大颗粒堵漏剂可用于封堵大孔洞的漏失。适用于油基钻井液和水基钻井液。用作无土相或无固相钻井液与完井液的降滤失剂，减少滤液进入地层，保护储层。

4）改性植物纤维堵漏剂

改性植物纤维堵漏剂为不同类型的天然植物高分子材料，如高活性腐殖酸盐及其衍生物、纤维素、植物胶、聚戊糖等加工得到，为流动性固体粉末。具有良好的水溶胀桥接封堵能力，黏附性强。对孔隙及微裂缝漏失，堵漏速度快，效果好，能迅速形成具有一定强度的非渗透性屏蔽带阻止钻井液中的液、固相侵入储层，使储层免遭损害。屏蔽带通过射孔反排可以解除，能显著降低钻井液的滤失量，又不影响钻井液的流变性能，耐温性能优良，无毒，无害。主要用于防漏和渗透性漏失地层的暂堵，可以随钻堵漏，也可以用于微裂缝性漏失的封堵。

5）惰性颗粒堵漏材料

本品是一大类惰性物质加工的堵漏材料，主要有核桃壳、棉籽壳、甘蔗渣、云母、蛭石、皮革粉和花生壳等。产品无毒性、无污染。具有坚硬颗粒（如核桃壳）和柔性颗粒（如甘蔗渣、皮革粉等）的特点，主要用于渗透性和裂缝性地层漏失的堵漏。使用时可根据漏失情况来确定品种和加入量。

2. 安全及防护

不同组分的产品其特征稍有不同，但毒性均较低，毒性可能来源于部分产品中碱性成分的腐蚀性。吸入粉尘可能刺激呼吸系统。粉末可能刺激皮肤。进入眼睛的颗粒或粉末可能导致发炎和刺疼。

1）危险性

主要侵入途径是吸入、与眼睛及皮肤接触。长期接触粉尘导致尖性支气管炎、肺气肿、尘肺病。无机材料不燃。有机材料可能形成可燃粉尘、气体混合物，遇明火高热可燃，燃烧时放出有毒的刺激性烟雾。

2）应急处理措施

（1）急救。皮肤接触：用水彻底冲洗皮肤；眼睛接触：提起眼睑用大量清水冲洗，持续冲洗至少 15min；吸入：立即移至空气新鲜处或就医；误食：漱口和饮用大量水。

（2）消防。矿物类材料难燃，植物类材料一般采用喷洒二氧化碳干粉泡沫灭火剂或直接喷洒清水进行灭火。

（3）泄漏。用清扫工具清扫并且放置到适当位置。用水对溢出地带进行冲洗，但要避免外溢物流入下水道及公用水管道。建议应急处理人员戴防护口罩，穿一般作业工作服。少量泄漏时避免扬尘，小心扫起，置于袋中转移至安全场所。大量泄漏时则应收集回收或运至废物处理场所处置。

3）操作与防护

提供良好的自然通风条件。远离火种、热源。搬运时要轻装轻卸，防止包装及容器损坏。配备相应品种和数量的消防器材及泄漏应急处理设备。

一般不需要做特殊防护。若可能接触高浓度粉尘时可佩戴自吸过滤式防尘口罩。必要时，戴化学安全防护眼镜，穿一般工作服，戴一般作业防护手套。工作现场严禁吸烟。保持良好的卫生习惯。

4）毒性与生态学数据

无毒，对皮肤、眼睛有刺激性。对环境有危害，对大气可造成污染。

5）储存与运输

采用涂塑编织袋或牛皮纸袋包装，每袋净重 25kg。储存在阴凉、通风、干燥的库房中。运输中，不可与化学品混放，防火，防日晒和雨淋。

二、润滑剂

（一）基本材料

1. 玉米油

1）理化性质

玉米油又叫粟米油、玉米胚芽油，相对密度 0.917～0.925，碘值 107～135g/100g，皂化值 187～195 mg KOH/g，不皂化物小于 28g/kg。玉米油中的不饱和脂肪酸含量高达 80%～85%。玉米油富含多种维生素、矿物质及大量的不饱和脂肪酸，主要为油酸和亚油酸。其甘油三酸酯成分高，特别适用于钻井液润滑剂。

2）用途

在水基钻井液中可直接用作润滑剂，具有良好的润滑作用，也可用于制备复合润滑剂的成分。

3）危险性

无毒。可以安全使用，防止燃烧。

4）应急处理措施

（1）急救。皮肤接触：脱掉污染的衣着，用肥皂水和清水彻底冲洗皮肤；眼睛接触：分开眼睑，用流动清水或生理盐水冲洗；吸入：立刻转移至新鲜空气处；误食：漱口，禁止催吐，严重时立即就医。

（2）消防。消防人员佩戴携气式呼吸器，穿全身消防服，在上风向灭火，并尽可能将容器从火场移至空旷处。一般可以采用水雾、干粉、泡沫或二氧化碳灭火剂灭火。避免使用直流水灭火，以免造成可燃性液体的飞溅，使火势扩散。灭火后收容和处理消防水，防止污染环境。

（3）泄漏。尽可能切断泄漏源，消除所有点火源。根据液体流动、蒸气扩散的影响区域划定警戒区，无关人员从侧风、上风向撤离至安全区。收容泄漏物，防止泄漏物进入下水道、地表水和地下水。尽可能将泄漏液体收集在可密闭的容器中，或用砂土、活性炭或其他惰性材料吸收，并转移至安全场所。禁止冲入下水道。如果大量泄漏，则应构筑围堤或挖坑收容，封闭排水管道。用防爆泵转移至槽车或专用收集器内，回收或运至废物处理场所处置。

5）操作与防护

操作处置时应在具备局部通风或全面通风换气的场所进行。避免与眼和皮肤接触，避免吸入蒸气。远离火种、热源，工作场所严禁吸烟。使用防爆型的通风系统和设备。避免与氧化剂等禁配物接触。搬运时要轻装轻卸，防止包装及容器损坏。配备相应品种和数量的消防器材及泄漏应急处理设备。禁止使用易产生火花的设备和工具。储存区应备有泄漏应急处理设备和合适的收容材料。

空气中浓度超标时，佩戴过滤式防毒面具（半面罩）。紧急事态抢救或撤离时，应佩戴空气呼吸器，穿防渗透工作服，戴橡胶耐油手套。

6）毒性与生态学数据

无毒。不影响环境，对水体可能造成危害。

7）储存与运输

采用镀锌铁桶包装，每桶净重 180kg。存放于阴凉、通风、干燥处，应与碱类、易燃易爆物品隔离。运输中避免日晒、雨淋，远离火源。

2. 油酸甲酯

1）理化性质

油酸甲酯，又名顺式 –9– 十八烯酸甲酯，分子式 $C_{19}H_{36}O_2$，相对分子质量 296.49，为无色至淡黄色油状液体。折光率 1.4522（20℃），可燃，不溶于水，与乙醇，乙醚等有机溶剂互溶，为一种不饱和高级脂肪酸酯，是重要的化工原料。

2）用途

用于钻井液润滑剂，润滑效果好，抗温抗盐能力强。

3）危险性

在正常的温度和使用条件下稳定，无毒，可燃。避免接触眼睛、皮肤。

4）应急处理措施

（1）急救。皮肤接触：脱掉污染的衣着，用肥皂水和清水彻底冲洗皮肤；眼睛接触：分开眼睑，用流动清水或生理盐水冲洗；吸入：立刻转移至新鲜空气处；误食：漱口，禁止催吐，严重时立即就医。

（2）消防。消防人员佩戴携气式呼吸器，穿全身消防服，在上风向灭火。一般采用水雾、干粉、泡沫或二氧化碳灭火剂灭火。避免使用直流水灭火，以免造成可燃性液体的飞溅，使火势扩散。注意收容和处理消防水，防止污染环境。

（3）泄漏。作业人员佩戴携气式呼吸器，穿防静电服，戴橡胶耐油手套。尽可能切断泄漏源，消除所有点火源。禁止接触或跨越泄漏物。作业时使用的所有设备应接地。根据液体流动、蒸气扩散的影响区域划定警戒区，无关人员从侧风、上风向撤离至安全区。

收容泄漏物，防止泄漏物进入下水道、地表水和地下水。尽可能将泄漏液体收集在可密闭的容器中，或用砂土、活性炭或其他惰性材料吸收，并转移至安全场所。禁止冲入下水道。如果大量泄漏，则应构筑围堤或挖坑收容，封闭排水管道。用泡沫覆盖，抑制蒸发。用防爆泵转移至槽车或专用收集器内，回收或运至废物处理场所处置。

5）操作与防护

操作处置应在具备局部通风或全面通风换气的场所进行。避免与眼和皮肤接触，避免吸入蒸气。远离火种、热源，工作场所严禁吸烟。使用防爆型的通风系统和设备。避免与氧化剂等禁配物接触。搬运时要轻装轻卸，防止包装及容器损坏。使用后洗手，禁止在工作场所饮食。配备相应品种和数量的消防器材及泄漏应急处理设备。禁止使用易产生火花的设备和工具。

空气中浓度超标时，佩戴过滤式防毒面具（半面罩）。紧急事态抢救或撤离时，应该佩戴携气式呼吸器，穿防毒物渗透工作服，戴橡胶耐油手套。

6）毒性与生态学数据

致肿瘤 TCL_0：54gm/kg/45W–I（小鼠经皮）。对水体可能有一定影响。

7）包装与储运

采用镀锌铁桶或塑料桶包装。每桶净重 180kg。储存于阴凉、通风的库房内，保持容器密封。库温不宜超过 37℃。应与氧化剂、食用化学品分开存放，切忌与强氧化物、强酸、强碱混储。远离火种、热源。库房必须安装避雷设备。排风系统应设有导除静电的接地装置。采用防爆型照明、通风设置。

可按非危险品运输。运输中不可与化学品混放，防火，防日晒和雨淋。

3. 油酸二乙醇酰胺

1）理化性质

油酸二乙醇酰胺，别名油酰二乙醇胺，分子式 $C_{22}H_{43}NO_3$，相对分子质量 369.58。微黄色至黄棕色透明液体。可分散于水，溶于一般的有机溶剂，具有优良的去污、乳化、发泡、稳泡、分散、增溶、抗静电、润滑、防锈缓蚀、抗磨能力和优良的钙镁分散能力。在钻井液中起润滑、乳化等作用。

2）用途

在水基钻井液中可直接用作润滑剂，也可用作制备复合润滑剂的成分。用于油基钻井液乳化剂。

3）危险性

可降解，对皮肤、眼睛有刺激性。遇明火高热可燃，燃烧产物为一氧化碳、二氧化碳、氧化氮等。

4）应急处理措施

（1）急救。皮肤接触：脱掉污染的衣着，用肥皂水和清水彻底冲洗皮肤；眼睛接触：分开眼睑，用流动清水或生理盐水冲洗；吸入：转移到新鲜空气处；误食：立刻漱口，禁止催吐，必要时就医。

（2）消防。消防人员佩戴携气式呼吸器，穿全身消防服，在上风向灭火，并尽可能将容器从火场移至空旷处。灭火剂为水雾、干粉、泡沫或二氧化碳。避免使用直流水灭火，以免造成可燃性液体的飞溅，使火势扩散。收容和处理消防水，防止污染环境。

（3）泄漏。隔离泄漏污染区，限制出入。建议应急处理人员戴防尘口罩，穿一般作业工作服，不要直接接触泄漏物。少量泄漏时避免扬尘，用砂土、活性炭或其他惰性材料吸收，并转移至安全场所。禁止冲入下水道。如果大量泄漏，则应构筑围堤或挖坑收容，封闭排水管道。用泡沫覆盖，抑制蒸发。用防爆泵转移至槽车或专用收集器内，回收或运至废物处理场所处置。

5）操作与防护

密闭操作，局部排风。建议操作人员佩戴口罩，戴化学防护眼镜，穿工作服，戴橡胶手套。紧急情况时，必须佩戴防毒口罩，增强抽风，戴化学安全防护眼镜，穿渗透工作服，戴橡胶手套。工作场所禁止吸烟、进食和饮水。工作完毕，淋浴更衣。保持良好卫生习惯。

6）毒性与生态学数据

急性毒性 LD_{50}：2.4mL/kg（大鼠口服），LD_{50}>10000mg/kg（小鼠口服）。对环境有危害，对水体可造成污染。

7）储存与运输

采用镀锌铁桶或塑料桶包装，包装密封。每桶净重180kg。储存于阴凉、通风、干燥的库房内。远离火种、热源。防止阳光直射。应与酸类分开存放，切忌混储。储存区应备有合适的材料收容泄漏物。可按非危险品运输，运输中防火、防暴晒。

（二）多组分润滑材料

1. 常用多组分润滑剂

1）RH润滑剂

本品由植物油、十二烷基苯磺酸钠、非离子表面活性剂等组成，为棕色液体，水分散性良好。荧光级别低，具有较好的润滑作用，抗温抗盐能力强，适用范围广。用作水基钻井液润滑剂，具有低荧光干扰，不影响地质录井测试，改善滤饼质量，显著降低滤饼黏附系数等特点，并兼有乳化作用。

2）植物油防卡润滑剂

本品由山梨糖醇酐单油酸酯、聚氧乙烯辛基苯酚醚、琥珀酸酯磺酸钠、三乙醇胺和棉籽油等不同表面活性剂、植物油等组成，是一种棕红色油状液体。无毒、无污染、无荧光干扰，防卡润滑性能好。用作钻井液防卡润滑剂，对混油钻井液具有一定的乳化作用，适用于各种钻井液体系，尤其是高密度或高固相钻井液体系。

3）弱荧光润滑剂

本品由十二烷基苯磺酸钠、松香酸钠、油酸和白油等组成，为棕褐色液体，水分散性良好。在水基钻井液中具有润滑、乳化作用，无毒、无污染、低荧光干扰，防卡润滑性好等特点。用作钻井液润滑剂，适用于各类水基钻井液，对钻井液流变性无不良影响，也可作混油钻井液的乳化剂。

4）矿物油防卡润滑剂

本品由SP-80、十二烷基苯磺酸钠、OP-10、白油等组成，为浅黄色至棕黄色水乳化型液体，无毒、无污染、无荧光，能显著降低滤饼黏附系数，热稳定性好，与其他处理剂配伍性好，对钻井液的流变性和滤失量无不良影响。用作钻井液润滑剂，适用于各种水基钻井液。对混油钻井液具有一定的乳化稳定作用。

5）硫化脂肪酸润滑剂

本品由硫化脂肪酸皂，亚硝酸钠等组成，为乳黄色可流动液体，无毒、无挥发性。具有良好的抗摩阻和降黏附性，无荧光干扰，不影响地质录井。产品中的硫化脂肪酸皂含有活性元素硫，既是油性剂，又是极压剂。用作水基钻井液极压润滑剂，对混油钻井液具有一定的乳化稳定作用。

6）油酸酯复合润滑剂

本品是以油酸酯或硝化油酸酯为主，通过添加一些其他材料得到的一种复配体系，为棕黑色油状液体。用作水基钻井液润滑剂，油酸酯分子中的长碳链直链烷基，有利于形成致密的油膜，提高钻井液的润滑性，降低泥饼的摩擦系数。抗温220℃，还具有一定的消泡作用。

2. 安全及防护

在正常的温度和使用条件下液体多组分润滑剂稳定，不同组分的产品其特征稍有不同，但毒性均较低，毒性可能来源于产品中部分组分的影响。接触可能刺激皮肤。进入眼睛可能导致发炎和刺疼。部分产品可燃。

1）危险性

低毒。对皮肤、眼睛有很低的刺激性。使用时防止泄漏，避免与皮肤、眼睛接触。长期接触有轻微过敏。对环境影响小。部分产品主要组分为矿物油或植物油，可燃。燃烧时放出有毒的刺激性烟雾。

2）应急处理措施

（1）急救。皮肤接触：脱掉污染的衣着，用肥皂水和清水彻底冲洗皮肤；眼睛接触：分开眼睑，用流动清水或生理盐水冲洗；吸入：转移到新鲜空气处；误食：立刻漱口，禁止催吐，必要时就医。

（2）消防。消防人员佩戴携气式呼吸器，穿全身消防服，在上风向灭火，并尽可能将容器从火场移至空旷处。灭火剂为水雾、干粉、泡沫或二氧化碳灭火剂。避免使用直流水灭火，以免造成可燃性液体的飞溅，使火势扩散。收容和处理消防水，防止污染环境。

（3）泄漏。隔离泄漏污染区，限制出入。建议应急处理人员戴防护口罩，穿一般作业工作服。不要直接接触泄漏物。少量泄漏时，用砂土、活性炭或其他惰性材料吸收，并转移至安全场所。禁止冲入下水道。如果大量泄漏，则应构筑围堤或挖坑收容，封闭排水管道。用泡沫覆盖，抑制蒸发。用防爆泵转移至槽车或专用收集器内，回收或运至废物处理场所处置。

3）操作与防护

使用时防止泄漏，避免与皮肤、眼睛接触。远离火种、热源，工作场所严禁吸烟。搬运时要轻装轻卸，防止包装及容器损坏。储存区应备有泄漏应急处理设备和合适的收容材料。

一般不需要做特殊防护，必要时戴化学安全防护眼镜，穿防渗透工作服，戴一般作业防护手套。工作现场严禁吸烟。保持良好的卫生习惯。

4）毒性与生态学数据

低毒，毒性与组分有关。对皮肤、眼睛有刺激性，对环境有危害，对水体可造成污染。

5）储存与运输

采用镀锌铁桶或塑料桶包装，每桶净重 25kg 或 50kg 或 180kg。储存于阴凉、通风、干燥处。运输中不可与化学品混放，不宜倒置，防止日晒和雨淋，防火、防冻。

三、解卡剂

1. 粉状解卡剂

1）理化性能

本品为黑灰色自由流动的固体粉末，系不同组分的混合物，将其分散于柴油中配制的解卡液具有润滑性好、滤失量低，泥饼薄，流变性、抗温性能好，能较长期存放不结块，不失效。所配制解卡液解卡效率高，在井下高温高压下稳定性好，与柴油、水搅拌可配成各种密度的解卡液。常用的粉状解卡剂有 DJK-Ⅱ和 SR-301 两种代号。

2）用途

用于深井、复杂井以及泡油未能解卡井压差卡钻时的解卡作业。在使用时，首先在现场或工厂配制成解卡液，然后再根据需要进行加重，配制的解卡液不宜长期保存，一般随配随用。

3）危险性

本品含有石灰，其主要危害是粉尘，侵入途径是吸入、与眼睛及皮肤接触。长期接触有轻微过敏。对皮肤、眼睛有刺激性，对环境影响小。沥青可能形成可燃粉尘、气体混合物。明火点燃能有部分燃烧。燃烧时放出有毒的刺激性烟雾。

4）应急处理措施

（1）急救。皮肤接触：脱掉污染的衣服，用肥皂和大量水彻底冲洗皮肤；眼睛接触：立即提起眼睑用大量清水冲洗，持续冲洗至少 15min，严重时就医。吸入：立即转移至空气新鲜处，如呼吸困难，给输氧，严重时就医；误食：立刻漱口和饮用大量水，如大量吞食应送医院治疗。

（2）消防。采用喷洒二氧化碳干粉泡沫灭火剂或直接喷洒清水方式灭火。

（3）泄漏。用清洁的工具收集于干燥的容器或用清扫工具清扫并且放置到适当位置，吸尘设备处理粉尘，及时通风。

5）操作与防护

使用时防止泄漏，避免粉尘与皮肤、眼睛接触。远离火种、热源，工作场所严禁吸烟。防止包装及容器损坏。储存区应备有泄漏应急处理设备和合适的收容材料。

按照一般粉尘要求防治粉尘、通风；一般不需要做特殊防护。如可能接触高浓度粉尘时可佩戴自吸过滤式防尘口罩，必要时，戴化学安全防护眼镜，穿防静电工作服，戴一般作业防护手套。工作现场严禁吸烟。保持良好的卫生习惯。

6）毒性与生态学数据

低毒。对环境、土壤和水体有危害。

7）储存与运输

采用涂塑编织袋或牛皮纸袋包装，每袋净重 25kg。储存在阴凉、通风、干燥的库房中。运输中不可与化学品混放，防火，防止日晒和雨淋。

2. 油基液体解卡剂

1）理化性能

由氧化沥青、石灰粉、表面活性剂、矿物油等组成。为黑灰色黏稠液体，润湿、润滑性能好，滤失量小，泥饼黏滞系数小，泥饼薄而韧，渗透能力强，能根据需要调节密度，具有较好的悬浮稳定性，对水基钻井液泥饼有一定的渗透破坏作用，流变性能好。

2）用途

可用于卡点以下有垮坍地层的井、不混油的井、深井、高压油气层等复杂井压差卡钻时解卡，对黏附卡钻有特效（解卡成功率达100%），还可作为混油钻井液防卡使用。

3）危险性

低毒。对皮肤、眼睛有很低的刺激性。使用时防止泄漏，避免与皮肤、眼睛接触。长期接触有轻微过敏。对环境影响小。可燃。燃烧时放出有毒的刺激性烟雾。

4）应急处理措施

（1）急救。皮肤接触：脱掉污染的衣服，用肥皂和大量水彻底冲洗皮肤；眼睛接触：立即提起眼睑用大量清水冲洗，持续冲洗至少15min，若症状持续不消，应就医；吸入：立即转移至空气新鲜处，严重时就医；误食：立刻漱口和饮用大量水，如大量吞食应送医院治疗。

（2）消防。采用喷洒二氧化碳干粉泡沫灭火剂或直接喷洒清水方式灭火。

（3）泄漏。用清洁的工具收集于干燥的容器或用清水冲扫到适当位置。少量泄漏时，用砂土、活性炭或其他惰性材料吸收，并转移至安全场所。禁止冲入下水道。如果大量泄漏，应构筑围堤或挖坑收容，封闭排水管道。用防爆泵转移至槽车或专用收集器内，回收或运至废物处理场所处置。

5）操作与防护

使用时防止泄漏，避免与皮肤、眼睛接触。远离火种、热源，工作场所严禁吸烟。禁止使用易产生火花的设备和工具。储存区应备有泄漏应急处理设备和合适的收容材料。

一般不需要做特殊防护。必要时，戴防毒口罩，戴化学安全防护眼镜，穿防静电工作服，戴橡胶防护手套。工作现场严禁吸烟。保持良好的卫生习惯。

6）毒性与生态学数据

有毒。对环境有危害、土壤和水体有危害。

7）储存与运输

采用镀锌铁桶或塑料桶包装，每桶净重50kg或180kg。储存于阴凉、通风、干燥处。运输中不可与化学品混放，不宜倒置，防止日晒和雨淋，防火。

第四章　钻井液体系及使用安全

钻井施工作业过程中需要配制钻井液和对钻井液性能进行维护处理，在钻井液的处理过程中，当加入粉末状处理剂时，会导致粉尘的产生；一些碱性处理剂，特别是烧碱等使用中可能会接触皮肤、眼睛等。这些均会对操作人员的身体健康造成伤害，若不采取积极可靠的预防措施，将严重危害工作人员的身体健康。因此，针对广大石油钻井基层员工由于接触钻井液有可能受到的职业伤害而采取相应的防护措施，对保护员工基本健康及家庭幸福，乃至企业的长远发展都具有重要的意义。

长期以来，钻井施工作为一项艰苦的野外作业，安全风险较大，出现人身伤害的可能性较高，因此人们把重点都放在了防止工伤事故的发生上。职业病形成是一个缓慢的过程，只有长时间的累积才有可能出现疑似病状。因此，无论是管理人员还是基层操作人员都缺乏足够的认识，在防护方面，大多仅限于戴口罩、工衣和手套等一般防护用品，甚至存在不按规定佩戴的现象。

钻井作业现场常出现的主要是加重剂、配浆土和钻井液处理剂粉尘的危害。钻井液处理剂通过人工露天操作配置，当加料处无除尘设施时，可能会使井场粉尘浓度严重超标。就粉尘危害而言，粉尘是指能够长时间悬浮于空气中的固体颗粒，粒径通常为0.1～10μm。粉尘可被吸入呼吸系统，其中少部分能进入到肺泡区，长期反复接触一定量的粉尘可对人体健康产生危害。粉尘可能造成的危害：一是尘肺。尘肺是指在生产过程中吸入粉尘所引起的以肺组织纤维化为主的疾病。由于吸入粉尘的性质和量的不同，而产生不同程度的危害；二是呼吸系统肿瘤。此外，还可能造成咽喉炎等；作用于皮肤可造成毛囊炎、皮肤病等；矿物质堵漏材料形成的粉尘可造成眼角膜损伤；三是有机粉尘引起的肺部病变。如引起支气管哮喘、职业过敏性肺炎、混合性尘肺等。

化学物质的危害是钻井液危害的重要因素之一。在钻井过程中，随着钻井液的循环，会在大气中主要排放硫化氢和氨气这两种化学物质。硫化氢是一种有毒的酸性气体，浓度越大，对人体的危害也就越大，严重时可造成昏迷甚至死亡；氨气是一种具有刺激性气味的气体，易对人的眼睛及呼吸系统造成刺激和腐蚀，空气中的浓度越大，接触时间越长，对人体的毒性也就越强。

可见，在钻井作业过程中做好职业危害的预防与控制至关重要。本章结合不同类型的钻井液，介绍钻井液体系的维护处理和使用中的安全与防护。

第一节　水基钻井液

水基钻井液是应用最多的钻井液体系，尽管其安全使用性能较好，但在钻井液配制、维护处理，以及与钻井液接触的其他作业过程中，如果防护不当，仍然会产生一定的职业性危害。为对钻井液安全使用有个基本的了解，本章从水基钻井液和钻井液废弃物两方面介绍水基钻井液的安全使用与防护措施，旨在掌握防护方法，增强防护意识，从而降低钻井液职业危害的风险。

一、水基钻井液的基本组成

水基钻井液由配浆水、膨润土、处理剂和加重剂等组成，它在实际应用中一直占据着主导地位。其主要的体系有分散钻井液、钙处理钻井液、盐水钻井液、聚合物钻井液、正电胶钻井液和抗高温深井水基钻井液等。

二、水基钻井液的危害

水基钻井液对健康和环境的危害主要来自：①所使用的处理剂、配浆土、加重剂、各种盐、碱的直接影响，以及某些处理剂的分解产物；②进入钻井液体系中地层可溶性盐、流体及钻屑等；③钻井液的碱性；④钻井液在循环过程累积的重金属离子。

三、水基钻井液的使用安全与防护

对于各种钻井液处理剂的危害及安全使用可以参考本书第三章关于处理剂的介绍。

在钻井液使用中必须穿戴好劳保用品，尤其是在钻井液配制和维护处理过程中，重点是防止与固体处理剂粉尘的接触，同时还要注意处理剂的溶解、混合和钻井液配制过程中产生的挥发性气体。特别是在配制烧碱水时，一是防止配制过程中液体溅到身上，二是防止伴随着溶解所产生刺激性气体的吸入。在钻进过程中，当需要取样测定钻井液性能、收集岩屑样、检查和维护固控设备等过程中均会不同程度的接触钻井液和挥发性气体，故需要做好相应的防护。关于水基钻井液的安全使用，重点包括如下内容。

（一）粉尘污染与防护

钻井液配制及维护处理过程中使用粉状的处理剂，以及进行钻井液加重等作业时，常常会产生大量粉尘，在没有自动加料设备的情况下，粉尘会更加严重。可见，了解粉尘对健康的影响和必要的防护措施对安全生产和人体健康非常重要。

1. 粉尘对健康的影响

粉尘对健康的影响主要包括以下几个方面。

（1）全身作用。长期吸入较高浓度的粉尘可引起肺部弥漫性、进行性纤维化为主的全身疾病（尘肺）；如吸入铅、铜、锌、锰等毒性粉尘，可在支气管壁上溶解而被吸收，由血液带到全身各部位，引起全身性中毒。铅中毒是慢性的，但中毒者如果发烧，或者吃了某些药物和喝了过量的酒，也会引起中毒的急性发作；过量吸入铜的烟尘可能导致溶血性贫血；锌在燃烧时产生氧化锌烟尘，人吸入后产生一种类似疟疾的"金属烟雾热"疾病；长期吸入锰及其氧化物粉尘或烟雾，对中枢神经系统、呼吸系统及消化系统均发生不良作用。

（2）局部作用。接触或吸入粉尘，首先对皮肤、角膜、黏膜等产生局部的刺激作用，并产生一系列的病变。如粉尘作用于呼吸道，早期可引起鼻腔黏膜机能亢进，毛细血管扩张，长期便形成肥大性鼻炎，最后由于黏膜营养供应不足而形成萎缩性鼻炎。还可形成咽炎、喉炎、气管及支气管炎。作用于皮肤，可形成粉刺、毛囊炎、脓皮病，如铅尘浸入皮肤，会出现一些小红点，称为"铅疹"等。

（3）致癌作用。接触如镍、铬、铬酸盐的粉尘，可以引起肺癌；接触放射性矿物粉尘、容易产生肺癌；石棉粉尘可引起皮癌。

（4）感染作用。有些有机粉尘，如由植物加工废料、海产品废料制备的堵漏材料等粉尘常附有病原菌，如丝菌、放射菌属等，随粉尘进入人肺内，可引起肺霉菌病等。

2. 粉尘对肺部的作用

由于长期吸入生产性粉尘而产生的尘肺病，是一种常见的危害性较大的职业病。由于粉尘的性质不同，对肺组织引起病理改变也有差异，粉尘所引起的肺部疾病可分为三大类。

（1）尘肺。卫计委，劳动保障部颁布的《职业病目录》中按其病因分为矽肺、电焊肺、铸工肺等 13 种尘肺病。尘肺从目前的医学水平来说是不可治愈的疾病。

（2）肺粉尘沉着症。有些生产性粉尘如锡、钡、锑等粉尘吸入后可沉积于肺部组织中，呈现一般的异物反应，对人体健康危害较小或无明显影响，经治疗或脱离粉尘后病变可逐渐减轻或消失。

（3）有机性粉尘引起的肺部病变。有机性粉尘所引起的肺部炎症，尘肺等病变，由于对有机粉尘致病的原因研究较少，对致病机理的看法不一致，目前未定为职业病。

3. 对粉尘发生源的治理及个人防护

粉尘防护的对策主要是对工艺、设备、物料、操作条件及方式、职业健康防护设施、个人防护用品等技术措施进行优化、组合，采取综合治理。

（1）消除或减弱粉尘发生源。在处理剂使用中可选用不产生粉尘的加料工艺或不产生粉尘的液态产品，如聚合物反相乳液，尽可能选用无危害或少危害的物料，是消除或减弱粉尘危害的根本途径，即通过加料工艺和物料状态的选用来消除粉尘发生源。

（2）限制、抑制粉尘和减少粉尘扩散。采取密闭管道输送，密闭设备加工，或在不妨碍操作条件下，也可采取半封闭、屏蔽、隔离设施，防止粉尘外逸或将粉尘限制在局部范围内减少扩散，如：降低物料落差，减少扬尘；对亲水性、弱黏性物料和粉尘应尽量采取增湿、喷雾、喷蒸气等措施，减少在搬运、破袋、加料和清理过程中粉尘的产生和扩散。

（3）通风排尘。依据作业场所及环境状况可分为全面机械通风和局部机械通风。通风换气是把清洁新鲜空气不断地送入工作场所，将空气中的粉尘浓度进行稀释，使其达到相应的最高容许浓度，并将污染的空气排出室外。在通风排气过程中，含有有害物质的气流不应通过作业人员的呼吸带走。

（4）增设吸尘净化设备。依据粉尘的性质、浓度、分散度和发生量，采用相适应的除尘、净化设备消除和净化空气中的粉尘，并防止二次扬尘。

（5）个人防护。依据粉尘对人体的危害方式和伤害途径，采取有针对性的个人防护。粉尘（或毒物）对人体伤害途径有三种：一是吸入，通过呼吸道进入体内；二是通过人体表皮汗腺、皮脂腺、毛囊进入体内；三是食入，通过消化道进入体内。

个人防护对策一般包括：①切断粉尘进入呼吸系统的途径。依据不同性质的粉尘，佩戴不同类型的防尘口罩、呼吸器（对某些有毒粉尘还应佩戴防毒面具）；②阻隔粉尘对皮肤的接触。正确穿戴工作服（有的还需要穿连裤、连帽的工作服）、头盔（人体头部是汗腺、皮脂肪和毛囊较集中的部位）、眼镜等；③禁止在粉尘作业现场进食、抽烟、饮水等。

对于从事粉尘作业的人员按规定佩戴符合技术要求的防尘口罩、防尘面具、防尘头盔、防护服等防护用品，这也是防止粉尘进入人体的最后一道防线。佩戴防尘口罩可以有效减轻粉尘对呼吸系统的危害，隔绝粉尘进入呼吸道，最大限度地保护作业者的呼吸健康，所以在粉尘环境下佩戴防尘口罩是十分有必要的。

面对粉尘环境，应及时采用有效的安全防护措施，不管是采用何种措施进行降尘防护，佩戴防尘口罩都是一个极为简单有效的防范措施，选用好的防尘口罩，比如3M防尘口罩，对作业者的呼吸系统来说，都是一个很好的安全防护措施。

（二）腐蚀性材料的危害及防护

1. 特性及危害

凡能使人体、金属或其他物质发生腐蚀的物质，都属于腐蚀性物质。按腐蚀性强弱及酸碱性，可将腐蚀性物质分类如下。

（1）一级无机酸性腐蚀性物质：具有强烈的腐蚀性，主要是一些具有氧化性的强酸，如硝酸、硫酸、氯磺酸等。还有遇水能生成强酸的物质，如二氧化硫、三氧化硫、五氧化二磷等。

（2）一级有机酸性腐蚀物质：具有强腐蚀性及酸性的有机物，如甲酸、溴乙酸等。

（3）二级无机酸性腐蚀物质：氧化性较差的强酸，如盐酸；中强酸，如磷酸；以及与水接触能部分生成酸的物质，如四氯化锡等。

（4）二级有机酸性腐蚀物质：较弱的有机酸，如乙酸、氯乙酸等。

（5）无机碱性腐蚀物质：碱性较强的腐蚀物质，如氢氧化钠、氢氧化钾等，以及与水作用生成碱性腐蚀物质，如硫化钠、氧化钙、硫化钙等。

（6）有机碱性腐蚀物质：具有碱性的有机腐蚀物质，主要是有机碱金属化合物和有机胺类，如丙醇钠、二乙醇等。

（7）其他无机腐蚀物质：如氯酸钙、次氯酸钠等。

（8）其他有机腐蚀物质：如苯酚、甲醛等。

腐蚀物质中的酸类和碱类均能使金属遭受不同程度的腐蚀，特别是无机酸，如盐酸、硝酸等，以及挥发出来的酸蒸气，对金属设备、包装容器、钻井设备的金属结构、仓库及厂房的钢筋混凝土结构，门窗、照明设施、通风设备等都有较强的腐蚀破坏作用。

腐蚀物质对有机物也能引起腐蚀，如浓度较高的氢氧化钠溶液接触棉花，能使其纤维组织溶解。

腐蚀物质接触人体、皮肤、眼睛或进入肺部、食道等，会引起表皮细胞组织发生破坏造成灼伤。人体内部器官被灼伤时，严重的会引起炎症，如肺炎等，甚至会导致死亡。固体腐蚀物质如氢氧化钠能直接灼伤表皮，而液体或气体状态的腐蚀物质，如氢氟酸、盐酸、硫酸等，能很快地进入人体内部器官，此外，腐蚀性物质还有很多是具有毒性和易燃性的。

钻井液处理剂中常用的腐蚀性材料包括无机碱性腐蚀物质，如氢氧化钠、氢氧化钾、氧化钙、硅酸钠等。有机碱性腐蚀物质，如有机胺类等。其他有机腐蚀物质，如苯酚、甲醛等。此外在进行泡酸解卡时还用到二级无机酸性腐蚀物质，如盐酸、氢氟酸等。

2. 安全注意事项

腐蚀性物质种类较多，性能各异，使用及储存要求也各不相同。在腐蚀性物质中，有的易挥发，有的易分解，还有的易吸潮、怕晒、怕冻等。储存时，应注意干燥、通风、防晒、防雨、防冻，包装容器应有相应的防腐蚀性能。使用时，应根据各类腐蚀性物质的物化性质配备相应的防护用具，如工作服、手套、靴、口罩和护目镜等。对易挥发的腐蚀性物质，使用场所应有良好的通风条件，操作人员应站在上风头位置，并佩戴相应的防护面具。

3. 酸碱危害的个人防护

按侵害人体的部位划分，一般可分为呼吸道的防护和皮肤、眼睛的防护两部分。

1）呼吸道的防护

主要是防止呼吸道吸入酸雾、酸蒸气等酸性气体和碱性粉尘，可分别选用如下防护用品。

（1）酸性气体防护用品。根据酸性气体的性质和浓度可分别选用防酸口罩和防毒面具。在酸雾过高和同时有酸碱液体飞溅的场所要选用防酸面罩或防酸面罩连衣。

（2）碱类粉尘防护用品。根据碱性粉尘的性质和浓度选用不同的防尘口罩。

2）皮肤、眼睛的防护

主要是阻隔、减少皮肤直接接触酸碱液体、酸雾、酸性气体和碱性粉尘等有害物质，避免酸碱液滴、酸雾、碱性粉尘危害眼睛。可根据生产条件和工作性质选用不同的防护用品。

（1）防酸碱液体用品。接触酸碱液体的作业，所需防护用品一般使用耐酸碱橡胶制品（包括乳胶制品）、聚乙烯塑料薄膜制品和人造革制品、无渗透防酸绸等。其品种有防酸碱橡胶工作服、背带裤、围裙、套袖、手套、靴、鞋等。在有酸碱液滴飞溅的场所可以使用有机玻璃面罩和防酸面罩，保护面部皮肤和眼睛。

（2）防酸性蒸气用品。在接触酸雾、酸蒸气的作业时，需穿用耐酸蒸气腐蚀的纯毛呢、化纤类制品，如纯毛呢工作服、涤纶工作服等。

（3）防碱性粉尘用品。可选用一般较密的棉纤维织物。

（三）刺激性挥发物

刺激性气体的安全防护主要是皮肤防护和呼吸防护，在选择和使用防护器材方面要尽量做到合理对口、管用，平时要注意做好维护保养，确保使用安全有效。

刺激性气体的皮肤防护。具有酸碱腐蚀性刺激性气体的皮肤系统防护可参见前面所述的个人防护措施。

刺激性气体的呼吸防护。遵守呼吸防护用品选择、使用和维护的原则。

针对刺激性气体的特点，在选择、使用和维护时需注意如下事项。

（1）防护器必须与危害存在的形态相匹配，防护水平必须与危害程度相当。在识别刺激性气体环境的基础上，对其进行分类：① IDLH 环境（有害环境性质未知；缺氧，或无法确定是否缺氧；刺激性气体浓度未知，不能确定达到或超过 IDLH 浓度），应选择配全面罩的正压式 SCBA（或在配备适合的辅助逃生型呼吸防护用品前提下，配全面罩或送气头罩的正压供气式呼吸防护用品）；②非 IDLH 环境应选择指定防护因数大于危害因数的呼吸器面罩。

若选择自吸过滤式防护用品，应注意：①根据刺激性气体存在的形式选择适合的过滤元件，如为刺激性气体、蒸气应选择自吸过滤式防毒面具，并根据特定的气体选择相对应的过滤元件；若是刺激性烟雾，应选择能同时过滤烟雾及其挥发气体的呼吸防护用品；②若空气污染物为刺激性气体和其他气体、蒸气、烟雾、粉尘的混合物，应注意选择有效的多功能过滤件、综合过滤件等组合过滤元件；③若刺激性气体具有爆炸危险性，选择供气式长管呼吸器时，应选择本质安全型电机；使用携气式呼吸防护用品，应注意只能选择空气呼吸器，不能选择氧气呼吸器。

（2）在每次使用呼吸器具时，使用密合性面罩的人员应首先进行佩戴气密性检查，以确定使用人员面部与面罩之间有良好的密合性。若检查不合格，不允许进入有害环境。对有心肺系统病史、对狭小空间和呼吸负荷存在严重心理应激反应的人员，应先评价其使用呼吸器具的能力。

过滤元件的使用寿命受空气污染物种类及其浓度、使用者呼吸频率、环境温度和湿度等因素影响。一般按照下述方法确定过滤元件的更换时间：①当使用者感觉空气污染物味道或刺激性时，应立即更换；②对于常规作业，建议根据经验、实验数据或其他客观方法，确定过滤元件更换时间表，定期更换；③每次使用后应记录使用时间，帮助确定更换时间。

（四）操作过程中的安全使用

1. 安装

（1）根据井深、井型确定大循环池的容量，并负责大循环池的挖掘、验收工作。

（2）处理剂配制罐上口须有焊盖或花网进行封闭，防止人员滑落或溅出液体腐蚀伤人。

（3）加料罐的位置合适，摆放平整，闸门好用。

（4）对循环罐的摆放、安装、验收工作严格按照循环净化系统安装标准执行。

2. 处理剂

（1）钻井液操作人员必须掌握钻井液处理剂的性质，以及配制、保管和钻井液处理技术，并遵循本岗位安全技术操作规程。

（2）处理剂要分类存放，上盖下垫，以防受潮失效。

（3）有毒处理剂必须罐装或存入库房管理。

（4）开封的处理剂要尽快使用，剩余的要妥善保管。

3. 钻井液配制

1）配制过程

（1）接触烧碱、纯碱等腐蚀性较强的处理剂时，必须戴好口罩、防腐手套、防护眼镜等防护用品。

（2）砸开固体烧碱时，先垫一层编织品然后连同铁皮一起砸，砸碎后再剖开铁皮。

（3）配制烧碱水时，先将固体碱砸成碎块，再放入无水配液池中，再慢慢加水搅拌溶解。

（4）配制栲胶或腐殖酸碱液，以及处理剂碱液时，先将定量的栲胶或腐殖酸或处理剂加入配药池，然后加入少许水，使之混合成糊状，再放入固体烧碱，并按比例加水，注意防止外溢烧伤。

（5）加粉末状处理剂时，应戴好口罩、防护眼镜，并扣好袖口，还要照顾周围人员的工作环境。

（6）若处理剂加料罐闸门堵塞，通闸门时要用长木棍，并戴好防护用品。

（7）配制完毕，场地应打扫干净，强腐蚀性物质清理完后应用土覆盖一层。

2）安全事项

需要特别强调的是氢氧化钠溶液的健康危害主要体现在：具有强烈刺激性和腐蚀性，可致人体灼伤；腐蚀鼻中隔；直接接触皮肤和眼可引起灼伤；误服可造成消化道灼伤，黏膜糜烂、出血和休克。对环境的危害是对水体可造成污染。配制烧碱水溶液时必须熟知相应的急救措施。操作人员必须经过专门培训持证上岗，严格遵守工艺规程和岗位操作规程。操作人员穿耐酸碱服，戴耐酸碱手套，戴防护眼镜。

4. 钻井液性能测试

（1）仪器应定期校验，确保测试数据准确无误。

（2）氮气瓶应固定在钻井液值班房内，气瓶压力控制、指示装置必须良好，导气管线不能有漏气现象。

（3）仪器使用完毕，应擦洗干净，妥善保管。

5. 钻井液处理与维护

1）作业程序

（1）按规定时间测量钻井液性能，并填写好钻井液原始记录。

（2）观察钻井液不得站在钻井泵泄水管泄流方向，不得在泵房长时间逗留。

（3）电气操作要符合安全用电规定，发现故障应通知值班干部或安全员及时整改。

（4）处理钻井液应在钻进时进行，不得随意大幅度改变钻井液性能，必要时经有关人员同意后再作处理。

（5）正常起钻中及起钻后，井内要灌钻井液。

（6）根据设计要求，应储备一定数量的钻井液和加重、堵漏材料，以备出现复杂情况时使用。

（7）对于高压油气以压稳不喷为原则，油气上窜速度在钻进、电测、固井时可控制在 3m/h。

（8）钻井液加重时，要均匀提高密度，不得猛加、乱加、忽多忽少。

2）安全事项

工作场所禁止吸烟、进食和饮水、饭前要洗手。工作完毕，淋浴更衣。保持良好的个人清洁卫生习惯。在日常钻井液取样及测定钻井液性能过程中要注意防护，测完性能后要将手洗干净。同时，在工作区域要按照第二章有关要求做好防护。

（五）钻进过程中的硫化氢防护

在钻遇含硫化氢地层时，应格外重视钻井液中硫化氢的危害及其控制。钻井液中的硫化氢可能来自钻井液处理剂的分解产物，但主要还是来源于含硫化氢地层，故首要的措施是将地层压死，不让硫化氢进入钻井液。

硫化氢是一种剧毒、易燃、易爆的无色弱酸性气体，较空气重（密度为 $1.176g/cm^3$），易溶于水，它可能存在于液态烃的水蒸气中，或以自由的气体状态存在，常温常压下溶解度为 3000mg/L 左右，此时溶液 pH 值为 4.0。浓度低时有臭蛋味，浓度高时伤害嗅觉，其毒性比 CO 大 5~6 倍，其在与空气的混合气体中含量为 4.3%~4.5%时可发生爆炸，产生可爆炸性 SO_2 气体。

硫化氢会使钻具和套管损坏，钻进中出现钻具和套管损坏，不仅会造成重大事故，

钻井液进入地层还会污染地层水，对环境造成危害。因此在安全钻井作业中，控制硫化氢是不可忽略的一项重要工作。同时在钻井完井过程中氧、硫化氢、二氧化碳是造成钻杆腐蚀的主要原因，特别是硫化氢对高强度钻具的强烈作用，引起氢脆和金属变质的危害是不可忽视的。由腐蚀造成的经济损失很大，据不完全统计，全国钻杆的平均耗量为4kg/m以上，即每钻进1m，损耗钻杆4kg以上。

1. 水基钻井液中硫化氢的来源

硫化氢通常的来源：①打开含硫化氢地层后，地层流体侵入钻井液，是钻井液中硫化氢的主要来源。②某些钻井液处理剂经过井下高温高压热分解产生硫化氢。这些处理剂可能来自钻井液中的有机磺化物（如磺化酚醛树脂、磺化沥青、磺化丹宁、磺化褐煤、磺化栲胶等）在温度超过150℃（磺化褐煤降解温度更低）时发生的热分解产生的硫化氢。③细菌作用产生硫化氢。④某些钻具丝扣用螺纹脂在高温下与游离硫反应生成硫化氢（在含硫油气井中禁止使用红丹螺纹脂）。

2. 硫化氢的危害

由钻进地层或钻井液中有机物质的分解产生的硫化氢，是一种极有害的腐蚀剂。硫化氢在水中的溶解度极高，当它溶于水中时，其作用和二氧化碳相似，是一种弱酸，与铁发生腐蚀反应：$Fe + H_2S \rightarrow FeS + 2H^+$，导致相当大的金属损失。同时在水中存在氧和硫化氢时，会使系统腐蚀加剧。硫化氢除了同铁反应腐蚀金属外，更严重的破坏作用是引起套管、钻杆硫化物应力腐蚀破裂或氢脆，导致发生灾难性事故。一般，屈服强度低于617MPa的钢材会发生氢鼓泡，而屈服强度高于617MPa的钢材则会发生氢脆。

硫化氢引起腐蚀破裂的倾向性受材质因素、使用条件和环境因素的影响。环境因素包括硫化氢浓度、温度、pH值等。

硫化氢气体对钢铁管材的腐蚀主要有两种，即电化学失重腐蚀和硫化物应力腐蚀（亦称氢脆）。失重腐蚀指在有水（钻井液中）的条件下，金属和含硫天然气接触发生电化学反应，金属与介质之间有电子，使金属表面形成蚀坑、斑点和大面积腐蚀，造成设备减薄、穿孔甚至爆破。硫化物应力腐蚀是在失重腐蚀的同时，金属表面的水分子产生大量氢原子，在有缺陷处（如蚀坑、微细小孔等）聚集起来，结合成氢分子，氢分子所占空间是氢原子的20倍，使钢材体积发生膨胀，内部产生很大内压（即内应力），其作用结果使软钢质地变硬、高强度钢材变脆破裂。

硫化氢浓度增加，电化学腐蚀速度迅速增大，在金属表面由腐蚀生成的原子氢的浓度也随之增大，因而有更多的原子氢进入金属，钢材也就越易破裂。

研究表明，温度在22~66℃时，钢材破裂的敏感度随温度的升高而增大；温度在80℃以上，钢材破裂的敏感度下降。

腐蚀速率受钻井液pH值影响较显著。钻井液pH值越低，氢离子浓度也就越大，氢脆的倾向性也随之增加，钢材也就容易断裂。当pH值低于7时，往往1h之内就发生腐蚀破坏，随着pH值提高到8以上，发生破裂的时间按指数规律增加，维持pH值在9以上是控制钻杆腐蚀的一般方法。

硫化氢部分溶于水基钻井液中，它在水中的溶解度大致与压力成正比。但对于特别高的压力，比如钻井液柱的静压力，硫化氢就可能溶解。应力（不是作用应力就是残余应力）影响硫化物破裂的倾向性，破裂时间随应力的增加而减少。

3. 硫化氢监测

能否正确使用硫化氢监测仪器是关系到作业者生命安全的重大问题，监测仪器的使用、维护也就显得尤为重要。含硫油气井钻井过程中的硫化氢监测应符合 SY/T 6277—2005 中的相关规定。硫化氢监测仪有固定式和便携式两种。

固定式监测仪可用于监测井场中硫化氢容易泄漏和积聚场所的硫化氢浓度值；便携式监测仪可用于监测不固定场所的硫化氢浓度值。

4. 硫化氢腐蚀的控制

在硫化氢环境中进行钻井作业时，如果不加以适当的保护，不仅套管和井口设备会出现急剧的深度破坏，直至报废，使钻井液进入地层引起地层水污染，而且还会造成工作人员硫化氢中毒等。所以，在钻井液中使用除硫剂和缓蚀剂是很必要的。

钻井液用除硫剂有铜基化合物，如碳酸铜，锌基化合物，如锌的碳酸盐、铬酸盐、氧化物和锌螯合物等，过去最常用的除硫剂是碱式碳酸锌，铁基化合物，如海绵铁、氧化铁、氯化铁、铁的螯合物等以及工业下脚料。

钻井液除硫剂加到钻井液中应满足以下要求：①在宽 pH 值、温度、压力范围及钻井液体系的物理化学环境内，除硫化氢可靠，反应完全，快速并可预测，而且反应物在任何钻井液条件下应保持惰性；②钻井液中存在的过剩除硫剂不能影响钻井液性能；③除硫剂及其反应物应不会腐蚀金属钻具，不污染环境；④使用方便；⑤根据钻井液 pH 值的不同，有不同的硫化物存在，在 pH 值等于或小于 6 时，硫化物以 H_2S 形式存在，在 pH 值为 8～11 时，以 HS^- 存在，当 pH 值大于 12 时，以 S^{2-} 存在。故在选用除硫剂之前，必须先测定钻井液的 pH 值，确定硫化物成分，然后再选用合适的除硫剂。

下面是一些常用的钻井液除硫剂产品。

（1）除硫剂 GHT–95。是锌粉锌基化合物、海绵铁和微孔型碳酸盐溶液经复分解而制得的钻井液用除硫剂，它为微黄或（灰）白色粉末，具有纯度高、相对分子质量高、锌含量高、添加量小的特点。除硫效果显著，除硫效率在 95% 以上，可满足安全钻进的目的，同时能防止钻具损伤。GHT–95 用于无固相钻井液和低密度钻井液时，用量一般为 5～15kg/m^3；用于固相含量相对较高的钻井液时，用量一般为 3～10kg/m^3；具体用量视钻井液性能要求，通过实验确定。

（2）除硫缓蚀剂 CA101。分为吸附型、钝化型及沉淀型三种。除硫缓蚀剂 CA101 的作用原理是：在钢材表面形成薄膜，隔绝其与外部介质的接触；减缓和抑制钢材的电化学腐蚀，延长井下管柱的使用寿命。

（3）除硫剂 CTS。是以海绵铁为主要原材料，添加适量活性剂，经过特殊工艺制成的除硫剂产品，棕色或褐色的粉末，其除硫效率大于 90%。

（4）碳酸铜。在铜化合物除硫剂中碳酸铜的除硫效果最好。铜离子和亚铜离子与二价硫化物离子反应生成惰性硫化铜和硫化亚铜沉淀，从而脱除钻井液中的硫化氢，不会影响钻井液性能。但铜与钢材会形成 Cu–Fe 腐蚀电池，反而加速了钢材的电化学腐蚀，即以一种腐蚀代替了另一种腐蚀，这就限制了它的使用。

在钻井液中如果需要加入除硫剂时，一般情况下，在钻进含硫地层前 60m 添加除硫剂。以海绵铁为主要原料的除硫剂的推荐加量为 $11kg/m^3$，碱式碳酸锌的推荐加量为 $2kg/m^3$，添加量随着钻井液中硫化氢含量的增加而增加，直至返到地面的钻井液中不含硫化氢或硫化氢浓度对人体不产生影响。为保证钻井的安全顺利，同时从保护钻具的角度出发，在钻井过程中应加入适量的除硫缓蚀剂，以防止钻具的腐蚀，避免井下事故的发生。

5. 钻井作业中控制硫化氢的方法

硫化氢气体对钢材设备腐蚀破坏的主要环境因素就是钻井液、压井液等，破坏作用的表现形式为电化学腐蚀。根据反应物和反应介质的特点，可从以下几方面考虑防腐措施。

（1）尽可能防止硫化氢侵入钻井液。最好保持足够的静水压力以减少硫化氢侵入的可能性。

（2）对于轻度侵污，通常用石灰和烧碱将钻井液的 pH 值提高至 9～12；对于严重侵污，通常加入除硫剂 CHT–95、碱式碳酸锌、海绵铁等来进行预处理，可使硫化氢浓度降低至 500mg/L 以下。预处理中不要加入过量的碳酸锌，因为过量碳酸锌会影响体系中膨润土的性能，建议碳酸锌加量不要高于 $14.6g/cm^3$，并可适当加入 $2.86～5.71g/cm^3$ 的磺化褐煤、腐殖酸钠等。

（3）为抵制管材设备发生氢脆破坏，需阻止氢原子在钢材表面聚集，最有效的方法是加入除硫缓蚀剂。在条件允许的情况下推荐使用油基钻井液，因为硫化氢不溶于油基钻井液，油覆盖在金属表面上可起到保护膜的作用。

（4）为了保持有足够的除硫剂与全部溶解的硫化物起作用，水基钻井液处理后性能应保持为碱性，一般要求 pH 值达到 9.5～10.5。预计有硫化氢或二氧化碳侵入钻井液中时，应保证更高的 pH 值。但这种加碱处理的方法并不能除掉反应生成物，只是暂时避免硫化氢的危害。

（5）建议在水基钻井液的出口（喇叭口）处安装脱气器（该脱气装置中需要按一定比例加入除硫脱气剂，如过氧化氢，使其溶解的硫化物被氧化），经处理后的钻井液可重新进入循环系统再次利用。

（6）为了防止井下钻具的腐蚀，在整个钻井完井作业过程中均可加入适量的除硫剂。

（7）含硫气井的钻井作业，应配全相关装备，如气体分离器、除气器（脱硫化氢气体装置）、高压硫化氢阻流器、硫化氢监测设备、除硫效率测定仪器等。

（8）减少钻井液排放，尽量使用环保钻井液。

四、水基钻井废弃物安全与防护

（一）钻井废弃物

钻井废弃物主要包括钻井施工过程中产生的废液、废水、固体废渣等。主要有部分性能不合格的钻井液及钻井液循环系统排出的废浆、废液，清罐排放的部分钻井液及沉砂，钻井中由于井下出水而被污染的钻井液及盐水，侧钻井开井放压产生的废浆、废液，部分岩屑及废屑，录井砂样清洗产生的废水等。

钻井废弃物含有的主要污染物种类、来源及其对环境的影响如表 4–1 所示。

表 4-1　钻井废弃物污染物种类、来源及对环境的影响

主要污染物	来源	对环境的影响
石油类	钻井设备清洗液	造成地表水体污染，影响水生生物的正常生长，同时也可能污染地下水源
挥发酚	钻井液	
有机物	钻井液、设备清洗液及雨水冲刷携带	
重金属	钻井液和钻探地层中	造成地表水、地下水及土壤污染，导致重金属进入食物链，并在环境或动植物体内富集，危害人类健康
盐离子	主要是氯离子，来源于钻井液及矿化度较高的钻探地层中	造成局部水体污染，影响土壤结构，使土壤出现盐碱化、板结，危害植物
碱性物质	钻井液	

在油气田开发过程中，通常每一个井场都会修筑容积约 3000m^3 防渗系数小于 1.0×10cm/s 的三格式储存池用来存放钻井岩屑、废弃钻井液和钻井废水。但用这类储存池存放钻井固体废弃物，可能存在的环境风险是：在河流冲沟较多，浅层地下水较丰富的地区，尽管储存池防渗系数较高，但长期留存的渗漏问题对地下水往往形成一定的安全隐患；由于当前相当一部分储存池未设置雨篷，在雨量充沛的地区，容易发生洪涝灾害，造成储存池雨季溢流，从而对地表水造成污染。

由以上分析可见，若不采取相应的处理处置措施，废弃钻井液将可能会对环境造成污染，甚至危及人类健康。

1. *废弃钻井液*

废弃钻井液的性质主要受钻井液的组分以及所使用的化学处理剂种类所影响，其对周围的环境影响主要由钻井液中的有机和无机化学添加剂造成的。由于井深、地质条件以及井型的差异，钻井过程中所使用的钻井液类型、性质及用量差异很大，对环境的影响也有很大差异。其中，以深井钻井液和油基钻井液具有化学添加剂用量大、有毒、有害的物质含量高而对环境的污染最大，这些是钻井施工过程污染治理的重点。废钻井液存在的风险主要表现为对环境的影响，如土壤、植物，同时一些挥发性物质还会对大气产生影响。

1）废钻井液对环境的影响

在钻井作业过程中，若钻遇盐膏层或将盐类作为抑制剂使用时，产生的废钻井液包含过量的盐及可交换性的钠离子，这将会对钻井生产区域的土壤造成不同程度的影响。具体表现为：①在废钻井液中所含过量盐及可交换钠离子的作用下，会引发土壤板结，影响土壤的应用效果；②由于废钻井液中包含着石油类及木质素磺酸盐，使得土壤的功能特性会受到一定的影响，从而降低土壤的肥力和保水能力；③废钻井液中的杀菌剂因含有醛和铵，则会在土壤中产生潜在的毒性，使得土壤中的营养成分受到相应的影响。同时，若钻井液废液中含有磺化沥青、磺化褐煤、磺化酚醛树脂、磺化单宁、磺化栲胶等不易降解的添加剂时，则会加剧土壤污染，并通过食物链对人体健康状况带来风险。

废钻井液中含有的多种离子会对植物生长产生一定的影响，通常使其难以处于正常的生长状态。影响的具体表现为：①由于废钻井液中所含的钡、铬、汞等离子不能被植物吸收，且其对植物生长所需的土壤产生相应的影响，致使植物生长水平有所下降，影响着植物在生长中的生长效果；②虽然废钻井液中所含的钙离子能够促进植物生长，但因植物对其的可吸收率较低，难以为植物正常生长提供保障，也会影响其生长状况。

由于废钻井液中的环境污染物质负荷极高，悬浮物含量高，且在钻井液护胶作用下，使得废钻井液在水中所形成的特殊稳定物质难以下沉，从而影响了水体环境，将会导致水体富营养化。同时，受到废钻井液中所含处理剂、重金属离子等的影响，还会对水体生物产生毒害作用，从而降低了水体环境质量。因此，需要采取必要的措施加强废钻井液处理，以最大限度地减少其对环境质量所产生的影响，增加钻井生态效益。

2）废钻井液处理措施

为了减少废钻井液对环境的影响，则需采取强有力的处理措施，确保废钻井液的有效处理。处理措施包括以下几个方面。

（1）使用性能可靠的处理设备。在对废钻井液进行有效处理时，需要使用性能可靠的处理设备，充分发挥设备效率，提高废钻井液处理水平，尽可能减少对生态环境的影响。常用的处理设备主要有：

①板框压滤机。它由一定数量的滤板紧密排成一列，滤板面之间形成滤室，用渣浆泵将废弃钻井液泵送入滤室，其液体部分透过滤布而排出滤室，固体部分被滤布截留形成滤饼，实现固液分离。然后将滤板打开，使得装置中分离后得到的固形物自动脱落至收集容器。同时，因这类装置的自动化程度高、脱水效率高、经济成本性良好，在钻井液废液处理中有着较大的应用价值。

②螺旋压榨脱水机。采用该装置对废钻井液进行处理，可通过对废液的高度分离，使其中的固形物含量逐渐减少，从而满足废钻井液处理要求。

③浓缩真空蒸馏装置。该装置由钛合金盘管、热交换器、真空负压反应釜等构件共同组成。在废钻井液处理中，需要用化学分离、自然沉降的方式对进入该装置的废液进行处理，使废液中的固相含量减少。将经过初步处理后的废液送入到浓缩真空蒸馏装置中，实现对废钻井液的净化处理，从而达到回收再利用的目的。

（2）开展废钻井液无害化治理。为了保持废钻井液良好的处理效果，满足环境保护方面的要求，除前面所述的处理措施外，还需要重视与之相关的无害化处理工作的开展，无害化处理通常包括：

①强化固液分离，即在对钻井液废液进行固化处理时，可加入适量的絮凝剂、助凝剂，使这些处理剂能够与废液发生化学反应，最终达到固液分离的目的。

②实施固化处理，即通过对以水泥、矿渣为原料的固化剂使用，对分离后得到的与废钻井液相关的污染物进行无害化处理，使污染物能够固定在相对稳定的固化体中，进而采用转移、覆土等方式进行处理。

③实施达标排放，即在对废钻井液固液分离后得到的液相污染物进行处理时，需要按照行业内污水处理标准的要求进行针对性处理，从而达到废钻井液无害化处理的目的。

（3）树立废弃钻井液的处理意识。要落实好污染处理工作在废钻井液处理过程中的实效，需要强化相关生产企业及人员对这类污染物的处理意识，并将相应的污染处理工作落实到位，从而为其生产区域环境质量提高提供保障。重点从两方面强化意识，即：①废钻井液相关的生产企业在实践过程中应强化环保意识、污染物处理意识等，给予废钻井液处理工作必要的支持，从而丰富这类污染物处理方面的实践经验；②在废钻井液处理中应通过对土壤、水体等所造成的影响分析，落实好相应的处理工作，从而为钻井生产作业开展创造有利的条件。

2. 钻井废水

钻井废水的组成、性质及危害与钻井液类型、处理剂成分有关。其中的污染物主要有悬浮物、石油类、COD_{Cr} 等。钻井废水主要包括机械冷却废水、冲洗废水、钻井液流失废水和其他废水（固井等作业产生的废水、井口返排水、井场生活污水）等。

钻井废水是产生于钻井作业过程的一种特殊工业废水，通常被认为是钻井液的高倍稀释液和油类的混合物。钻井废水中含有石油、重金属盐类、难降解的有机物、泥沙、细菌、病毒等有毒、有害物质，具有复杂性、多变性、分散性等特点。废水通常呈黑褐色不透明的胶体状态，外观除去石油层后为类似酱油色，具有浓烈的刺鼻味和腐臭味。如果钻井废水不经处理而直接外排将对周围环境，尤其是农作物及地表水系统造成影响和危害。

1）钻井废水的危害

钻井废水的危害主要表现为：

（1）过高的 pH 值、高浓度的可溶性盐类及石油类物质对土壤结构的影响，使得附近土地呈现为棕褐色龟裂板结，危害作物的生长，部分污染严重的土壤会寸草不生，一片荒芜，甚至会对周围的生态环境带来毁灭性的破坏。

（2）由于钻井生产分散、钻井液的流动性等，钻井废水污染面积大、区域广，这就使得污染治理的难度大，任务重。

（3）若钻井废水流入河流、海洋或渗入地层，将使水体的色度、COD_{Cr} 值、石油类、悬浮物、硫化物、氯化物、挥发酚、金属离子等严重超标，影响水生生物的正常生长，污染水源。

（4）有害的重金属离子如Cr、Cd、Pd，以及不易被降解的有机物、高分子聚合物易进入食物链，并在环境或动植物体内蓄积，危害人类的身体健康和生命安全。例如六价铬（Cr^{6+}）通过食物链进入人体后，其毒性主要表现为呼吸道、肠胃道疾患和皮肤损伤，特别是它的致癌作用近年来已引起人们的广泛关注。

2）钻井废水环境污染控制

可以从以下几方面控制钻井废水对环境的污染。

（1）井场实施封闭式管理。在钻井作业开始前，制定相关污染防治规定，并在钻井过程中严格执行，保证所有污染物限制在井场规定的范围内，以尽可能缩小污染范围。

（2）控制钻井用水量，提高水的循环利用率，在保证正常生产、生活需要的前提下，节约用水。因地制宜地建立供排水系统，把生活饮用水与生产用水分开，严格实施清污分流；杜绝跑、冒、滴、漏、长流水，尽量减少冲洗用水。用污水配制和稀释钻井液，从总量上控制污水的产生。

（3）钻井废水应全部回收、处理。污水处理后回用，针对钻井废水的特点，直接或经过处理后用于配制钻井液、处理剂胶液、碱液等，或作为钻井液维护处理用水。钻井废水进行深度处理，满足国家排放标准要求。

3）钻井废水达标处理

在现行的各种钻井废水处理工艺中，由于废水的组成十分复杂，且污染物浓度很高，缺乏高效混凝剂，处理工艺不完善，渣液恶性循环，以及化学混凝法去除污染物的能力有限等原因，造成钻井废水处理效果不够理想，尤其是出现COD_{Cr}、色度达标率偏低的现象。从目前情况看，为提高钻井废水处理效果和效率，今后还应加强以下几个方面的工作。

（1）加强钻井废水处理剂的配套和完善，研发能广泛适用于各种钻井废水的处理剂，以便满足不断变化的钻井废水的处理需要。

（2）研究配套系列处理工艺方法或装置，以满足不同钻井废水处理的需要，提高处理的针对性和效率。

（3）加强钻井废水处理工艺的研究，深化和完善钻井废水的全封闭循环处理工艺。

（4）加强现场管理和技术改造，减少废弃钻井液的产生和外排，以及研究使用优质低毒钻井液和易降解的环保处理剂，减少钻井废水对环境的污染。

（5）加强钻井废水的深度处理方法研究。由于钻井废水含有大量的小分子溶解性有机物，这些有机物用混凝法或一般的常规处理方法难以去除。对于钻井废水特别是钻井后期产生的废水必须加强深度处理方法的研究，如氧化还原法、微电解法、催化氧化法、超声波法、磁分离法、吸附法、膜分离法、生化法、电化学法等的研究。

3. 钻井废渣

钻井过程中产生的固体废渣主要有废钻井液、钻屑、落地油（钻井完井作业过程中管外漏、钻杆等所黏附带出的原油等）和井场生活垃圾及其他废物（散落的处理剂、废弃的处理剂包装和废弃金属物等）。

钻井废渣主要污染物为废弃钻井液和岩屑。钻井过程对环境产生的影响中，比较突出的是废弃钻井液的污染问题，很多国家对废弃钻井液的处理做了严格规定，使废弃钻井液的治理成为非常重要的任务。钻井岩屑主要是指钻井过程中钻头破坏地层，由钻井液携带出地面的地层岩屑。钻井岩屑可能会对环境造成污染的物质主要是附着于其上的钻井液、石油类物质以及地层的可溶性重金属离子。陆上钻完井结束后，钻井固体废弃物堆放在储存坑或罐中，会造成地表水和地下水的污染，危及周围农田和水生生物的生长。

显然，钻井废渣的处理也不容忽视。钻屑等钻井废渣的危害可以参考废弃钻井液。

（二）钻井废弃物的安全处置

废弃物的安全处置主要体现在对环境的影响，包括土壤、水体等。废弃物的安全处置要求如下：

（1）钻井队在现场要合理划定生产区域，设立防治污染标识，做到文明生产。井场必须实现清污分流，搞好土方工程和防渗处理。要安装好各项环保设施，防喷设施必须达到井控技术要求。

（2）钻井生产施工必须做到钻井液入池、污水入罐，防止污染物外溢。钻井液、岩屑和含油钻井废液要分别存放，严禁混排。井场占地面积、钻井液储备池（罐）以及钻井液池容积应符合《钻前工程及井场布置技术要求》（SY/T 5466—2004）的规定。严禁在井场开挖土油池，就地焚烧原油、废油品或其他废物。

（3）废弃钻井液、岩屑及井筒替出物必须进行无害化处理。业主和施工双方要明确环保责任，提出具体进度、质量、验收等要求，治理结束后由环保部门组织验收。

（4）严禁随意排放污染物。污水、污油池应设液位标记，防止溢流污染。油水气井作业全过程要严格按照设计执行。

（5）推行清洁生产，节约资源，提高系统效率和资源利用率。从设计源头入手，优化施工工艺，强化生产过程管理，减少废物排放。优先采用节能、节水、低毒或无毒等环保产品，逐步淘汰高能耗、低效率、污染严重的设备设施。禁止引进不符合环保要求的技术和设备。

（6）建立污染汇报制度和信息公报制度。发生井喷、泄漏等重大污染事故或造成生态破坏的，要启动应急预案，组织污染治理，并在 24h 内上报安全环保部门。建立污染治理台账，重大环境污染的治理，要向安全环保部门提出申请，由安全环保部门审查方案，并组织验收。

（7）做好污染应急防治工作。制定突发性环境污染事故应急预案，储备充足的污染治理物资，定期组织预案培训与演练，提高应急能力，防止重大环境污染事故和生态破坏事件的发生。

（8）钻井生产废液要统一集中回收处理，严禁现场直接排放。强化污染治理设施管理，确保污水、废液处理达标。

（9）临时存放于储存场的油泥砂，在规定期限内拉运至无害化处理装置进行处理。作业及事故现场产生的油泥砂必须收集后就近拉运至无害化处理装置进行处理，严禁现场掩埋，杜绝二次污染。油泥砂的登记、储存、运输和处置等必须严格按照国家关于危险废物的相关规定执行。

（10）提高污染治理时效。污染面积 500m^2 以内的，在 24h 内治理完毕；污染面积 500~1000m^2 的，在 48h 内治理完毕；污染面积 1000m^2 以上的，施工单位环保部门根据现场情况确定治理期限。现场污染治理时间一般不得超过 72h。

（11）加强废弃钻井液集中排放点的日常监督管理，避免发生环境污染事故。安全质量环保部门定期对排放点进行检查，监督固化治理现场的投药量，进一步提高固化质量，确保不引发次生环保事故。

（12）加强废弃钻井液转运罐车的管理，确保废弃钻井液的集中排放。每个钻井区块集中排放点确定后，告知钻井队拉运路线，由钻井队和固化施工单位共同监督钻井液转运罐车的排放情况，对不按规定随意排放的，安全环保部门应会同生产运行部门按规定对其处理，杜绝私排乱放废弃钻井液情况的发生。

（13）加强钻井施工现场环保监督检查，保证钻井生产过程各种污染物的有效控制。安全管理人员到施工现场既检查安全又检查环保，保证各项环保制度的落实。

第二节　油基钻井液

随着页岩气的开发，油基钻井液有了更广泛的应用，与水基钻井液相比，使用油基钻井液存在着更大的安全和环境风险，必须高度重视。本节结合油基钻井液的特点，介绍油基钻井液使用中的安全与防护知识。

一、油基钻井液的组成

油基钻井液主要有两大类，一类是纯油基钻井液，是以高闪点柴油或矿物油作为基油，氧化沥青、有机酸、碱、稳定剂等处理剂和水的混合物，通常只混入 3%~5% 的水；另一类是油包水乳化钻井液（也称反相或逆乳化钻井液），通常使用各种处理剂用于使油水乳化和保持乳化体系的稳定，一般情况下，这种体系最高含水可达 50%。

（一）基础油

基础油通常称为基油，纯油基钻井液采用油为基础液，油包水乳化钻井液以油为连续相。原油、动物油、植物油、柴油、矿物油、合成油等均可作为油相。目前，在油包水乳化钻井液中普遍使用柴油（我国常使用 0 号柴油）和各种低毒矿物油（白油）作为连续相。

1. 原油

习惯上把未经加工处理的石油称为原油。原油呈黑褐色并带有绿色荧光，具有特殊气味的黏稠性油状液体，是烷烃、环烷烃、芳香烃和烯烃等多种液态烃的混合物。其主要成分是碳和氢两种元素，分别占83%~87%和11%~14%，还有少量的硫、氧、氮和微量的磷、砷、钾、钠、钙、镁、镍、铁、钒等元素。凝固点 -50~24℃。原油相对密度一般为0.75~0.95，少数大于0.95或小于0.75，相对密度为0.9~1.0的称为重质原油，小于0.9的称为轻质原油。使用时容易挥发，易引起火灾。

由于原油引起的火灾危险性和爆炸危险性较大，所以使用前须尽可能降低其爆炸敏感性。油基钻井液使用原油作基油时，需对原油先进行预处理，使其不含乳化剂并且要经过充分风化，以尽可能减少轻组分，降低原油的爆炸敏感性。

原油装卸时必须通过专用设施（铁路专用线和油罐车、油码头或靠泊点、油轮、栈桥或操作平台）及设备（卸油鹤管、集油管、输油管和输油泵、发油灌装设备、黏油加热设备、流量计等）来完成。必须在设有隔离设施与周围环境相隔离的专用作业区域内完成，且必须满足严格的防火、防爆、防雷、防静电要求。必须由受过专门培训的专业技术人员来完成。装卸的时间和速度有较严格的要求。

原油储存的主要方式有散装储存和整装储存。整装储存是指以标准桶的形式储存，散装储存是指以储油罐的形式储存。储油罐可分为金属油罐和非金属油罐，金属油罐又可分为立式圆筒形和卧式圆筒形。在油品储存过程中，要保证油品的质量，必须注意降低温度、空气与水分、阳光、金属对油品的影响。

2. 柴油

1）理化性能

柴油是轻质石油产品，是复杂烃类（碳原子数约10~22）的混合物。稍有黏性，为棕色液体，易挥发。可分为轻柴油（沸点约180~370℃）和重柴油（沸点约350~410℃）两大类。熔点 -18℃，沸点282~338℃，相对密度0.82~0.86，燃烧热3000~46000kJ/mol，闪点45~90℃，引燃温度257℃，爆炸上限6.5%（体积分数），爆炸下限0.6%（体积分数）。

由于柴油中所含的芳烃对钻井设备的橡胶部件有较强的腐蚀性，因此芳烃含量不宜过高。选用柴油时要选闪点83℃以上，燃点93℃以上的。一般要求苯胺点在60℃以上。苯胺点是指等体积的油和苯胺相互溶解时的最低温度。苯胺点越高，表明油中烷烃含量越高，芳烃含量越低。同时由于柴油中的芳烃对人体有害，从环保的角度讲，应尽可能减少或不用柴油。

2）危险性

燃爆危险：易燃、易爆危险品。自燃点为335℃，燃烧后热值很高。明火、高热或与氧化剂接触，有引起燃烧爆炸的危险。若遇高热，容器内压增大，有开裂和爆炸的危险。有害燃烧产物为一氧化碳、二氧化碳。

健康危害：具刺激性。对人体的侵入途径主要有皮肤吸收、呼吸道吸入。皮肤接触为主要吸收途径，可致急性肾脏损害。可引起接触性皮炎、油性痤疮，多见于两手、腕部与前臂。吸入雾滴或液体呛入可引起吸入性肺炎。能经胎盘进入胎儿血中。柴油废气可引起眼、鼻刺激症状，头晕及头痛。

环境危害：对环境有危害，对水体和大气可造成污染。

3）应急处理措施

（1）急救。皮肤接触：立即脱掉污染的衣着，用肥皂水和清水彻底冲洗皮肤，严重时就医；眼睛接触：提起眼睑，用流动清水或生理盐水冲洗，严重时就医；吸入：迅速脱离现场至空气新鲜处，保持呼吸道通畅，如呼吸困难，给输氧，如呼吸停止，立即进行人工呼吸，严重时就医；误食：尽快彻底洗胃，严重时就医。

（2）消防。一旦发生火灾，柴油会大量汽化，使火势迅速扩大，难以扑灭。因此，在使用中必须采用合理的防火和防爆措施，以确保使用安全。首先，要加强柴油库的火种管理，严格禁止携带火种进入。其次，沾有油料的抹布、棉纱和油手套等不要存放在油库内，应放入指定的有盖铁桶内，既可防其氧化自燃，又可及时回收清洗再用。另外，焊补柴油箱时，要经过蒸洗和灌水，直至敞开盖时没有油味后才能进行焊补作业，以防引发油箱爆炸。

灭火方法：消防人员须佩戴防毒面具、穿全身消防服，在上风向灭火。尽可能将容器从火场移至空旷处。喷水保持火场容器冷却，直至灭火结束。处在火场中的容器若已变色或从安全泄压装置中发出声音，必须马上撤离。灭火剂：雾状水、泡沫、干粉、二氧化碳、砂土。

柴油库及工程机械上必须配备必要的消防器材，以便能及时扑灭燃烧的油料。柴油着火后，绝对不能用水来灭火。因为柴油比水轻，且可在水面上燃烧，喷射的水会使柴油流到更大的范围，使燃烧面积扩大。柴油着火时，应当用泡沫或干粉灭火器扑救，也可用浸湿的消防被或砂土将火盖灭。

（3）泄漏。迅速撤离泄漏污染区人员至安全区，并进行隔离，严格限制出入。切断火源。建议应急处理人员戴自给正压式呼吸器，穿一般作业工作服。尽可能切断泄漏源。防止流入下水道、排洪沟等限制性空间。少量泄漏时，用活性炭或其他惰性材料吸收。大量泄漏时，构筑围堤或挖坑收容。用泵转移至槽车或专用收集器内，回收或运至废物处理场所处置。废弃处置前应参阅国家和地方有关法规。建议用焚烧法处置。

4）操作与防护

密闭操作，注意通风。操作人员必须经过专门培训，严格遵守操作规程。建议操作人员佩戴防毒面具，戴橡胶耐油手套。远离火种、热源，工作场所严禁吸烟。使用防爆型的通风系统和设备。防止蒸气泄漏到工作场所空气中。避免与氧化剂、卤素接触。充装要控制流速，防止静电积聚。搬运时要轻装轻卸，防止包装及容器损坏。配备相应品种和数量的消防器材及泄漏应急处理设备。

严格遵守操作规程，正确使用个人防护用品，不能用口吸堵塞油管。

空气中浓度超标时，建议佩戴自吸过滤式防毒面具（半面罩）。紧急事态抢救或撤离时，应该佩戴空气呼吸器，穿一般作业防护服，戴橡胶耐油手套。工作现场严禁吸烟。避免长期反复接触。工作后淋浴，更衣，保持良好卫生习惯。

5）毒性与生态学数据

柴油的毒性类似于煤油，但由于添加剂（如硫化酯类）的影响，毒性可能比煤油略大，LD_{50} 为 7500mg/kg（大鼠经口）。

对环境有危害，对水体和大气可造成污染，破坏水生生物呼吸系统。对海藻应给予特别注意。

6）储存与运输

储存于阴凉、通风的库房内。远离火种、热源。应与氧化剂、卤素分开存放，切忌混储。防止水分、机械杂质混入。严防暴晒及明火加热，尽量在较低温度下储存。冬季在使用柴油时可进行必要的预热。采用防爆型照明、通风设施。禁止使用易产生火花的机械设备和工具。储存区应备有泄漏应急处理设备和合适的收容材料。

运输前应先检查包装容器是否完整、密封，运输过程中要确保容器不泄漏、不倒塌、不坠落、不损坏。运输时运输车辆应配备相应品种和数量的消防器材及泄漏应急处理设备。夏季最好早晚运输。运输时所用的槽（罐）车应有接地链，槽内可设孔隔板以减少震荡产生静电。严禁与氧化剂、卤素、食用化学品等混装混运。运输途中应防暴晒、雨淋，防高温。中途停留时应远离火种、热源、高温区。装运该物品的车辆排气管必须配备阻火装置，禁止使用易产生火花的机械设备和工具装卸。运输车船必须彻底清洗、消毒，否则不得装运其他物品。船运时，配装位置应远离卧室、厨房，并与机舱、电源、火源等部位隔离。公路运输时要按规定路线行驶。

3. 白油

1）理化性能

白油，别名石蜡油、白色油、矿物油，是由石油所得精炼液态烃的混合物，主要为饱和的环烷烃与链烷烃混合物。无色透明油状液体，在日光下观察不显荧光。室温下无嗅无味，加热后略有石油臭味。密度 0.86~0.905g/cm^3（25℃），不溶于水、甘油、冷乙醇。溶于苯、乙醚、氯仿、二硫化碳、热乙醇。与除蓖麻油外大多数脂肪油能任意混合。对光、热、酸等稳定，但长时间接触光和热会慢慢氧化。

2）危险性

燃爆危险：含有可燃性物质。

健康危害：有刺激性，会使眼睛、鼻、喉等黏膜受刺激而引起头痛。在人体肠道不被吸收或消化，大量摄入可致便软、腹泻。长期摄入可导致消化道障碍，影响脂溶性维生素 A、D、K 和钙、磷等的吸收。对人体极其有害，它会将人体的脂溶性维生素全部带出，使它们无法被人体吸收，食用矿物油会导致人体维生素 A、D、E、K 的严重缺乏，产生一系列的病变。

3）应急处埋措施

（1）急救。皮肤接触：用含有乙醇的纱布擦拭，再用肥皂水清洗；眼睛接触：使用流动水至少冲洗 15min 以上，严重时就医；吸入：迅速脱离现场至空气新鲜处，严重时立刻就医；误食：立即在医生的指示下采取相应措施。

（2）消防。使用粉末、二氧化碳、干燥砂等灭火方式灭火。

（3）泄漏。应远离烟火，迅速撤离泄漏污染区人员至安全区，并进行隔离，严格限制出入。尽可能切断泄漏源，防止进入下水道等限制性空间。用抹布等擦拭，擦拭后废弃物按《废弃物管理程序》处理。

4）操作与防护

密闭操作，注意通风。操作人员必须严格遵守操作规程。建议操作人员佩戴防毒口罩，戴化学安全防护眼镜，戴橡胶耐油手套。远离火种、热源，工作场所严禁吸烟。使用防爆型的通风系统和设备。防止蒸气泄漏到工作场所空气中。避免与氧化剂、卤素接触。充装要控制流速，防止静电积聚。搬运时要轻装轻卸，防止包装及容器损坏。配备相应品种和数量的消防器材及泄漏应急处理设备。

空气中浓度较高时，应该佩戴自吸过滤式防毒面具。一般情况下戴防护眼镜，戴橡胶制品手套，穿不渗透性围裙及工作服。工作现场严禁吸烟、进食和饮水。工作完毕，淋浴更衣，注意个人清洁卫生。

5）毒性与生态学数据

低毒。对环境有危害。对水体和大气可造成污染，破坏水生生物呼吸系统。对海藻应给予特别注意。

6）储存与运输

用铁桶包装，储存于冷暗库房内（20℃以下），安全通风，密封。依据中毒预防规则运送。

（二）配浆材料及处理剂

1. 有机土

1）理化性能

有机膨润土，别名有机蒙脱土，有机陶土，是一种无机矿物 / 有机铵复合物。白色或灰白色粉末，相对密度 1.7~1.8，无味。易溶于烃类溶剂，加少量甲醇、乙醇、丙酮等，能使蒙脱土层间的季铵碳氢链通过氢键桥接，获得有效的溶剂化，从而使层间膨胀、分散，并形成卡层屋结构的触变性凝胶体，防止无机填料沉淀。

有机膨润土在各类有机溶剂、油类、液体树脂中能形成凝胶，具有良好的增稠性、触变性、悬浮稳定性、高温稳定性、润滑性、成膜性、耐水性及化学稳定性。

通常是以甲基硬脂酰胺丙基氯化铵、二甲基苄基硬脂酰胺丙基氯化铵、十二烷基三甲基氯化铵、十六烷基三甲基氯化铵、十八烷基三甲基氯化铵等有机烃的季铵盐与蒙脱土中的 Na^+ 交换制得。

2）用途

在油基钻井液中是重要的配浆材料之一，保证油基钻井液胶体稳定性和悬浮稳定性，起到增黏、降滤失的目的。

3）危险性

稳定性好，无毒，无刺激性。粉尘可刺激鼻腔、喉、肺、眼睛。长期接触、吸入膨润土粉尘导致尖性支气管炎、肺气肿、尘肺病，溶液会严重刺激甚至灼伤皮肤。

4）应急处理措施

（1）急救。皮肤接触：脱掉污染的衣服，用肥皂水和清水彻底冲洗皮肤；眼睛接触：立即提起眼睑用大量清水冲洗，持续冲洗至少 15min，若症状持续不消，应就医；吸入：迅速脱离现场至空气新鲜处，若症状持续不消，应就医；误食：用清水彻底冲洗口腔，大量饮水，若症状持续不消，应就医。

（2）消防。使用粉末、二氧化碳、干燥砂等灭火方式灭火。

（3）泄漏。应远离烟火，迅速撤离泄漏污染区人员至安全区，并进行隔离，严格限制出入。尽可能切断泄漏源，用清洁的工具收集于干燥的容器或用清扫工具清扫并且放置到适当位置，吸尘设备处理粉尘，马上通风。

5）操作与防护

加强通风。避免产生粉尘。操作人员应佩戴防尘口罩。搬运时要轻装轻卸，防止包装及容器损坏。在空气粉尘浓度高的环境中操作，需穿防护服，戴防护手套、活性炭面罩及护目镜，提供适当通风条件，配备洗涤用具、淋浴设施和眼药水。

6）毒性与生态学数据

无毒，无刺激性。对水体和大气可能造成污染。

7）储存与运输

采用塑料编织袋包装或纸桶包装，每袋或每桶净重 20kg 或 25kg。包装容器必须密封，防止受潮。储存于阴凉、通风的库房。与潮解性物品分开堆放。储存下铺上盖、注意防潮。

起运时包装要完整，装载应稳妥。运输过程中要确保容器不泄漏、不倒塌、不坠落、不损坏。严禁与潮解物、食用化学品等混装混运。运输途中应防暴晒、雨淋。车辆运输完毕应进行彻底清扫。

2. 乳化剂

1）理化性能

该产品为棕红色黏稠液体，略有气味，油溶，在水、乙醇中少量溶解，无挥发性物质。密度 $0.92\sim0.98g/cm^3$，破乳电压≥500V，抗温≥150℃。

2）用途

适用于柴油基、矿物油基或合成基油基钻井液体系的高性能主乳化剂。

3）危险性

摄入有毒。吸入可引起刺激及身体不适。皮肤接触时可能产生刺激和不适。眼睛接

触可能导致眼睛刺激。长期接触，进入身体可能产生不适。燃烧可能产生有毒的刺激性气体。

4）应急处理措施

（1）急救。皮肤接触：用大量肥皂和水清洗不少于15min，严重时，立即就医；眼睛接触：立即用水冲洗不少于15min，严重时立即就医；吸入：应快速转移到空气新鲜处，如呼吸困难立即就医；误食：立即引吐、给水，严重时立即就医。

（2）消防。灭火介质：水雾、水、二氧化碳、干粉灭火剂。应穿防护服或者采用NIOSH认可的具自呼吸功能的带压防护设备灭火。

（3）泄漏。立刻用工具收集并且放置到适当位置或收集于干燥的容器，同时避免引起更多的泄漏。少量泄漏时，用砂土、活性炭或其他惰性材料吸收，并转移至安全场所。禁止冲入下水道。如果大量泄漏，应构筑围堤或挖坑收容。封闭排水管道。用防爆泵转移至槽车或专用收集器内，回收或运至废物处理场所处置。所有不能被回收产品或包装，都应该采用适当的和被推荐认可的废弃物处理设备进行处理，遵守相应国家或地区的法律规章，依据相关标准处置。

5）操作与防护

佩戴防护工具，保证环境通风良好，操作时避免与眼睛、皮肤和衣物接触，避免摄取和吸入。

使用一般的防护用具即可，如手套，实验服装、围裙、连衣工作服、化学安全风镜。

6）毒性与生态学数据

呼吸雾化产品会导致呼吸道疼痛。对土壤和水体可能会造成影响。

7）储存与运输

采用塑料或金属桶包装，每桶净重50kg或200kg。储存在干燥、阴凉、通风的密封环境中，远离火种、热源，并防止包装的物理损伤。产品使用后的包装物品不可随意弃置，须参照当地相关法律规章处置。

起运时包装要完整，装载应稳妥。运输过程中要确保容器不泄漏、不倒塌、不坠落、不损坏。运输途中应防暴晒、雨淋。

3. 降滤失剂

1）理化性能

该产品为黑褐色或深灰色粉末，略有气味，油溶，在水、乙醇中不溶解，无挥发性物质。与其他处理剂的配伍性好，具有很好的高温降滤失效果，且对油基钻井液体系的流变性有一定的改善效果。

2）用途

全油基钻井液或油包水乳化钻井液用高温降滤失剂。

3）危险性

食入有毒。吸入可引起刺激及身体不适。皮肤接触时可能产生刺激和不适。眼睛接触可能引起眼睛刺激。长期接触，进入身体可能产生不适。遇明火、高热可燃，燃烧时放出刺激性烟雾。其粉体或蒸气与空气混合，能形成爆炸性混合物。

4）应急处理措施

（1）急救。皮肤接触：用大量肥皂和水清洗不少于15min，严重时就医；眼睛接触：立即用水冲洗不少于15min，严重时就医；吸入：应快速转移到空气新鲜处，严重时就医；误食：大量食入不能立即引吐、给水，应及时就医。

（2）消防。使用水雾、水、二氧化碳和干粉灭火剂灭火。灭火时需穿防护服或者采用NIOSH认可的具自呼吸功能的带压防护设备灭火。

（3）泄漏。立刻用工具清扫并且放置到适当位置，同时避免引起更多的泄漏。所有不能被回收的产品或包装，都应该采用适当的和被推荐认可的废弃物处理设备进行处理，遵守相应国家或地区的法律规章，依据相关标准处置。

5）操作与防护

佩戴防护工具，保证环境通风良好，采用局部和整体排风系统减少灰尘含量，保证操作场所粉尘浓度在允许极限以内。使用防爆型的通风系统和设备，操作时避免与眼睛、皮肤和衣物接触，避免摄取和吸入。操作后保证容器关闭。

在高浓度环境中作业时，应戴粉尘防护面具、防护手套、防护服、化学防护眼镜，在工作场所禁止吸烟。

6）毒性与生态学数据

呼吸雾化产品会导致呼吸道疼痛，摄入导致不适。对土壤、大气和水体可能会造成影响。

7）储存与运输

采用三合一复合牛皮纸袋包装，每袋净重25kg。储存在干燥、阴凉、通风的密封环境中，远离火种、热源，储存场所严禁吸烟。避免与氧化剂接触。

起运时包装要完整，装载应稳妥。搬运时要轻装轻卸，防止包装的物理损伤。运输过程中要确保容器不泄漏、不倒塌、不坠落、不损坏。严禁与潮解物、食用化学品等混装混运。运输途中应防暴晒、雨淋。车辆运输完毕应进行彻底清扫。

此外，常用的处理剂还有氧化钙、氯化钙等，可以参考第三章有关介绍。

二、油基钻井液对环境与健康的影响

油基钻井液对环境和健康的影响主要是由于其中的石油类基液，如柴油、白油等，主要的污染源是石油类污染物。其危害主要表现在对人类、动物、土壤和天然水体的危害和影响。石油类污染物已列入我国危险废物名录。

用于油基钻井液的石油及石油产品会对人体以及动植物产生不良影响，并严重污染人类赖以生存的土壤、水体以及大气等环境。

1. 对人的影响

油基钻井液中的芳香烃类物质对人及动物的毒性较大，尤其是以双环和三环为代表

的多环芳烃毒性更大。多环芳烃类物质（其中苯并芘），已确认具有较强的致癌作用，可以通过呼吸、皮肤接触、饮食摄入等方式进入人或动物体内，影响其肝、肾等器官的正常功能，甚至引起癌变。基油中的苯、甲苯、二甲苯、酚类等物质，如果经较长时间较高浓度接触，会引起恶心、头疼、眩晕等症状。

油基钻井液污染物中含有的金属元素镉（Cd）、铅（Pb）、汞（Hg）、砷（As）等对人体和动植物都是有害有毒的元素。Cd 和 Pb 共生，污染土壤后可通过植物体富集，通过食物链进入人体，引起慢性中毒。Cd 会造成神经和肾功能异常，如在土壤或稻谷中 Cd 含量超过几个毫克 / 升，一旦进入人的身体，将会使患者骨骼变细、变脆，引起骨折破碎，Cd 还与癌症及心脏病有关。Pb 对人体各器官的毒害，主要殃及神经、造血、消化、心血管等系统及肾脏，还会导致儿童智力明显低下，同样可使人致癌。Pb 主要损害骨髓造血系统和神经系统，对男性的生殖腺有一定的损害。Hg、As 虽然毒性低一些，但超过人体所能承受的临界值（1988 年 FAO/WHO 建议对无机 As 的允许摄入量为 0.015mg/kg 体重 /7d，即相当于每人每天 0.12~0.13mg，无公害食品中要求 As≤0.5 mg/kg；Hg 作为具有积累作用的有害元素，现行食品卫生标准和无公害食品规定的最低限量为 0.01mg/kg），特别是甲基汞，长期积累可引起中枢神经疾患（水俣病）；As 可引起“黑脚病”。

废弃油基钻井液中的石油类污染物一般可以通过呼吸、皮肤接触、食用含污染物的食物等途径引入人体，能影响人体多种器官的正常功能，引发多种疾病，如：皮肤、肺、膀胱、阴囊癌症、接触性皮炎、皮肤过敏、色素沉着、痤疮、视听错觉、引发抑郁、胃肠障碍、甚至知觉和记忆力丧失等。经常受到石油类污染的孩子患急性白血病的风险要高出平均水平的 4 倍。患急性非淋巴细胞白血病的几率是正常孩子的 7 倍。石油类污染物所污染的附近区域的儿童皮肤碱抗力明显减弱、白细胞下降、贫血率上升、肺功能受到影响，成人的肝肿概率显著高于对照区居民。恶性肿瘤和消化系统恶性肿瘤标化死亡率明显高于对照区居民。石油的浓度是考察其毒性的关键因子，不同组分的石油其毒性大小也不一样。随着石油浓度的升高和暴露时间的延长，其毒性增强。

2. 对植物的影响

据文献记载，石油能向叶子和果实移动，并不断积累，也能通过叶子吸收并向根部转移。植物体在生长和发育过程中将由根系和叶子从土壤和空气中吸收多种多环芳烃，不断地积累于植物体中。在田间玉米和盆栽大豆试验中，农作物果实中石油污染物主要指标测定结果表明，随着土壤中石油浓度的增加，玉米、大豆中总烃、总芳烃量、总酚含量亦相应地增多，呈明显正相关性。达到危害指标时，植物生长、发育受到抑制，吸收量开始减少。农作物对土壤中的石油有较强的吸收作用，如果土壤中石油含量过高，即对植物产生毒性作用，破坏植物体细胞，阻碍呼吸和蒸腾作用，破坏叶绿素的合成，抑制营养物质的吸收和转移，造成植物黄化、死亡。

文献对石油污染物对植物的影响报道较多的有酚、氰、苯并芘等。植物体内酚的残留量随环境中酚浓度的增加而增加，残留在农产品中的酚的毒性不大。若用来灌溉的污水中酚的浓度在 12mg/L 以上时，部分蔬菜的品质变劣，口味变涩。酚在土壤中易被降解矿化，一般不产生累积现象。氰的性质有些像酚，它进入土壤后也极易分解、挥发。盆栽试验证明，用含氰（氰化钠）0.5~30mg/L 的水浇灌水稻和油菜时，两者的生长发育未受明显影响，用含氰 50mg/L 以上的水浇灌时，生长发育和产量均受影响。苯并芘有较强的致癌作用，它可以通过植物体的富集作用残留在食物中，再通过食物链传给人类，所以受苯并芘污染的土壤生产的粮食不宜食用。

3. 对动物的影响

在使用油基钻井液时，即使较低浓度的多环芳烃也能对动物产生致癌、致突变作用。急性石油烃污染能引起动物急性中毒而死亡。能杀死大量软体动物，并使其种群数量恢复缓慢。油基钻井液污染对海洋无脊椎动物影响极大，大量污染能引起急性中毒，使大批无脊椎动物死亡。急性污染解除后，无脊椎动物种群数量可渐渐恢复。但也不可忽视，轻度污染虽杀不死动物，但能引起慢性中毒，影响动物的生长和繁殖能力，导致动物种群数量下降和食用品质变坏，其肉产生石油臭味，严重影响了经济利用价值。

海洋油基钻井液污染的最大危害是对海洋生物的影响，水中含油 0.01~0.1mg/L 时对鱼类及水生生物会产生有害影响。油基钻井液中的石油类对幼鱼和鱼卵的危害最大，石油类污染短期内对成鱼危害不明显，它会黏到鱼鳃上或附着在卵上，通常是通过鱼鳃呼吸、代谢、体表渗透和食物链传输逐渐富集于生物体内，导致对鱼类的毒性和中毒作用。石油类污染对渔业有相当大的危害。当石油类进入海洋后，漂浮在水面并迅速扩散，形成油膜，阻碍水面从空气中摄取氧气，抑制水中浮游植物的光合作用，水中溶解氧逐渐减少，致使鱼虾贝类窒息死亡。在石油类污染的水域中孵化出来的幼鱼存活率极低，畸形率高。鱼、虾、贝类被石油类污染而失去食用价值。海洋动物是利用其毛发或羽毛来保持体温的，若它们的毛发和羽毛被石油所黏附将直接影响着保温效果，这些黏满石油的动物还会在游泳时因吸入大量石油而导致死亡。

油基钻井液中的石油类污染物主要通过动物取食、呼吸、皮肤渗透等方式进入动物体内，破坏生物体细胞膜结构的脂溶性，有选择性地损害机体的神经系统，腐蚀呼吸道以及对生物机体内代谢的毒性作用，致使动物皮肤、嘴巴和鼻腔过敏、发炎，无法正常觅食。破坏和抑制免疫系统，有时会引发继发性的细菌或真菌感染。破坏血液中的红细胞，引起肝脏萎缩；肺、呼吸道、肾等多种器官衰竭。

4. 对土壤的影响

排入土壤中的石油会影响土壤的通透性。石油类物质的水溶性一般很小，土壤颗粒受石油污染后不易被水所浸润，在土壤内不能形成有效导水通道，致使土壤的渗水量和透水性均下降。积聚在土壤中的石油烃，绝大部分是高相对分子质量的有机化合物。土壤中的石油烃黏着在植物根系上形成一层黏膜，对根系的呼吸和水分的吸收有阻碍作用，甚至会引起根系的腐烂。

在油基钻井液使用过程中产生的泄漏等使一部分石油、石油污染物附着于土壤之上。被污染的石油烃就存在于土壤空隙中，会对土壤造成一定的污染性，而由于光

照、降雨、地表径流、地下径流等作用，石油烃类污染物会进入大气、水体，如发生降雨并产生径流，则一部分石油类物质在入渗水流的作用下大大加快入渗的速度，一部分随径流泥沙一起进入地表径流。在径流中，由于水流的剪切作用，土壤团粒结构被破坏，分布在土壤颗粒空隙中的石油类物质释放出来又相互结合形成大的石油团块。

土壤颗粒吸附石油类物质后不易被水浸润，形不成有效的导水通道，透水性降低，透水量下降，并且在土壤与其他环境要素间进行物质、能量交换过程中会使地下水、大气的质量受到不良影响。石油类在土壤中的残留是较强的。含油污水渗入土壤的量超过土壤的自净容量后，积累的石油烃类物质将长期残留于其中，破坏土壤结构，影响土壤通透性，损害植物根部，阻碍根的呼吸和吸收，对土壤植物和土壤微生物生态系统甚至地下水都产生危害，严重影响土壤的生产力和农作物产量。

5. 对水体的影响

石油对水的色、味和溶解氧均有较大影响。石油对水生生物的危害很大。在海水中，当石油的质量浓度为 0.01mg/L 时，24h 就能使鱼体产生油臭味。石油黏着到鱼鳃上或黏附在鱼卵上，很快会使鱼窒息死亡，或使孵化过程受到影响。

油基钻井液中的石油烃在水中的毒性随其组分的不同而存在明显差异。芳香烃的毒性相对较高，直链石蜡的毒性相对较低，高分子石蜡实际上没有毒性。资料表明：石油烃在水中的浓度为 1mg/L 左右就可对许多海洋生物带来致死性伤害，在 0.62mg/L 就可对梭鱼带来致死性伤害。含油污水和油基钻井液一旦发生事故性排放或泄漏，就会严重污染土壤和水体，而一旦进入水体，石油烃在水中的浓度超过 0.1mg/L 就会使鱼肉产生特殊的气味和味道，而且这些气味和味道无论采取怎样的加工都无法消除。石油烃在水中浓度达到 0.2~0.4mg/L 时就会引起水体的异味，而且会诱发产生大量的细菌和藻类而造成水体的厌氧性环境，甚至会造成鱼类、底栖生物的畸形发育。另外，油基钻井液的事故性泄漏或不当的排放还会给比较高等的生物带来危害。

水体中含有一定量石油类物质，会在水面形成厚度不一的油膜，对水体的复氧过程有破坏作用，因而会对水质及水中动植物的生存有影响。另外，水中的鱼、贝等类生物会将石油类物质中的致癌、致畸、致突变物质富集，通过食物链传递给人体。

6. 对大气环境的影响

油基钻井液使用时，会对空气造成污染，甚至烟雾弥漫、难闻刺鼻，伤害需氧生物的健康，杀死净化空气植物，损害它们的正常机能。钻井液中石油类相关产品的燃烧会损害人的身体健康，例如：会引起哮喘，支气管炎，肺气肿等症状；同时石油类相关产品的燃烧还会危害到植物，空气中的污染物质会制约几乎所有植物的生长，最终使它们窒息、死亡。如果大气中同时有颗粒物质存在，颗粒物质吸附了高浓度的硫氧化物，一旦进入肺的深部，就会大大加大危害程度。石油烃燃烧产生的氮的氧化物和硫的氧化物在高空中为雨雪冲刷、溶解，形成了酸雨，其中含杂质硫酸根、硝酸根和铵离子，会严重污染土壤以及水体，造成生态失衡。

三、油基钻井液的安全使用

如所有化学品一样，若处理不当，油基钻井液可对人体健康造成一定的危害。尤其是用柴油配制全油基钻井液时，由于柴油具有一定毒性，可导致人体皮肤不适。另外，来自油基钻井液的粉尘和蒸气（尤其是振动筛附近区域）可造成呼吸道不适。在使用油基钻井液时，可从以下几方面做好安全作业与防护。

（一）油基钻井液现场施工安全要求

1. 人员

（1）现场人员，一般配备现场技术负责 1 名，钻井液工程师 2 名。

（2）现场负责人必须具有 5 年以上的钻井液技术工作经历，并具有对复杂情况的处理能力。

（3）现场工程师上井前必须经过系统的油基钻井液理论与工艺、仪器操作与性能检测等技能培训，具有现场操作经验，具有上岗资格证书及认可的培训机构颁发的井控、QHSE、H_2S 防护技术培训证书。

2. 油基钻井液作业的基本防护

做好必要的防护措施，有利于防止现场施工人员接触污染，避免对人员造成伤害。

1）自我保护

（1）现场配备所有产品的 MSDS（产品安全数据信息卡），阅读并按 MSDS 上的规范操作。

（2）避免与钻井液的不必要接触。

（3）尽快将沾在皮肤上的钻井液抹去，并用肥皂清洗干净，涂抹护肤霜。

（4）若钻井液浸湿衣物，应尽快更换、清洗。

（5）保持良好的个人卫生习惯，每次巡检或测定钻井液性能结束，要彻底清洗。

（6）油基钻井液会使地面变滑，保持地面和梯子洁净，防止摔伤。

2）劳保佩戴

油基钻井液现场施工人员或需要经常与油基钻井液接触的人员，必须配备防火、防静电的工服、工鞋、安全帽、防护眼镜、防毒面具等完备的劳动保护装备，并确保各种劳保用品都在有效期内。一般情况下，可参照以下防护措施做好个人防护，佩戴劳保工具时应参照生产厂商提供的使用说明。

头部：戴安全帽。

眼部：防喷溅防护镜。

手部：戴聚腈、氯丁橡胶或类似材质的不渗透手套。

脚部：穿氯丁橡胶或类似材质不渗透鞋，最好不穿具有吸油性皮质工鞋。

呼吸道：佩戴 NIOSH- 标准 P95 式可处理半罩式面具或可再利用防雾面具，或使用

NIOSH/MSIIA-标准有机蒸气防毒面具。

身体：穿不渗透衣物，热天穿防水、透气、质轻聚乙烯外套，冷天穿全罩式油布衣。

除了佩戴如上所述的防护服和工具外，在进行有可能会接触到油或油基钻井液的工作时，可在暴露的皮肤处涂抹硅基防护霜，或其他特制用品阻止来自油基钻井液的伤害。现场必须为施工人员配备正压式呼吸器、可燃性气体检测仪、H_2S 报警仪等 HSE 设备。

在处理油基钻井液时应时刻谨慎，要戴长橡胶手套，以避免皮肤过敏和烧伤。振动筛及钻井液循环灌区附近有大量蒸气，能见度降低，在此区域工作的人员必须做好个人防护，并经常换班，以减少直接暴露及对人体的伤害。

3. 设备要求

油基钻井液现场施工用的设备配置必须满足《钻井井场、设备、作业安全技术规程》（SY/T 5974）和《钻井液净化设备配套、安装、使用和维护》（SY/T 6223）规定的要求。

另外，由于油基钻井液的特殊性，现场设备还需满足如下要求：

（1）油基钻井液配浆罐须配备钻井液枪、2 台以上功率为 7.5kW 以上的搅拌机、液面测量标尺，并且须与钻井泵、混合加料漏斗直接相连。

（2）油基钻井液循环系统（配浆罐、循环罐、储备罐和循环槽）均应清洁、封闭，须具有防雨雪、防污水、防砂棚。

（3）固控设备、循环罐、循环管线所有接触油基钻井液的连接处应密封，钻井泵及净化设备的橡胶密封件应符合相关规定（即保证具有耐油能力）。

（4）搅拌机、振动筛、除砂器、除泥器、离心机应运转正常。

（5）夏季或钻遇高温地层时，油基钻井液配制罐、储备罐和循环罐应配备防爆通风设备。

（6）冬季或零度以下环境施工时，油基钻井液配制罐、储备罐和循环罐和外接管线须配备保温装置。

（7）现场需配备 H_2S 报警仪、可燃性气体检测仪、正压式呼吸器等 HSE 设备。

（8）相关作业区域的梯子、逃生通道要备有防滑设施。

4. 钻井液配制

做好钻井液的配制，维持良好的钻井液性能，尽可能减少钻进中的维护处理工作，有利于减少与油基钻井液的接触，减少使用油基钻井液带来的健康风险。

1）准备工作

（1）配制油基钻井液前，应用清水彻底清洗配制罐、储备罐、循环槽及上水管线，检查各罐、槽阀门灵活好用，确保洁净。

（2）核实循环系统各个罐、槽的容量，检查各罐、槽及连接处不刺不漏，保证设备正常运转。

（3）核算需配制的油基钻井液总容量。

2）配制程序

油基钻井液的现场配制可采用双罐法和单罐法。两种方法的配制要求和配制的效果有所差别，现场可以根据实际的罐容数量、配制的要求等酌情选择不同方式。

双罐法是使用两个罐体进行油基钻井液配制的方法，该方法要求油相与水相预先分别在一个独立的罐内配制，然后再将油水两相混合、剪切乳化，其配制效果优于单罐法。该方法要求使用两个及以上清洁、空置的钻井液罐，适用于油基钻井液入井置换前的大量钻井液的配制。

单罐法是使用一个罐体进行油基钻井液配制的方法，该方法油相和水相的配制、混合、乳化均在同一个配制罐中完成，其配制的效果不及双罐法。当现场条件无法满足双罐法配制低油水比油基钻井液时，可采用单罐法进行配制，该方法适用于实钻过程中罐容不足时少量油基钻井液的配制。

（1）双罐法配制工艺。

①按油基钻井液配方，核算各种钻井液材料的加量。

②将所需的基础油泵入1#配浆罐中，开动搅拌机，边搅拌边通过加料漏斗依次加入主乳化剂、辅乳化剂，搅拌0.5~1.0h。

③按组成配制所需的$CaCl_2$水溶液。在2#配浆罐中加入清水，开动搅拌，通过加料漏斗加入所需的$CaCl_2$，加入完毕后，搅拌至$CaCl_2$全部溶解。

④ $CaCl_2$水溶液配制完成后，立即开动与1#配浆罐相连的钻井泵和罐内钻井液枪、搅拌机。按油水比例，将$CaCl_2$水溶液通过电泵均匀加入装有油相的1#罐中，加入完毕后混合剪切1.0~1.5h。

⑤向混合体系中依次加入CaO、有机土、润湿剂、降滤失剂等，每种材料加入后需搅拌0.5~1.0 h，其中有机土加入后搅拌时间不少于1.0h，待所有材料添加完后再搅拌1.0h。

⑥当施工地层为易漏地层时，需在浆中添加推荐数量的油基钻井液封堵剂等。

⑦ 向浆中加入加重材料至所需密度，加重完毕后再充分搅拌1.5~2.0h。

（2）单罐法配制工艺。

①按油基钻井液配方比例，核算各种钻井液材料的加量。

②将所需清水打入配浆罐中，开动电泵与搅拌机，通过加料漏斗加入所需$CaCl_2$，加入完毕后关闭电泵，继续搅拌至$CaCl_2$全部溶解。

③将所需基础油打入同一配浆罐中，开动与配浆罐相连的钻井泵、钻井液枪和搅拌机，混合、剪切，通过加料漏斗依次加入主乳化剂和辅乳化剂，加完后将油水混合体系充分混合剪切1.0~1.5h。

④向混合体系中依次加入CaO、有机土、润湿剂和降滤失剂，每种材料加入后需搅拌0.5~1.0h，其中有机土加入后搅拌时间不少于1.0h，上述材料添加完后再搅拌1.0h。

⑤当施工地层为易漏地层时，需在所配制的钻井液中添加一定数量的封堵剂。

⑥向钻井液中加入加重材料至所需密度，加重完毕后再充分搅拌1.5~2.0h。

5. 维护处理

1）维护处理的基本要求

做好维护处理方案，尽可能减少维护处理次数，应满足如下基本要求：①高剪切速率下最小的黏度。②有效的环空剪切速率下要有足够的黏度，保证清洗井眼及适当的循环压力。③足够的切力以悬浮重晶石和岩屑。④较低的滤失量。⑤适当的碱度保证钻井液的悬浮稳定性。⑥合适的黏度以利于通过细目振动筛，并减少钻井液在岩屑上的吸附。⑦减少循环滤失与漏失。

2）维护处理要点

（1）按照配方设计和性能要求进行性能维护，保持钻井液中有足量的乳化剂和润湿剂，保证固相的油润湿性。也可以根据具体情况加入适量的辅乳化剂，以达到乳化剂最佳的 *HLB* 值。

（2）用石灰维持钻井液合适的碱度范围，并随着井温增加适当提高碱度。

（3）根据钻井液密度变化调整油和加重剂的加量，保持钻井液良好的流变性。降低黏度、切力应加入柴油或白油。提高黏度、切力应加入有机土或适量的乳化剂。

（4）如发生水污染时，要定时测量钻井液的破乳电压，需要调整钻井液性能时加密测量，若破乳电压有下降趋势，且有破乳倾向时，应补充乳化剂和润湿剂，并视需要补充油。

（5）需加入重晶石提高钻井液密度时，同时补充润湿剂。需降低密度时，加入配制的未加重基浆。

（6）按配方设计及时补充钻井液，避免因消耗造成钻井液量不足。

3）复杂情况处理

任何预防复杂的措施和科学的处理方案都有利于减少与油基钻井液的持续接触时间，从而减少风险。

（1）水侵处理。

①钻井过程中地层水侵入油基钻井液时，表现为油基钻井液总量的增加、体系密度变化、黏度增高、*ES* 值降低、油水比降低、水相中 $CaCl_2$ 含量大幅度变化。

②发生水侵后，立即泵入储备重浆，压稳出水层。

③按照压井作业规程，调整油基钻井液井浆密度至合理密度。

④向钻井液中补充乳化剂，确保破乳电压、流变性能达到设计值，方可恢复钻进。

（2）硫化氢气侵处理。

①钻井过程中，如果钻遇地层含有硫化氢气体，硫化氢报警仪发出报警信号，表现为油基钻井液黏度增高、钻井液总量体积增大、罐面和循环槽中含有气泡、钻井液碱度值降低。

②硫化氢气侵发生后，现场工作人员需立即穿戴硫化氢防护服，打入储备重浆压稳硫化氢气体层。

③按照压井作业规程，调整油基钻井液井浆密度至合理密度，向钻井液中加入氧化

钙清除侵入的硫化氢气体。

④小排量循环，检测硫化氢气体浓度至安全值以下，检测油基钻井液碱度值不再降低，方可恢复钻进。

（3）二氧化碳气侵处理。

①钻井过程中，地层二氧化碳气体侵入油基钻井液时，表现为油基钻井液黏度增高、钻井液总量体积增大、罐面和流道含有气泡、钻井液碱度值降低。

②气侵后，打入储备重浆压稳酸性气体层。

③按照压井作业规程，调整油基钻井液井浆密度至合理密度，向钻井液中加入氧化钙清除二氧化碳气体。

④小排量循环，以 5 分钟 / 次的间隔测定钻井液密度，钻井液密度稳定后方可恢复钻进。

（4）油侵处理。

①钻井过程中，地层原油侵入油基钻井液时，表现为油基钻井液总量的增加、油水比增加，体系密度降低、*ES* 值升高。

②原油侵发生后，需立即打入储备重浆，压稳地层。

③按照压井作业规程，调整油基钻井液井浆密度至合理密度，向钻井液中补充乳化剂，确保侵入原油的充分乳化，调整钻井液的流变性能达到设计中值，钻井液密度达到设计值上限，当钻井液性能稳定后方可恢复钻进。

6. 井场

1）安全标识

井场布置、井场安全标志设置应符合《石油天然气钻井开发储运防火防爆安全生产技术规程》（SY/T 5225）的规定。在井场、油基钻井液存储站、油罐区和消防房等明显处，应设置醒目的防火防爆安全标识。

2）防火防爆

高度重视防火防爆，应遵守以下安全措施。

（1）井场、钻井液储备罐区，严禁动用明火和进行电气焊作业，井场动火严格执行审批程序。

（2）钻台上下、钻井液储备罐区、严禁携带手机和电子通信设备。钻井液储备罐区确保通风良好，定期打开（夜班打开通风后应及时盖好）罐盖板通风。

（3）严禁用潜水泵打油基钻井液。夜间严禁用无防爆功能的灯光直接照射观察钻井液液面。钻台、罐区、泵房应使用铜榔头、铜扳手等工具，禁止铁器的敲打和撞击，以免产生火花造成火灾。

（4）罐区加配 50kg ABC 干粉灭火器六个、钻台下一个。按岗位分工，每班检查灭火器、消防水泵和水龙带，保证处于良好状态。检查好所有防爆电路，保证防爆功能可靠，发现问题及时维修。

（5）所有设备的密封性应保持良好，防止出现大规模泄漏。

（6）井场入口处应设置明显的油基钻井液标志。

（7）消防小组每星期对防火工作进行专项检查。

（8）坚持管理人员24h值班，强化员工防火意识，针对当班生产情况，班前会提出防火工作要求。对外来人员要进行安全防火教育。未经同意严禁车辆进入井场，进入井场的车辆必须带防火帽。

（9）配检测仪两台、轴流风机4台。夜班每一监测点2小时监测一次，白班加密测量，一旦发现可燃气体浓度升高，立即启动轴流风机通风。井场、罐区、加料漏斗加风机保证良好通风，防止柴油蒸气聚集。

（10）若发生火灾，立即启动火灾应急预案。

3）电路安全

井场电路安装要求、井场电气配制、井场照明、净化设备的电缆连接防爆接插件的配备应按《井场电器安装技术要求》（SY/T 5957）的规定配置和安装，并符合《爆炸和火灾危险环境电力装置设计规程》（GB 50058）的要求。对井场电力装置的防火防爆安全技术要求包括但不限于：

（1）电气控制宜使用通用电气集中控制房或电机控制房，地面敷设电气线路应使用电缆槽集中排放。

（2）钻台、机房、净化系统的电气设备、照明器具应分开控制。

（3）井架、钻台、机泵房、野营房的照明线路应各接一组专线。

（4）地质综合录井、测井等井场用电应设专线。

（5）探照灯的电源线路应在配电房内单独控制。

（6）井场距井口30m以内电气系统的所有电气设备如电机、开关、照明灯具、仪器仪表、电器线路以及接插件、各种电动工具等应符合防爆要求，做到整体防爆。

（7）发电机应配备超载保护装置。

（8）电动机应配备短路、过载保护装置。

4）其他要求

（1）在井口附近钻台上、下以及井内钻井液循环出口等处的固定地点设置和使用可燃气检测报警仪器，能够及时发出声、光警报。含硫油气田钻井H_2S检测仪和其他防护器具的配置与使用均严格按照《硫化氢环境钻井场所作业安全规范》（SY/T5087—2017）的规定执行。

（2）井场和油基钻井液储存站使用和储存易燃易爆物品的管理应符合国家有关危险化学品管理的规定。

（3）现场施工禁止烟火，必须动火时应符合《石油工业动火作业安全规程》（SY/T 5858）的规定。

（4）井场安全要求、灭火器材配备及管理应符合《钻井井场、设备、作业安全技术规程》（SY 5974）的规定。

（5）防火、防爆装置应指定专人检查、维护、管理机制，应符合《石油天然气钻井开发储运防火防爆安全生产技术规程》（SY/T 5225）的规定。

（6）作业前进行安全审查，作业中进行安全演习，作业后进行安全检测，并建立后继的反馈系统。

（二）油基钻井液环保要求

随着环保意识的提高和各国环保法律的日益完善，各国对油基钻井液的环保性能均提出了更为严格的要求。国外各大石油公司，尤其是欧美等发达国家都对环保标准提出了日益严格的要求，并积极采取预防性措施，将先污染后治理的管理方式改变为施工全过程的预防和控制，强化各个环节的生产管理，从源头减少污染物的产生量和处理量。同时，不断增强相关技术研究，对不可避免的污染物进行无害化处理，从而实现清洁钻井生产。

1. 施工程序管理

在施工过程前进行环保综合评价，开展相关环保培训，是钻井施工过程中必不可少的重要环节，也是用最少的投资满足最严厉的环保要求的必要手段。

1）严格执行并不断完善环境管理系统

主要包括：对监管和技术人员进行全面培训；所有人员均需持证上岗；使用油基钻井液前，应对钻井液循环系统进行防渗漏检查以及执行职业病预防等相关措施。

2）合理的钻井设计减少污染排放

配制油基钻井液前，结合钻井设计，核算准确所需钻井液量，避免大量配制导致的浪费与环保压力；同时应严格检查用于配制的各种设备，防止油品的外溢或泄漏，减少污染排放。

采用符合国际垃圾管理规定的设施，海上油基钻井液零排放解决措施，以及低噪声控制办法等。搞好井场防污系统，装备多级振动筛，高效离心分离机与旋流器，提高固控水平，保证油基钻井液质量，提高油基钻井液重复使用率。据报道，如果固控系统的处理效率从 70% 提高到 95%，则含量 4% 的低密度固体可减少 80%，从而减少用于钻井液稀释和废钻井液处理的成本。

3）加强井场现场管理

井场清洁生产的主要目的是在生产过程中对自然水体和土壤都不产生污染。若就地挖掘钻井液池，则必须在钻井液池下方衬上塑料或防渗布等作隔层，施工作业产生的污水等都设法收集到专用容器中，以便集中处理。

所有钻井液材料应按照种类、数量、危害程度分类摆放，妥善储存，防止日晒、雨淋，防火，防止包装破损等原因导致材料泄漏引起环境污染。

4）对油基钻井液进行循环利用

建立钻井液中转站，完钻后的油基钻井液全部回收再利用。合理的回收利用比污染处理更有成效。振动筛、除砂器、除泥器、离心机等固控设备所产生的钻屑及其他排出物应有效妥善处理或全部回收。避免油基钻井液泄漏于地面或扩散。

5）完井后废液处理

完井后的废液及清洗各种设备、仪器的污水处理应符合《陆上钻井作业环境保护推荐作法》（SY/T 6629）的规定。

2. 环保新技术

1）研发低污染的油基钻井液体系

国外许多公司为了彻底解决油基钻井液对环境的污染问题，先后研制成功了多种合成基钻井液体系，其特点是体系外相不含芳香烃，LC_{50} 毒性实验远低于最低限，而且不论在是否含氧环境中都可以生物降解。据 M-I 公司报道，该公司油基钻井液体系经过 28d 后，其生物降解率可达 70%。

2）使用小井眼钻井技术

减少井眼尺寸，相应的钻井液量和钻屑量均会减少。如国外某公司开发的小井眼钻机，整个井场面积 800m^2 左右。共配备高频振动筛 2 台，高速离心机 2 台和除砂除泥一体机 1 套，配备顶驱，使用机械手操作液压大钳。钻 3500m 深的井，产生岩屑的总量仅 88m^3。

3）提高废弃物处理能力

在钻井产生的污染处理方面，针对不同废弃物采取不同的处理方法。油基钻井液及岩屑加化学剂破乳后用蒸馏法进行固液分离提纯，固相可作为辅助材料，油相回收利用，水相净化处理后配浆使用。目前主要的处理方法大致有：物理化学法、惰化处理法、加热蒸馏法、生物治理法等。

（三）油基钻井液回收与存储要求

回收利用油基钻井液不仅有利于降低钻井液成本，更有利于减少废弃钻井液的产生量，有利于减少处理费用和处理产生的污染。

1. 回收处理要求

使用油基钻井液完成钻完井施工后，如回收的油基钻井液不能立即用于其他井的钻井施工，则按如下工艺进行油基钻井液的回收处理。

（1）检测预回收油基钻井液的全套性能，重点检测其 *ES* 值、含砂量、低密度固相含量等关键指标，看其能否达到回收指标要求（回收指标：*ES* 值≥400V、含砂量≤0.3%、低密度固相含量≤5%）。

（2）*ES* 值不能满足要求时，则通过向体系中加入乳化剂等进行调整。

（3）含砂量、低密度固相含量不能满足要求时，则开启钻井泵、振动筛、除砂器和离心机，使回收的油基钻井液进行地面循环，清除油基钻井液中的低密度固相、大颗粒堵漏材料等无用固相。

（4）每个循环周测定一次油基钻井液的固相含量，监测含砂量、低密度固相含量、高密度固相含量的变化，直至含砂量、低密度固相含量达到回收指标要求方可停止净化处理。

（5）回收后的油基钻井液需经处理后进行回收、存放。

2. 存储要求

（1）经过回收处理的油基钻井液集中存放于存储站，进行存放与存储维护。存储站须配备功率不低于 7.5kW 的搅拌机、电动泵、加料漏斗、防爆风扇等设备；存储站须防雨雪、防污水；当存放处位于高寒地区时，应安装保温取暖装置。

（2）油基钻井液存放后，搅拌机每天至少搅拌 6.0h 以上。

（3）在存储站存储的油基钻井液，每周按照《油基钻井液现场测试程序》（GB/T 16782）的要求测定一次其各项性能，记录其乳化稳定性、碱度和流变性能的变化。

（4）如油基钻井液长时间存放，其乳化稳定性变差或出现分层、沉降现象，则向油基钻井液中补充乳化剂和有机土等处理剂，改善其乳化稳定性。

四、废弃油基钻井液

（一）废弃油基钻井液的形成、组成及危害

在钻井施工中，基于成本考虑，在完钻后通常会将油基钻井液转到其他井进行处理后重复利用，在多次使用后性能无法满足需求就形成了废弃油基钻井液。废弃油基钻井液的成分较为复杂，包含有重金属、酚类化合物、矿物油、各类有毒物质、黏土加重材料和钻屑等，是一种多项稳态胶体悬浮体系。废弃油基钻井液会对环境造成污染，其中主要的有害成分包括化学处理剂、盐类、油类、高分子有机化合物在生物降解作用下形成的低分子有机化合物和碱类物质，还有如铅、铬、铜、汞等多种重金属。其中石油类物质会对水体和土壤造成污染，有机烃类物质进入水体后在水循环作用下对人类和水生动物造成危害，烃含量的多少决定了危害程度的强弱。其中含有的多环芳烃具有致畸性、致癌性和毒性，是环境污染的重要因子。它直接对人类的身体健康形成威胁，且可经水生生物的富集而在人体内残留，在哺乳动物细胞中可通过代谢作用活化而形成高毒性的代谢产物，造成不可逆转损伤生物大分子 DNA。所以，无论是从环境保护还是从经济效益出发，都必须对废弃油基钻井液进行妥善处理，寻求经济环保的无害化处理技术，实现油田的绿色发展。

（二）废弃油基钻井液的环境危害

1. 废弃油基钻井液环境影响评价

废弃油基钻井液的主要污染物为石油类有机物，其浸出液中苯、甲苯、乙苯、二甲苯等均超出标准。油田深井废弃油基钻井液的组成测定，可采用蒸馏冷凝法测定废弃油基钻井液的固相含量，采用高温焙烧法测定废弃油基钻井液的有机物、碳酸盐及硅酸盐、硫酸钡含量。

按照《危险废物鉴别标准 浸出毒性鉴别》（GB 5085.3—2007）、《危险废物鉴别标

准 腐蚀性鉴别》(GB 5085.3—2007)的标准，结合《污水综合排放标准》(GB 8978—1996)，测试分析深井油基钻井废液浸出液中苯、甲苯、乙苯、二甲苯等石油组分，以及六价铬、总铬、铜、锌、铅、镉、汞、砷等重金属。结合分析浸出液中 pH 值、化学需氧量、石油类，通过这些指标评价深井油基钻井液环境污染物的毒性及变化，并判定深井废弃油基钻井液是否为危险废物。

2. 废弃油基钻井液组成分析

取样井为某油田井深 7000m 的探井，所用钻井液为油基钻井液，取该深井的原浆和废弃油基钻井液进行测试，结果见表 4–2。从表 4–2 可以看出，深井废弃油基钻井液的固体含量、有机物及碳酸盐含量比油基钻井原浆要高，而硅酸盐、硫酸钡等含量比油基钻井原浆低。

表 4-2　油田深井油基钻井液组成分析结果　（质量分数）

样品	固相 /%	有机物 /%	碳酸盐 /%	硅酸盐、硫酸钡等 /%
深井钻井原浆	25.01	14.17	0.83	20.5
深井废弃钻井液	28.22	22.26	1.53	14.66

3. 油基钻井液环境影响评价

油基钻井液原浆及废弃油基钻井液浸出液，浸出毒性和主要环境污染物检测结果分别见表 4–3~ 表 4–5。从表中数据可知，油基钻井液原浆和废弃油基钻井液浸出液中，含有大量的原油和柴油，苯、甲苯、乙苯、二甲苯等均超出标准；pH 值不超标；六价铬、总铬、铜、锌、镉、铍、镍、铅等重金属虽有检出但不超标；总银、砷、硒、汞等污染物未检出；钡浓度值达到临界值，这是因为钻井液中添加了大量重晶石粉（$BaSO_4$）。环境污染物指标 *COD* 高达 176199mg/L，石油类高达 20980 mg/L，均严重超出标准。因此，主要环境污染物为石油类等有机物。

与油基钻井原浆相比，废弃油基钻井液中 *COD* 和石油类含量均增大，pH 值、金属元素含量有所增加，环境危害性增大。

表 4-3　油田深井油基钻井液浸出毒性测定结果 I　（质量分数，mg/L）

类别	苯	甲苯	乙苯	二甲苯	铜	锌	镉	铅	汞
深井钻井原浆	>1	>1	>4	>4	1.06	7.60	0.082	–	–
深井废弃钻井液	>1	>1	>4	>4	1.61	16.30	0.083	–	–
浸出毒性鉴别标准	1	1	4	4	100	100	1	5	0.1

表 4-4　油田深井油基钻井液浸出毒性测定结果 II　（质量分数，mg/L）

类别	六价铬	总 Cr	铍	钡	镍	总 Ag	砷	硒	pH 值
深井钻井原浆	0.074	0.25	0.0078	87.32	1.14	–	–	–	8.17
深井废弃油基钻井液	0.080	0.28	0.0086	91.29	1.74	–	–	–	8.66
浸出毒性鉴别标准	5	15	0.02	100	5	5	5	1	<12.5 或 >2.0

表 4-5　油田深井油基钻井液浸出毒性测定结果Ⅲ　（质量分数，mg/L）

类别	*COD*	石油类
深井钻井原浆	140959	16784
深井废弃油基钻井液	176199	20980
最高允许排放浓度	500	20

油基钻井液原浆和废弃油基钻井液浸出液中 *COD*、石油类、苯、甲苯、乙苯、二甲苯等均超出标准。根据《危险废物鉴别标准 浸出毒性鉴别》（GB 5085.3—2007）、《危险废物鉴别标准 腐蚀性鉴别》（GB 5085.3—2007）规定，固体废物浸出液中的任何一种危害成分含量超标，则判定该固体废物是具有浸出毒性特征的危险废物。因此，可以判定该油田深井油基废弃钻井液为危险废物，对环境危害性较大，需处理后排放。

（三）废弃含油钻屑

油基钻屑的污染主要源于钻屑上吸附的油基钻井液，对环境的影响与废弃油基钻井液基本相同。20 世纪 80 年代以前，人们很少考虑钻屑的处理问题，一般情况下，海上作业时会将这些废弃物排入大海，陆上钻井会将其埋入地下。到 20 世纪 80 年代和 90 年代，随着全球环保意识的加强，油气工业及其监管者才开始了解并重视钻屑对生态环境及人类健康的潜在影响。

发达国家从 20 世纪 80 年代前后就开展了含油固废物处理的系统研究，至 20 世纪 90 年代已经形成了较为完善的相关环保法规。油基钻屑中油是主要的污染物，*TPH*（总石油烃）是用来表征钻屑污染或被污染土壤中烃类含量的一个参数。国外对于油基钻屑的油含量均有严格规定，自 1993 年起要求固体废物中的油类物质含量小于 1%，1999 年公布了固体废弃物的填埋法令，要求所有欧洲国家用于土地填埋的固体废弃物中的有机物含量必须逐年递减，2000 年 11 月后要求达到零排放。荷兰因大部分的国土处于海平面以下，要求油含量小于 10mg/L；法国降水量高，对于湿地的地区要求含油量小于 5000mg/L（即 0.5%）；丹麦则要求油含量小于 0.1%。1990 年，美国环保局在资源保护和回收法令以及危险和固体废物修正案中规定了对废弃物的特殊堆放要求，要求含柴油钻屑不允许排放，游离油不许排放。

2002 年，美国油气田保护委员会发布的指导准则规定了非临界区内 *TPH* 含量小于 1%，临界区内 *TPH* 应介于 0.1%～1%之间。同时美国各个州根据处于湿地还是旱地，要求油含量在 200～800mg/L 不等。目前，荷兰、哈萨克斯坦、尼日利亚等钻屑排放还需经过生物毒性实验。

我国对油基钻井液的使用和研究起步较晚，关于油基钻屑的具体排放法规还在制订当中。针对固体废物，我国于 2011 年 2 月 16 日颁布了《废矿物油回收利用污染控制技术规范》（HJ 607—2011），规定含油率大于 5%的含油废弃物必须进行油回收利用。同时，《农用污泥中污染物控制标准》（GB 4284—1984）规定油含量低于 0.3%。虽然国内外围绕油基钻屑处理提出了不少处理方法和措施，并见到了一定效果。但到目前为止，

还没有成熟的技术能够将钻屑中的 *TPH* 降低至 0，而且由于在地质和地理条件上的差异，对于钻屑中油含量或 *TPH* 含量，世界上并未形成统一的标准，油基钻屑的处理方法主要取决于国家相关管理法规的变化。

第三节　职业危害的防护与风险管理

做好与钻井液相关的职业危害的防护与风险控制，有利于降低钻井液对操作人员的危害，减少职业病的发生，在钻井作业中必须高度重视。本节结合钻井液接触风险评价，钻井液职业危害的防护，钻井液使用中健康、安全和环保风险管理及钻井废弃物控制管理，简要介绍钻井液职业危害的防护与风险管理。

一、钻井液接触风险评价

与钻井作业相关的人员都可能会接触钻井液中的有害成分。因此，只要可能，就应实施风险管理和风险控制，目的主要是减轻对有害物质的职业性接触程度，做好职业病的预防。

监测的主要工作包括：充分了解钻井液的成分及其健康危害，充分了解接触途径和影响因素，以及采用标准的风险控制措施优先性顺序进行风险管理。应对接触程度进行监测，并定期复审控制措施，以保证措施持续有效。

对于监测而言，最佳做法包括：选择有效且可靠的控制措施，以最大限度地降低与化学有害物质的接触程度；精心设计工程控制措施和作业流程，以最大限度地降低有害物质的排放、泄漏和扩散等；控制措施应与健康风险相匹配，且应考虑到所有可能的接触途径；对工作场所进行监测，以便定量化反映与有害物质的接触程度；在健康风险和控制措施有效贯彻方面为钻井作业人员提供足够的信息和培训；实行相关健康监测措施；定期复审并聘请专家审核控制措施的有效性并持续改进。

1. 接触状况监测

风险管理过程中的一个重要方面是对工作场所或对某一员工进行监测，以评估接触有害物质的程度。监测应当定期进行，以评估所实施的控制措施的有效性，以便进一步改进。接触监测主要是空气监测和皮肤监测。

（1）空气监测。监测空气中的灰尘、气溶胶和蒸气是准确评估工作环境中钻井液存在浓度的最有效办法。常用的办法有：比色检测管、被动或主动吸附取样器、过滤器、直读式仪器和吸附法。

（2）皮肤监测。皮肤监测是监测接触污染人员健康状况常用且有效的方法。皮肤监测的方法包括：被动皮肤监测、目视检查、通过皮肤损失的水分和皮肤含水量的测定。

2. 工作场所健康监测

工作场所健康监测是一种专门设计的程序，用来系统地探测和评估暴露在某种健康风险中作业人员的早期健康危害征兆。监测方法主要有：

（1）当作业人员有可能接触会引起皮炎或敏化作用的物质时，监测皮炎的迹象。

（2）进行医学（包括生物）监测，以检测体内毒素的存在量，例如化验血样或尿样，以检测是否存在苯或重金属。

为了使工作场所的健康监测切实可行，健康监测应当考虑以下几条准则。

（1）已经出现了一种明显的疾病或其他健康危害。

（2）疾病或健康危害与接触有害物质有关。

（3）疾病或健康危害很有可能发生。

（4）现有的技术可以探测疾病或健康危害的征兆。

3. 健康记录

在有法规规定的情况下，健康监测记录（例如肺功能测试数据）必须存档若干年以上，如果没有法规规定，国际油气生产商协会（OGP）及国际石油工业环境保护协会（IPIECA）第393报告建议，在员工离职之后，其健康记录还要继续存档至少40年。

二、钻井液职业危害的防护

（一）基本防护要求

钻井液职业危害的防护基本要求为：

（1）加强职业健康教育，采取多种方式广泛、深入开展职业病防治法律法规和有关职业病防治知识的宣传学习，强化各级人员对职业病的防范意识。

（2）加强作业现场管理，要在醒目位置张贴职业危害告知标志牌。

（3）建立职业健康管理档案，定期组织体检，监控作业人员的职业健康状况，尽早发现员工出现的职业损伤，采取调离不适宜岗位，予以治疗等措施。

（4）合理安排工作时间，减少操作人员在有害环境中的暴露时间，将有利于提高机体对危害因素的抵抗能力。

（二）粉尘及化学物质防护

1. 钻井液处理剂粉尘危害的防护

钻井液处理剂粉尘危害的防护要点如下：

（1）为员工配备高密防尘口罩、呼吸器等防护用品。

（2）正确穿戴工作服、安全帽、防护眼镜，减少接触粉尘面积。

（3）禁止在粉尘现场进食进水。

（4）作业现场配备洗眼器，一旦钻井液处理剂粉尘进入眼睛、口鼻处，可进行应急处理。

（5）多食用如魔芋、木耳、海带、猪血、苹果、蜂蜜等能帮助消化系统排毒的食物。

2. 化学物质防护

对于化学物质的危害防护可以从如下方面注意。

（1）优化钻井作业流程和设备，减少有害气体的排出。

（2）采用通风的方法将化学物质排出，或推广有害气体净化技术。

（3）对化学有毒物质泄漏可能造成职业危害事故的设备设施和工作场所设置有效的事故处理装置和应急防范装置。

（4）积极开展防毒教育及职工卫生知识的培训，定期检测化学有毒物质。

三、钻井液使用中健康、安全和环保风险管理

减少职业性接触有害物质的最佳途径是贯彻执行风险管理原则，这些原则是识别工作场所健康、安全和环保有效控制措施的关键所在。

风险管理过程是一个循环往复、持续改进的过程，在钻井作业的整个周期内应持续进行。为了识别潜在的危害，钻井液体系的选择和设计人员，应将有关钻井液各种成分的技术资料，安全数据等，告知并提示负责健康、安全和环境风险管理的人员，这点对风险控制至关重要。

在钻井作业的每一阶段，如果已经识别出了钻井液的有害成分，并伴有接触风险，则应按如下优先性顺序考虑控制措施：消除、替代、工程控制、管理措施和个人防护用具。

1. 消除

所有作业的努力方向均是应避免使用有害物质，以及制定避免可能造成人员接触有害物质的工序。一般情况下，由于钻井液工程师的个人偏爱或特定厂商的积极推荐，井场可能有许多品牌和型号或同一型号不同生产厂家的钻井液处理剂，在钻井液配制及维护处理中，可能有一些常用的化学处理剂得到了使用，而有些处理剂长期不用而在井场堆放，这些长期堆放不用的处理剂不仅会造成浪费，还会增加风险管理的难度。在每一口井的钻井作业中，都应尽可能将所用的处理剂的储存数量降到最低。

2. 替代

钻井液所产生的危害不仅与其基液有关，还与所用的处理剂密切有关。反复接触钻井液之后可能出现的主要危害是皮肤刺激和皮炎。皮肤刺激可能是 $C_9 \sim C_{14}$ 的石蜡烃和芳香烃引起的，也可能是其他一些处理剂。使用水基钻井液或以酯、α－烯烃或线型内烯烃为基液配制的合成基钻井液，可以减轻对皮肤的刺激。

对于高芳烃含量的钻井液，由于其中可能含有少量的苯和大量的多环芳烃，使其可能具有致癌作用。另外，以柴油为基液的钻井液由于其对皮肤的慢性刺激，也可能具有

致癌作用。使用水基钻井液或低毒或无毒的低芳烃含量的油基钻井液或生物质合成基钻井液可以减轻致癌作用。

3. 工程措施

在比较理想的情况下，钻井作业场所的设计中应包括所需的工程控制措施，以便尽可能降低作业人员在工作场所与有害物质的接触程度。一些旧钻机有时无法容纳降低作业人员与钻井液接触程度的大型排风系统或改进的钻井液出口管线，在作业前期就应考虑钻机容纳工程控制措施的能力（或经过改造之后能容纳），以达到将作业人员与有害物质的接触程度降到可以接受的限制水平。

为解决工作环境恶劣的污染物接触问题，近年来开发应用了一些新技术，如：

（1）控压钻井和欠平衡钻井。由于控压钻井和欠平衡钻井施工作业均要求喇叭口区域及通向振动筛的出口管线全封闭，而且能够承受高于大气压的压力，故可保证从井眼中循环出的钻井液所产生的天然气、蒸气和凝结物等被封闭起来而不会溢出。

（2）振动筛排风罩。

（3）散装材料搬运和封闭加料系统。如以机械方式搬运或输送粉末状材料，甚至可以自动拆除包装并处置包装材料。液体处理剂可以用泵加入钻井液体系，而不是由人工进行倾倒。另一种方法是将散装处理剂预先装入一个容器中，然后通过遥控手段将其加入钻井液体系。

（4）在封闭的钻井液罐中使用传感器。在钻井液罐全封闭的状态下，使用传感器在控制面板上监测钻井液罐液面（而不是现场目测），以达到减少天然气、蒸气和凝结物等释放到工作环境中。

（5）使用实时测量装置。自动取样和测试装置可以避免人工到罐口或敞开的钻井液罐上取样，以减少与有害物质的接触。

4. 管理措施

管理措施主要包括卫生措施、当班时间、意识和培训等方面。卫生措施包括洗涤、洗浴、皮肤清洗与护理等。

在作业过程中，劳保服和皮肤都会受到处理剂的污染，必须做到经常洗涤。在井场常常会发生刺激皮肤的最常见原因之一就是工服洗涤不彻底。当由于洗涤不彻底，工保服上有钻井液残留物时，再次穿用时就可能引起皮肤刺激。在清洗被油基和合成基钻井液污染的工服时应注意如下事项。

（1）勿使洗衣机过载。

（2）指定一台洗衣机专门用于清洗被钻井液污染的工服。未被油基和合成基钻井液污染的衣服一定要使用其他洗衣机清洗，不可混用。

（3）当洗涤被污染的衣服时，让洗衣机运转至少两个洗衣周期，且最好使用热水和洗涤剂清洗。如果污染非常严重时，可能需要更多的洗衣周期。

（4）当无法反复洗涤时，可在洗涤之前将脏工服在洗涤剂溶液中预浸泡1~2h，以达到最佳清洗效果。

为保证员工下班后和工间休息时间及时清洗掉皮肤上的灰尘和污染物，需要提供至少应包括流动的热水和冷水、指甲刷和干净的毛巾等洗浴设施。

用流动温水（不可太烫）冲洗皮肤，之后再将皮肤擦干，有助于降低患皮炎的可能性。最好用干净的毛巾，而不用热吹风，因为后者会导致皮肤脱脂而干裂，尤其是在寒冷的天气。井场供应洗浴用水的水质可能会有很大的差别，其硬度和 pH 值取决于水的来源，这些因素也可能会促使皮肤干燥。

在皮肤被污染不十分严重的情况下，用香皂和水清洗即可很好地清除灰尘和污物。沐浴露也可以安全而有效地清除灰尘和污染物，而不会干扰皮肤的结构和功能。避免使用溶剂和去污粉类颗粒状材料，因为它们有可能会除去过多的皮肤天然油脂，使得皮肤更易感染，也会引起皮炎或其他皮肤伤害。如果某些工作场所没有自来水供应，也可以使用特殊的无水皮肤清洗剂和湿纸巾。

为了保护皮肤免遭水溶性或油溶性刺激物的伤害，可使用通用护肤脂。护肤脂的主要优点在于使皮肤上的污染物易于清除。应在良好的卫生条件下将护肤脂涂覆在皮肤表面。为了保证护肤效果，一般每过 2～3h，应当重新涂覆，在每次洗手之后也应重新涂覆。如果皮肤已经发生过敏，护肤脂就失去保护作用，因为在这种情况下作业人员对极少量的敏化剂都会反应。有些人对护肤脂中的某些成分也有反应，这些人使用护肤脂时，尤其是同时使用不透气的劳保手套，护肤脂本身就会造成皮肤感染。所以在每个更衣室，都应提供护肤脂。护肤脂应盛放在卫生状况良好的取液瓶中，而且应提供替代品，以备那些对某个特定品牌过敏的作业人员使用。

需要强调的是，使用调理霜是皮肤保护过程的最重要的步骤，但往往被忽略。下班后使用皮肤调理霜有助于补充因接触化学物质和频繁清洗而流失的天然脂肪和油脂。调理霜也有助于补充受到伤害的皮肤细胞，减轻皮肤上各种切口、刮伤和擦拭的感染。就像使用护肤脂一样，调理霜也应涂覆在洁净而干燥的皮肤上。

为减少由于使用敞开式或公用容器中的洗涤用品而可能会发生交叉感染或用品被污染的可能性，应安装专门设计的取液瓶，用来盛放液体和胶状的清洁剂以及护肤用脂或霜类产品。在淋浴间也应安装这种取液瓶。

对于当班时间而言，一种有效的行政管理措施之一是调整作业人员的班次，实行轮岗，这样可以缩短作业人员接触潜在危险物质的时间。

对于有关危险物质、可能的接触工况及其对健康危害的意识和培训也是很重要的内容。在钻井作业中，应为钻井液体系、原材料和处理剂提供材料安全数据单。作业人员在接触这些化学物质之前应当阅读所有原材料和处理剂的材料安全数据单，同时应针对推荐的材料搬运措施，个人防护用具的选择、维护和存放，井场卫生与安全设施，职业病（如皮肤感染）的报告程序，以及如何向钻井监督报告可能会增大接触有害物质风险的作业步骤等，对作业人员进行培训。

5. 个人防护用具

要有效使用个人防护用具，最重要的一点是要让人体感觉舒适。如果感觉不舒适或作业人员的活动受到限制，那么他们就不会按规定穿戴个人防护用具。

建议作业人员正确选择和穿戴劳保服，以防止与化学物质直接接触。个人防护用具包括防溅护目镜、耐化学不透水手套、劳保胶靴、工服，在起下钻或在遭受油雾严重污染中工作时，还应包括油布雨衣。

戴耐化学手套和穿耐化学工服通常是在工作场所避免皮肤接触有害化学物质的主要手段。选择手套和工服时，通常是基于制造商的实验室化学渗透数据。而这些数据往往不能代表工作场所的实际条件，如高温、高压、反复弯曲，以及供应商之间的产品差别。

当工作场所的环境温度太高时，为了减轻作业人员中暑的可能性，可以使用一次性防化学工服来代替油布雨衣。但这取决于破损时间和污染程度，这类一次性工服和/或防化学手套，需要定期更换。

在进行钻井液相关作业时，如果缺乏良好的通风条件，建议随时佩戴护目镜和自给式呼吸器。

呼吸防护设备通常是最后的手段，只有当其他手段不足以降低风险时才应考虑使用呼吸防护设备。必须保证所选择的呼吸防护设备适合于使用目的，起到足够的保护作用。呼吸防护设备应能将接触程度降到合理的水平，即在任何情况下都能降到职业接触上限或其他控制下限之下。为保证所选择的呼吸防护设备能够为特定的使用者提供充分的保护，必须进行适用性测试，包括全面罩、半面罩、一次性面罩测试，这样才能保证不选择适用性差的面罩。

正压呼吸器只能提供有限的附加保护作用，不能作为上述设备的替代品。在作业中如果可能会接触碳氢化合物，则应使用带有机蒸气滤芯的复合过滤器。

四、钻井废弃物的控制管理

在油、气田开发过程中，钻井废弃物的产生量比较大，不同的钻井废弃物中污染物种类和含量差别也非常大。目前常用的各类处理方法各有优缺点，应该说均没有彻底解决钻井废弃物污染或占地问题。与目前采用的许多污染处理措施类似，存在污染物转移或隐患等问题。如固化填埋将占用大量的土地，回注存在地下水层污染等。根据废弃物处理和处置的一般原则，控制钻井废弃物对环境的污染，应从源头入手，从原料使用、工艺技术改进、提高循环利用率和强化钻完井后治理等全流程入手，实现钻井废弃物的减量化、资源化和无害化。同时，要进一步提高勘探开发水平，提高钻井成功率，并提高单井控制面积，以达到“钻尽量少的井，产尽量多的油气”的目的。

1. 钻井废弃物污染的源头控制

归纳起来，在钻井废弃物源头治理上，可以从如下方面考虑。

1）加强钻井液技术攻关，强化原料监控

钻井固体废弃物对环境的危害性差别很大，其污染物主要来源于钻井液配制过程中加入的各类处理剂和含油岩屑。积极开发并尽量选用低污染或无污染的钻井液及处理剂，是从根本上治理钻井污染的首要措施。20 世纪 90 年代以来，为了减轻钻井废弃物对环境的污染，国内外一些公司逐步推广使用对环境友好的钻井完井液和处理剂，如甲酸盐钻井完井液、聚合醇钻井液、硅酸盐钻井液、甲基葡萄糖苷钻井液、合成基钻井液、油基钻井液替代物，沥青类防塌剂替代物；包括研制各种新型低毒无害的处理剂，以替代传统的处理剂等。

钻井液的选择能够影响整个钻井液用量和岩屑产生量。例如：合成基钻井液除了比水基钻井液钻的井眼干净，掉块较少，产生的钻井岩屑体积也较小外，还可以被最大限度地循环使用。

2）加强钻井新技术、新工艺研发和推广运用，降低钻井固体废弃物产生量

钻井液的污染大小与毒性物质有关，也跟固体废弃物产生量的大小有关。因此，在加强处理剂使用控制的同时，应采取措施，控制钻井固体废弃物产生量，鼓励节约用水和钻井液回收利用。严格控制使用有毒有害的钻井液及化学处理剂。严格控制铁铬盐等材料的使用。钻井液处理剂按标准化管理妥善存放，不得将钻井液处理剂失散在井场上，在装卸和使用过程中如发生失散应及时清理回收，不得随意乱丢、乱放。推广使用清洁无害化钻井液，目前已开发或使用了小井眼井、套管钻井、气体钻井等钻井技术，取得了较好的效果。

（1）小井眼钻井工艺。采用小井眼钻井工艺，可大幅度降低钻井费用（降低 30%~75%）和最大限度地降低钻井固体废弃物的产生量，减轻对环境污染及不良影响。据统计，小眼井钻井技术在松南地区应用后钻井成本可降低 39%，在川西地区应用后钻井成本可降低 49%，在减少环境污染的情况下基本不影响产能，因而切实可行、值得推广。

（2）套管钻井技术。套管钻井是在钻井过程中，直接采用套管（取代传统的钻杆）向井下传递机械能量和水力能量，井下钻具组合接在套管柱下面，边钻井边下套管，完钻后作钻柱用的套管留在井内作完井用。井下工具可从套管内下入和收回，省去了起下钻，可减少井控事故。套管钻井的优点是：钻机和作业效率高、事故少，燃料消耗低；钻井液从套管和井壁之间的环形空间返回时，由于环空面积减小，提高了上返速度，改善了钻屑携出状况；通过缩小井眼直径可减少钻井液和水泥的用量和费用。

（3）气体钻井技术。在选定的地层中，可以使用空气或其他气体通过钻井系统循环作为钻井流体来进行钻井。气体钻井是依靠气体或气体和钻井液的混合物提升钻屑到地面，钻屑上几乎无污染物，可以直接资源化利用。气体钻井不需要和传统钻井一样的地面大储存池。因而，这种钻井技术可以在环境敏感地区使用。

（4）强化过程管理，减少废弃钻井液的产生。采用钻井液全封闭系统，世界发达国家，如美国及西欧等国目前都在积极研究和开发钻井液闭路循环处理技术，这是实现钻井液密封式无害化工艺生产的重要技术。该处理系统除了装备有常规的固控设备外，还增加了体积控制装配系统。该套系统，可使固相去除率达 80% 以上，稀释用水量减少

50%，无液体外排，脱出接近于干的固体，即可就地处置。

（5）采用强抑制性钻井液，该技术是减少钻井液体积的有效方法。强抑制性钻井液降低了钻屑在钻井液中的分散性能，使钻井液中的固相含量降低，从而减少了钻井液稀释量，使钻井液体积减少。

3）提高钻井液循环利用率，减少排放量

一般使用后返回地面的钻井液中携带着大量岩屑，若循环利用，固相必须从钻井液中分离出来。目前常用振动筛实现钻井液与岩屑的分离，但采用此种方法分离出的岩屑被大量的钻井液所包裹，包裹岩屑的钻井液的体积和岩屑的体积大体相当。如果通过振动筛收集的固相仍旧被许多钻井液所包裹，那么就不适用于进一步的重新使用和下一步的处置；如果用过的钻井液有收集的价值，就应该尽可能多的收集。固相使用高重力分离干燥振动筛、立式或卧式旋转岩屑干燥器、螺旋式压榨机或离心分离机做进一步的处理。岩屑干燥器回收使用额外的钻井液并产生干燥的粉末状岩屑。使用高效振动筛以及高速离心机可大大提高钻井液中固相物质的去除率。从经济角度分析，提高固相控制效率，可减少钻井液稀释和废弃钻井液处理所用的资金。现场测定表明，若固相控制系统的处理效率从 0 提高到 5%，则含量 4% 的低密度固体可减少 5/6，从而减少钻井废弃物的量。在现场应用中，应注意回收不同类型钻井液的相互调配，先期开钻回收的钻井液可用于后期开钻、对钻井液要求相对低一些的层位。

目前，约有 10% 的废钻井液在现场应用中得到循环使用。其中油基钻井液和合成油基钻井液全部可再生循环使用。例如：

（1）用机械方法将废弃钻井液转化为干粉，回收后再用于配制钻井液。此法适用于深井高密度（大于 $1.7g/cm^3$）钻井液的处理。该装置由一套钻井加热系统、一套加速钻井液水汽蒸发的干燥系统和一套钻井液回收固化系统组成。固化回收处理装置用煤作燃料，用水蒸气作热源，烘干温度不大于 130℃，烘干时间为 5～6min。废弃钻井液经固化回收处理后，可获得钻井液干粉。

（2）老井钻井液用于新井。当一口井钻完井后，用一台罐车配合一台水泥车将该井的废钻井液运至附近的另一井位（井深、结构和所需钻井液类型大体相同），加入一些处理剂调节钻井液性能，达到设计要求后，继续使用。由于回用了钻井液、减少了处理剂的用量，使钻井液实际消耗材料总成本比设计值大大降低，同时避免了环境污染。

（3）老井钻井液用于新井压井。此法解决了井队废弃钻井液难搬迁的问题，也为钻井突发性事件急需钻井液提供了一种办法，在转运距离不太远的条件下是适用的。

（4）被污染的钻井液排入排污池，未被污染的钻井液进入循环罐。在保证固井施工顺利进行的情况下进行钻井液回收。钻水泥塞时，被污染的钻井液可排入排污池。对于大型钻井液性能调整、钻井液体系转换后，应将多余的钻井液回收。完井后钻井液罐清洗前，罐内的钻井液应进行回收，钻井液回收后罐内岩屑等沉淀物可排入排污池。

4）针对不同钻井液，做好钻完后分类及治理

不同层位产生的钻井废弃物，其污染程度相差较大。如采用气体钻井和清水钻井

的非油层废弃钻井液和岩屑，其对环境基本没有污染，可直接按一般固体废弃物处理。其他层位，则根据钻井液成分和岩屑是否含油，分别采取不同措施进行无害化处理。因此，要求钻井施工过程中，根据污染特性，对钻井废弃物分类存放和处理。改变混合存放、统一处理的粗放式做法。如针对有机物含量较高、毒性相对较小的钻井液，可考虑适当处理后喷洒于非食用土地或林场，并适当翻耕；对地层渗透率高的区块，可考虑回注地层的处理措施；对含油高的钻井废弃物，应采取清洗、离心分离等措施，回收其中油类物质或考虑焚烧处理措施，充分利用其热值。以上措施均不适合的，可采取固化后按规定填埋。不论采取何种措施，均需先分类存放，再采取脱水措施，针对毒性和危害性较大的部分，采取针对性措施进行处理。

5）加强环境监督管理，确保各项措施落实到位

目前，我国将油基钻井液废弃物列入危险废物目录中，属含废矿物油危废，编号HW07100208。钻井废弃物产生量大，如全部按危险废弃物处理，企业将无法承担，而且也没有必要。但我国目前无达标控制标准，在实际进行无害化处理过程中不好掌握。因为含废矿物油的固体废弃物与含重金属等危害物质的固体废物不同。矿物油易通过焚烧、清洗等方式去除。

有关部门或行业应加快出台控制标准，明确处理到什么程度即可归于普通废物，以做到有法有依，提高企业无害化处理的积极性。同时，要加强生产过程中的环境监督管理。

首先，要在钻井设计和环评中，把好钻井设计和环评关，确保尽量减少使用毒害性大的钻井液材料，并优先选用产生钻井固废量小的工艺和技术；其次，要加强钻井过程管理，合理调整钻井液性能，避免钻井液频繁的稀释和反复加处理剂，降低钻井液量和处理剂量，从而降低完井后的废弃钻井液处理量；减少起下钻、接单根时的钻井液喷溅，调整适宜的钻井液性能，坚持使用防喷盒；对不同层位、毒害性不同的钻井废弃物要分开存放、分开处置，设置专门的储存坑堆放钻屑，不可把含油钻屑倒入废水池中，或取消大循环池；最后，在钻井施工完井后，对剩余的钻井液组织回收利用；对不同钻井废弃物，采取不同的处理方式，对含油废物进行无害化处理，对不含油的钻井废物，可按一般固体废物处理。

2. 废弃物处理相关标准

钻井废液、废水、废渣治理相关标准主要有：

（1）钻井废水中的pH值、含油量执行国家标准《污水综合排放标准》（GB 8978—1996）中的二级标准，并要求全部回注。

（2）生活污水排放执行《城镇污水处理厂污染物排放标准》（GB 18918—2002）中的二级标准、《污水综合排放标准》（GB 8978—1996）三级标准。

（3）钻井废液中的COD_{Cr}指标满足《农用污泥中污染物控制标准》（GB 4284—84）要求；Cr^{6+}和总铬达到《危险废物鉴别标准浸出液鉴别》（GB 5085.3—1996）要求。

（4）固体废物的处理执行《生活垃圾卫生填埋技术规范》（GJJI 7—2001）、《生活垃

圾填埋污染控制标准》(GB 16889—1997)、《危险废物填埋污染控制标准》(GB 18598—2001)、《一般工业固体废物储存、处置场污染控制标准》(GB 18599—2001)和地方政府的环保要求。

3. 安全环保要求

处理场区应设置明显防火标志和警示标志。严禁堆放易燃、易爆物品。废钻井液、废水、废渣在收集、储存、运输过程中采取防扬散、防流失、防渗漏或者其他防止污染环境的措施,不得在运输过程中沿途丢弃、遗撒(漏)。环境监测站在固废、废液处理场所设置地下水、土壤、大气监测点,定期监测。

主要参考文献

［1］杜德林，高圣平，邱少林，等．钻井液与健康风险管理［M］．北京：石油工业出版社，2010.

［2］鄢捷年．钻井液工艺学［M］．东营：石油大学出版社，2001.

［3］王中华．油基钻井液技术［M］．北京：中国石化出版社，2019.

［4］王蓉沙，邓皓，谢水祥，等．油气田废弃钻井液对生态环境的影响评价研究［J］．石油天然气学报，2009，31（2）：152–156.

［5］张学佳，纪巍，康志军，等．石油类污染物对土壤生态环境的危害［J］．化工科技，2008，16（6）：60–65.

［6］王中华．油田化学品［M］．北京：中国石化出版社，2001.

［7］张尤恩．有毒化学物质毒性手册［M］．北京：北京医科大学、中国协和医科大学联合出版社，1993.

［8］赵晨阳．化工产品手册．有机化工原料（第六版）［M］．北京：化学工业出版社出版，2016.

［9］朱领地，莒晓艳．化工产品手册．化工助剂（第六版）［M］．北京：化学工业出版社出版，2016.

［10］王光建．化工产品手册．无机化工原料（第六版）［M］．北京：化学工业出版社出版，2016.

［11］方文林．危险化学品使用安全［M］．北京：中国石化出版社.2018.6

［12］王中华，何焕杰，杨小华．油田化学品实用手册［M］．中国石化出版社，2004.

［13］王中华．钻井液处理剂实用手册［M］．北京：中国石化出版社，2016.

［14］王中华．油田用聚合物［M］．北京：中国石化出版社，2018

［15］赵晨，刘建山，谢丽君．钻井液对职业健康的影响及应对［J］．现代职业安全，2019（5）：80–83

［16］岳战林，蒋平安．石油类污染物的特性及环境行为［J］．石化技术与应用，2006，24（4）：307–309.

［17］朱艳吉，王宝辉，盖翠萍．石油类污染物的环境行为及其对环境的影响［J］．化工时刊，2006，20（9）：66–69.

［18］耿东士，何纶，李道芬，等．钻井液中硫化氢的危害及其控制［J］．钻井液与完井液，2007，24（S1）：1–3.

［19］张鲜，刘丹，叶宣宏．浅析气田开发钻井固体废物对环境的影响及处置措施［J］．四川环

境，2011，30（4）：88-91.

［20］张春琦．基于信息化浅析钻井液废液对环境的影响和处理［J］．科学与信息化，2018（22）：116，119.

［21］刘鹏．油田钻井废水的物化处理研究［J］．江西化工，2009（4）：135-140.

［22］谢水祥，邓皓，王蓉沙，等．钻井环境污染过程控制技术综述［J］．油气田环境保护，2008，18（2）：38-40.

［23］朱江伟．国外油基钻井液环保措施研究［J］．西部探矿工程，2018（2）：84-85.

［24］油基钻井液 HSE 风险识别与控制［EB/OL］.https://wenku.baidu.com/view/b41d05fcf61fb7360b4c65e6.html. from=search，2013-01-23/ 2019-10-06.

［25］李秀云，何海龙，汪文英．浅议钻井固体废物处理［J］．科技与企业，2013（17）：133-134.

［26］王中华．钻井液及处理剂新论［M］．北京：中国石化出版社，2016.

附　录

一、术语和定义

（1）急救措施：主要给出的是机体受到化学毒物急性损害时所采取的现场自救、互救，急救措施，一般不涉及就医后的进一步治疗措施。

（2）有害燃烧产物：化学物质燃烧后产生的主要有害产物。

（3）泄漏应急处理：在化学物质的生产、储运和使用过程中，常常会发生一些意外的破裂、倒洒等事故，造成危险品的外漏，需要采取简单有效的应急措施和消除方法或降低泄漏的危害。

（4）毒理学：指化学物质对生物体的毒性反应、严重程度、发生频率等，也是对毒性作用进行定性和定量评价，是指化学物质对人体和生态环境的危害。

常用的表示方法有：

①致死量（LD）：是指在特定化学物质条件下，经口、经皮导致一定比例受试生物体死亡的剂量。LD 的单位为 mg/kg 体重，LD 数值越小，表示化学物质毒性越强；反之，LD 数值越大，则毒性越低。

绝对致死量（LD_{100}）：是指能造成受试生物全部死亡的最低剂量。

半数致死量（LD_{50}）：是指能引起受试生物一次染毒后在 14d 内有 50% 死亡所需剂量，也称致死中量。

②致死浓度（LC）：是指在特定化学物质条件下，经呼吸道吸入导致一定比例生物体死亡的浓度。如果受试生物在液体中，则单位为 mg/L；如果受试生物在空气中化学物质的浓度，则单位为 mg/m^3。

绝对浓度（LC_{100}）：是指能造成受试生物全部死亡的最低浓度。

半数致死浓度（LC_{50}）：是指能引起 50% 受试动物吸入后在 14d 发生死亡的化学物质浓度。

③有效浓度（EC）：是不以死亡作为受试生物对化学物质的反应指标，而是以受试生物在化学物质存在的条件下受到一定影响，如鱼类受到化学物质污染后产生失去平衡、畸形、酶活力变化或藻类生长受到抑制等反应的浓度，表示化学物质对受试生物的

毒性指标。*EC* 的单位为 mg/L，*EC* 数值越低越好。

绝对有效浓度（EC_{100}）：是指能造成受试生物全部受到失去平衡、畸形或生长抑制等影响的最低浓度。

半数有效浓度（EC_{50}）：是指引起 50% 受试动物发生失去平衡、畸形或生长抑制等反应的化学物质浓度。

发光细菌法的（EC_{50}）：是使发光度降低 50%时待测样品的浓度，即为 EC_{50} 的值。其值越大毒性越低。

④抑制浓度（*IC*）：是指在特定化学物质条件下，受试生物发生酶催化反应、抗原抗体反应等被抑制的浓度。用来衡量化学物质诱导凋亡的能力。该数值越低越好，表示诱导能力越强。

绝对抑制浓度（IC_{100}）：是指能造成受试生物全部发生酶催化或抗原抗体反应的最低浓度。

半数抑制浓度（IC_{50}）：是指能造成 50% 受试生物发生酶催化或抗原抗体反应的最低浓度。

⑤最低中毒剂量（TDL_0）：是指在特定化学物质条件下，经口受试生物肌肉、骨骼系统、泌尿生殖系统等受到影响的浓度。

（5）生态毒性：是指化学物质在一定剂量时对环境生态的各种生物造成的危害及危害的程度。

二、钻井液相关的环保标准

1. 水环境质量标准

GB 3838—2002《地表水环境质量标准》；GB/T 14848—1993《地下水质量标准》；GB 5084—1992《农田灌溉水质标准》；GB 11607—1989《渔业水质标准》；GB 12941—1991《景观娱乐用水水质标准》；GB 3097—1997《海水水质标准》。

2. 土壤环境质量标准

GB 15618—1995《土壤环境质量标准》。

3. 水污染物和气污染物排放控制标准

GB 8978—1996《污水综合排放标准》；GB 4914—1985《海洋石油开发工业含油污水排放标准》；GB 18486—2001《污水海洋处置工程污染控制标准》；GB 18918—2002《城镇污水处理厂污染物排放标准》；GB 16297—1996《大气污染物综合排放标准》。

4. 与固体废物相关的污染控制标准

GB 5085.3—2007《危险废物鉴别标准 浸出毒性鉴别》；GB 18597—2001《危险废物贮存污染控制标准》；GB 18598—2001《危险废物填埋污染控制标准》；GB 18484—2000《危险废物焚烧控制标准》；GB 18599—2001《一般工业固体废物贮存、处置场污染控制标准》；GB 8173—1987《农用粉煤灰中污染物控制标准》；GB 4284—2018《农用污泥中

污染物控制标准》。

5. 相关海洋标准

GB 18420.1—2001《海洋石油勘探开发污染物 生物毒性分级》；GB/T 18420.2—2001《海洋石油勘探开发污染物生物 毒性检验方法》；GB 18421—2001《海洋生物质量》；GB 18668—2002《海洋沉积物质量》。

6. 环境影响评价指标和检测方法

GB 15618—1995《土壤环境质量标准》；GB 5085.1—2007《危险废物鉴别标准》；GB 18599—2001《一般工业固体废物贮存、处置场污染控制标准》；GB 4284—2018《农用污泥中污染物控制标准》；GB 8173—1987《农用粉煤灰中污染物控制标准》；GB 8978—1996《污水综合排放标准》。

三、钻井液处理剂安全技术说明书

钻井液处理剂安全技术说明书一般包括以下十六部分。

第一部分：化学品及企业标识；第二部分：危险性概述；第三部分：成分 / 组成信息；第四部分：急救措施；第五部分：消防措施；第六部分：泄漏应急处理；第七部分：操作处置与储存；第八部分：接触控制和个体防护；第九部分：理化特性；第十部分：稳定性和反应性；第十一部分：毒理学信息；第十二部分：生态学信息；第十三部分：废弃处置；第十四部分：运输信息；第十五部分：法规信息；第十六部分：其他信息。

各部分的具体内容如下：

第一部分：化学品及企业标识。包括：化学品名称（包括英文名称）、化学俗名（包括英文）、技术说明书编码、CAS 号、企业名称、地址、邮编、电子邮件地址、传真号码、电话、生效日期。

第二部分：成分 / 组成信息。包括：有害物成分、浓度、CAS 号。

第三部分：危险性概述。包括：危险性类别、侵入途径、健康危害、环境危害、燃爆危险。

第四部分：急救措施。包括：皮肤接触、眼睛接触、吸入、食入。

第五部分：消防措施。包括：危险特性、有害燃烧产物、灭火方法及灭火剂、灭火注意事项。

第六部分：泄漏应急处理。包括：应急处理、环境保护措施、消除方法。

第七部分：操作处置与储存。包括：操作注意事项、储存注意事项。

第八部分：接触控制 / 个体防护。包括：中国 MAC（mg/m^3）、最高容许浓度、监测方法、工程控制、呼吸系统防护、眼睛防护、身体防护、手防护、其他防护。

第九部分：理化特性，包括：外观与性状、熔点（℃）、相对密度、沸点（℃）、相对蒸气密度、主要成分、饱和蒸气压（kPa）、燃烧热（kJ/mol）、临界温度（℃）、临界压力（MPa）、辛醇/水分配系数的对数值、闪点（闭口）℃、爆炸上限%（V/V）、引燃温度（℃）、爆炸下限%（V/V）、溶解性、主要用途。

第十部分：稳定性和反应活性。包括：稳定性、禁配物、避免接触的条件、聚合危害、燃烧（分解）产物。

第十一部分：毒理学资料。包括：急性中毒、慢性中毒、亚急性和慢性毒性、刺激性、致畸性、致癌性。

第十二部分：生态学资料。包括：生态毒理毒性、生物降解性、非生物降解性、生物富集或生物积累性、其他有害作用。

第十三部分：废弃处置。包括：废弃物性质、废弃处置方法、废弃注意事项。

第十四部分：运输信息。包括：危险货物编号、UN编号、包装标志、包装类别、包装方法、运输注意事项。

第十五部分：法规信息。包括：法规信息。

第十六部分：其他信息。包括：参考文献、填表部门、数据审核单位、修改说明、其他信息。